"十三五"普通高等教育规划教材

"十三五"江苏省高等学校重点教材（编号：2016-1-107）

食品标准与法规

（第三版）

胡秋辉　　王承明　　石嘉怿　　主编

中国质检出版社
中国标准出版社
北　京

图书在版编目（CIP）数据

食品标准与法规/胡秋辉,王承明,石嘉怿主编．—3 版．
—北京：中国质检出版社，2020.9（2024.1 重印）
"十三五"普通高等教育规划教材；"十三五"江苏省
高等学校重点教材（编号：2016-1-107）
　ISBN 978－7－5026－4647－9

　Ⅰ.①食… 　Ⅱ.①胡… ②王… ③石… 　Ⅲ.①食品
标准—中国—高等学校—教材 ②食品卫生法—中国
—高等学校—教材 　Ⅳ.①TS207.2 ②D922.16

　中国版本图书馆 CIP 数据核字（2018）第 187388 号

中国质检出版社
中国标准出版社 出版发行
北京市朝阳区和平里西街甲 2 号（100029）
北京市西城区三里河北街 16 号（100045）
网址：www.spc.net.cn
总编室：(010) 68533533　发行中心：(010) 51780238
读者服务部：(010) 68523946
中国标准出版社秦皇岛印刷厂印刷
各地新华书店经销

*

开本 787×1092　1/16　印张 20　字数 443 千字
2020 年 9 月第三版　2024 年 1 月第十四次印刷

*

定价：49.00 元

审 定 委 员 会

陈宗道（西南大学）

谢明勇（南昌大学）

殷涌光（吉林大学）

李云飞（上海交通大学）

何国庆（浙江大学）

王锡昌（上海海洋大学）

林　洪（中国海洋大学）

徐幸莲（南京农业大学）

吉鹤立（上海市食品添加剂行业协会）

巢强国（上海市市场监督管理局）

本 书 编 委 会

主　编　**胡秋辉**（南京财经大学）

　　　　王承明（华中农业大学）

　　　　石嘉怿（南京财经大学）

副主编　**杨慧萍**（南京财经大学）

　　　　潘磊庆（南京农业大学）

　　　　鲁茂林（扬州大学）

　　　　方　勇（南京财经大学）

编　者　**王明林**（山东农业大学）

　　　　陆　宁（安徽农业大学）

　　　　任红涛（河南农业大学）

　　　　辛志宏（南京农业大学）

　　　　吴　澎（山东农业大学）

　　　　蔡　晶（江苏省产品质量监督检验研究院）

序　言

近年来，在整个食品行业快速发展的同时，行业自身的结构性调整也在不断深化，这种调整对本行业的技术水平、知识结构和人才特点提出了更高的要求。教育部对食品类各专业的高等教育工作日益重视，连年加大投入以提高教学质量，以期向社会提供更加适应经济发展的应用型技术人才。同时，教育部对高等院校食品类各专业的具体设置和教材目录也多次进行了相应的调整。为此，编写高等院校食品类各专业所需的教材势在必行。

由于食品领域各专业应用性强、知识结构更新快，我们有针对性地组织了西南大学、南昌大学、上海交通大学、浙江大学、上海海洋大学、中国海洋大学、南京财经大学、南京农业大学、华中农业大学、河北农业大学等 40 多所高校，以及相关科研院所和行业协会中兼具丰富工程实践和教学经验的专家、学者担任各教材的主编或主审，从而为我们推出本套教材提供了保障。

针对应用型人才培养院校食品类各专业的实际教学需要，本套教材的编写注重理论与实践的深度融合，不仅将食品科学与工程领域科技发展的新理论合理融入教材，使读者了解食品行业发展的全貌，而且将食品行业的新技术、新工艺、新材料编入教材，使读者能够掌握最先进的知识和技能。

相信本套教材的成功推出必将推动我国食品类高等教育教材体系建设的逐步完善和不断发展，从而对国家的人才培养战略起到积极的促进作用。

教材审定委员会

2019 年 9 月

第三版前言
• FOREWORD •

自本书第二版 2013 年出版以来，我国食品领域又发生了很大变革。2015 年 4 月 24 日，第十二届全国人民代表大会常务委员会第十四次会议修订了《中华人民共和国食品安全法》；2018 年 12 月 29 日，根据第十三届全国人民代表大会常务委员会第七次会议《关于修改〈中华人民共和国产品质量法〉等五部法律的决定》对其进行了修正。2017 年 11 月 4 日，第十二届全国人民代表大会常务委员会第三十次会议修订了《中华人民共和国标准化法》，自 2018 年 1 月 1 日起施行。2018 年 3 月，国务院机构改革方案公布，根据该方案，将国家工商行政管理总局的职责，国家质量监督检验检疫总局的职责，国家食品药品监督管理总局的职责，国家发展和改革委员会的价格监督检查与反垄断执法职责，商务部的经营者集中反垄断执法以及国务院反垄断委员会办公室等职责整合，组建国家市场监督管理总局，作为国务院直属机构。本书第二版内容有较多已经过时，有必要再次进行修订，以适应食品安全工作的需要以及学科的发展。

此次修订删除了过时的法律、法规、标准，更新了相应的法律、法规、标准，进一步体现了时效性和实用性；对章节框架进行了一定整合，由原来的 10 章调整为 9 章，对第一章、第二章和第四章等章节进行了较大的修改，同时完善了其他章节的内容。

本书力求保持前两版内容丰富、观点可靠、特色突出、科学实用的基本特点，精准反映国内外食品标准与法规的最新进展，以满足培养食品质量与安全专业人才的要求。

由于涉及内容广泛，相关法律、法规及标准更新较快，加之编者水平有限，疏忽和不当之处在所难免，恳请各位同行和读者批评指正。

编者
2019 年 9 月

第二版前言
• FOREWORD •

本教材第一版问世以来，已过去6年了。在此期间，食品标准与法规的内容更新很快，新的法律法规和标准不断出台，特别是自2009年6月1日开始，《中华人民共和国食品安全法》代替《中华人民共和国食品卫生法》正式施行。通过制定食品安全法，建立了以食品安全标准为基础的科学管理制度，从法律制度上更好地解决我国当前食品安全工作中存在的主要问题，切实保障食品安全。本教材第一版中编排的内容有较多已经过时，新的法律要求没有能得到反映，所以编者对本教材进行了修订，以适应食品安全工作需要以及学科的发展。

近年来，我国的食品安全状况得到了极大改善，食品安全合格率保持在较高的水平，但"三鹿奶粉事件"、"染色馒头"、"台湾塑化剂事件"等食品安全事件，严重影响着消费者对食品质量和安全的信心。《食品标准与法规》第二版正是基于这样的背景和原因，并根据高校使用第一版的效果，做了较大的修订。本版遵循第一版的编写原则，充分考虑到学科进展和社会发展的要求，并借鉴了国内同类教材的优点，针对食品质量与安全专业的需要编写而成。本教材第二版章节框架基本不变，力求反映国内外食品标准与法规的最新进展，满足培养食品质量与安全专业人才的要求，同时保持了前一版具有的内容丰富、观点可靠、特色突出、科学实用的基本特点。此次修订重点对第二章、第四章、第六章和第八章做了较大的修改和补充，删除了过时的法律、法规、标准和规定，增加了新颁布的法律、法规、标准和相关规定，进一步体现了本教材的时效性和实用性。

第二版的作者及单位有所变动，其中，主编胡秋辉教授的单位变为南京财经大学，第二章的编写人员由芜湖职业技术学院余芳副教授变为南京农业大学潘磊庆副教授，其他作者、单位及编写章节同第一版。全书主要由胡秋辉教授、杨慧萍教授和潘磊庆副教授统稿并进行修改。

此次修订工作得到了中国质检出版社李保忠编辑的大力支持，在此表示衷心的感谢！

本教材由于涉及内容广泛，部分政策及法规内容更新较快，加之作者水平所限，疏忽和不当之处在所难免，期盼各位同行和作者批评指正！

编者

2012 年 7 月

第一版前言
• FOREWORD •

随着我国加入世界贸易组织（WTO），我国的食品安全问题面临着前所未有的挑战，国内一些食品标准明显老化，必须尽快与发达国家接轨，加强食品标准化、法制化、规范化管理，加快有关产品质量认证和质量体系认证。

本教材结合学科进展与社会发展的要求，针对食品质量与安全专业的需要编写而成，系统阐述了食品标准与法规的基础知识，介绍了我国食品标准体系、企业标准体系、食品安全法律法规、安全与质量管理体系，并结合我国现状，突出介绍了最新的食品卫生许可证和食品市场准入制度、国际食品法规与标准、食品标签、认证与计量认证、食品认证等内容。本教材力求内容丰富、简明扼要、特色突出与科学实用。书后附有《中华人民共和国食品卫生法》、《中华人民共和国产品质量法》、《食品生产加工企业质量安全监督管理办法》及《FAO/WHO食品法典委员会解读》。

本教材由南京农业大学、华中农业大学、扬州大学、芜湖职业技术学院、南京财经大学、山东农业大学、安徽农业大学、河南农业大学等8所高等学校和江苏省产品质量监督检验研究院联合编写。本书包括绪论、附录和十章内容，其中胡秋辉编写绪论、附录部分，审定第六章；任红涛编写第一章，审定第七章；余芳编写第二章，审定第五章；陆宁编写第三章，审定第九章；王明林编写第四章，审定第三章；辛志宏编写第五章，审定第二章；蔡晶编写第六章，审定第八章；鲁茂林编写第七章，审定绪论、附录；杨慧萍编写第八章，审定第四章；吴澎编写第九章，审定第十章；王承明编写第十章，审定第一章。全书主要由胡秋辉教授和余芳副教授统稿并进行修改。

在编写过程中，参阅了国内外有关专家学者的论著，同时得到了中国计量出版社李保忠编辑的大力协助。在此表示衷心的感谢！

本教材由于涉及内容广泛，加之作者水平有限，疏忽和不当之处在所难免，期盼各位同仁和读者指正。

编者

2006 年 10 月

目 录
• CONTENTS •

第一章 标准基础知识

第一节 标准化与标准的制定

一、标准化与标准的概念

（一）标准化

GB/T 20000.1—2014《标准化工作指南 第1部分：标准化和相关活动的通用术语》对"标准化"给出了如下定义：为了在既定范围内获得最佳秩序，促进共同效益，对现实问题或潜在问题确立共同使用和重复使用的条款以及编制、发布和应用文件的活动。

注1：标准化活动确立的条款，可形成标准化文件，包括标准和其他标准化文件。

注2：标准化的主要效益在于为了产品、过程或服务的预期目的改进它们的适用性，促进贸易、交流以及技术合作。

标准化的定义揭示了标准化活动有以下几方面的含义：

1. 标准化不是一个孤立的事物，而是一个活动过程

标准化是制定标准、实施标准进而不断修订完善标准的过程。这个过程不是一次能完成的，而是一个不断循环、螺旋式上升的运动过程。每完成一个循环，标准的水平就提高一步。标准化作为一门学科，就是研究标准化过程中的规律和方法；标准化作为一项工作，就是根据客观情况的变化，不断地促进这种循环过程的进行和发展。

标准是标准化活动的产物，标准化的目的和作用都是要通过制定和实施具体的标准来体现的。所以，标准化活动不能脱离标准的制定、修订和实施，这是标准化的基本任务和主要内容。

标准化的效果只有当标准在社会实践中实施以后才能表现出来，绝不是制定一个标准就可以了事。因此，在标准化的全部活动中，实施标准是个不容忽视的环节，这一环节中断了，标准化循环发展过程也就中断了，更谈不上标准化了。

2. 标准化是一项有目的的活动

标准化可以有一个或更多特定目的，以使产品、过程或服务适合其用途。这些目的可能包括但不限于品种控制、可用性、兼容性、互换性、健康、安全、环境保护、产品防护、相互理解、经济绩效、贸易。这些目的可能相互重叠。一般来说，标准化的主要作用，除了为达到预期目的改进产品、过程或服务的适用性之外，还包括防止贸易壁垒、促进技术合作等。

3. 标准化活动是建立规范的活动

标准化活动所建立的规范具有共同使用和重复使用的特征。条款或规范不仅针对当前存在的问题，而且针对潜在的问题，这是信息时代标准化的一个重大变化和显著特点。

（二）标准化的形式

标准化的形式是标准化内容的存在方式。标准化有多种形式，每种形式都表现不同的标准化内容，针对不同的标准化任务，达到不同的目的。

研究各种标准化的形式及其特点，不仅便于在实际工作中根据不同的标准化任务，选择和运用适宜的标准化形式，达到既定的目标，而且能够根据标准化内容的发展和客观需要及时地创立新形式，为标准化的进一步发展开辟道路。

标准化的形式主要有简化、统一化、系列化、通用化、组合化、模块化等。

1. 简化

（1）简化的基本概念

简化是在一定范围内缩减标准化对象的类型和数目，使之在一定时间内既能满足一般需要，又能达到预期标准化效果的标准化形式。

一般来说，简化是事后进行的，也就是事物的多样化已经发展到一定规模以后，出现了多余的、低功能的和不必要的类型时，才对事物的类型和数目加以缩减。它不仅能简化目前的复杂性，而且还能预防将来产生不必要的复杂性。

（2）简化的一般原则

简化不是对客观事物进行随意的缩减，更不能认为只要把对象的类型和数目加以缩减就会产生效果。简化的实质是对客观系统的结构加以调整并使之优化。

①对客观事物进行简化时，既要对不必要的多样化加以压缩，又要防止过度压缩。为此，简化方案必须经过比较、论证，并以简化后事物的总体功能是否最佳作为衡量简化是否合理的标准。

②对简化方案的论证应以特定的时间、空间范围为前提。在时间范围里，既要考虑到当前的情况，也要考虑到今后一定时期的发展要求，以确保标准化成果的生命力和系统的稳定性。对简化所涉及的空间范围以及简化后标准发生作用的空间范围，都必须进行较为准确的计算或估计，切实贯彻全局利益原则。

③简化的结果必须保证在既定的时间内足以满足一般需要，不能因简化而损害消费者的利益。

④对产品规格的简化要形成系列，其参数组合应尽量符合数值分级制度。

2. 统一化

（1）统一化的基本概念

统一化是把同类事物两种以上的表现形态归并为一种或限定在一个范围内的标准化形式。

统一化的实质是使对象的形式、功能（效用）或其他技术特征具有一致性，并把这种一致性通过标准确定下来。因此，统一化的概念同简化的概念是有区别的。前者着眼于取得一致性，即从个性中提炼共性；后者肯定某些个性同时存在，着眼于精练。在简化过程中往往保存若干合理的品种，并非简化为只有一种，而统一就是要取得一致性。虽然在实际工作中这两种形式常常交叉并用，甚至难以分辨清楚，但它们毕竟是两个出发点完全不同的概念。

统一化的目的是消除由于不必要的多样化而造成的混乱，为人类的正常活动建立共同遵循的秩序。由于社会生产的日益发展，各生产环节和生产过程之间的联系日益复杂，特别是在国际间交往日益扩大的情况下，需要统一的对象越来越多，统一的范围也越来越大。

统一化有两类：一类是绝对的统一，其不允许有任何灵活性。例如，各种编码、代号、标志、名称、单位、运动方向（开关的转换方向、电机轴的旋转方向）等。另一类是相对的统一，其出发点或总趋势是统一，但统一中还有灵活性，根据情况区别对待。例如，产品标准便是对产品质量和规格等方面所进行的统一化，不仅允许质量指标有灵活性（如分级规定、指标上下限、公差范围等），而且允许有自由竞争的内容，不一律强求统一。

（2）统一化的一般原则

①适时原则。所谓适时，指统一的时机要选准，既不能过早，也不能过迟。如果统一过早，特别是已经出现的类型并不理想，而新的、更优秀的、更适宜的类型正在酝酿过程中，这时强行统一，就有可能使低劣的类型合法化，不利于优异类型的产生；如果统一过迟，就是说在必要的类型早已出现，重复的、低功能的类型也已大量产生的时候才进行统一，这时虽然能选择出较为合适的类型，但在淘汰低劣类型过程中必定会造成较大的经济损失，增加统一化的难度。

②适度原则。对客观事物进行的统一化，既要有定性的要求（质的规定），又要有定量的要求。所谓适度，就是要合理地确定统一化的范围和指标水平。例如，在对产品进行统一化时，不仅要对哪些方面必须统一、哪些方面不要求统一、哪些方面要在全国范围内统一、哪些方面只在局部进行统一、哪些统一要严格、哪些统一要灵活等进行明确的规定，而且必须恰当地规定每项要求的数量界限。在对标准化对象的某一特性进行定量规定时，对于可以灵活规定的技术特性指标，还要掌握好指标的灵活度。

③等效原则。所谓等效，指把同类事物两种以上的表现形态归并为一种（或限定在某一范围）时，被确定的一致性与被取代的事物之间必须具有功能上的可替代性。也就是说，当从众多的标准化对象中确定一种而淘汰其余时，被确定的对象所具备的功能应包含被淘汰的对象所具备的必要功能。统一化常常是对原有的各种类型的综合或是在某一较好类型基础上加以改进，也有从原型中优选的，不过仍遵守等效原则。等效原则只是对统一化提出了基本要求，但统一化的目标绝非仅仅为了实现等效替换，而是要使建立起来的统一性具有比被淘汰的对象更高的功能，在生产和使用过程中取得更大的效益。

④先进性原则。所谓先进性，指确定的一致性（或所进行的统一规定）应有利于促进生

产发展和技术进步，有利于更好地满足社会需求。就产品标准来说，就是要能促进产品质量的提高。

3. 系列化

系列化是对同一类产品中的一组产品通盘规划的标准化形式。

系列化是通过对同一类产品国内外产需发展趋势的预测，结合自身的生产技术条件，经过全面的技术经济比较，对产品的主要参数、型式、功能、基本结构等进行合理的安排与规划，使某一类产品系统的结构优化、功能最佳。工业产品的系列化一般可分为制定产品基本参数系列标准、编制系列型谱和开展系列设计等三方面内容。

（1）制定产品基本参数系列标准

产品的基本参数是产品基本性能或基本技术特征的标志，是选择或确定产品功能范围的基本依据。产品的基本参数按其特性可分为性能参数与几何尺寸参数两种。性能参数是表征产品基本技术特性的参数；几何尺寸参数是表征产品规格的参数。

在一个产品的若干基本参数中，起主导作用的参数称为主参数。主参数能反映产品最基本的特性。产品的性能参数与几何尺寸参数之间、主参数与其他参数之间，一般都存在某种内在的联系。通过理论推算或试验，可以发现这种联系的规律性，有的还可以用某种函数关系来表示，这对实现产品的相似设计有重要意义。

由产品的基本参数构成的基本参数系列，是指导企业发展品种、指导用户选用产品的基本依据。产品的基本参数系列确定得是否合理，不仅直接关系到该产品与相关产品之间的配套协调，而且会在很大程度上影响企业的经济效益乃至国民经济效益。

制定基本参数系列标准的步骤如下：

①选择主参数和基本参数；

②确定主参数和基本参数的上下限；

③确定参数系列。

（2）编制系列型谱

有了参数系列为什么还要编制系列型谱呢？这是因为社会对产品的需要是多方面的，只对参数分级分档，划分不同的规格，有时还是不能满足需要，还要求同一规格的产品有不同的型式，以满足不同的特殊要求。

系列型谱是根据市场和用户的需要，依据对国内外同类产品生产状况的分析，对基本参数系列所限定的产品进行型式规划，把基型产品与变型产品的关系以及品种发展的总趋势用图表形式反映出来，形成一个简明的品种系列表。

产品的系列型谱，实际上是该产品品种发展规划的一种表现形式，它是一种具有战略意义的基础性标准，对整个企业未来产品的发展有着重要的指导意义。因此，编制型谱是一件很复杂、很细致的工作，要以大量的调查资料和科学的分析预测为基础。

（3）开展系列设计

系列设计是以基型产品为基础，对整个系列产品所进行的总体设计或详细设计。系列设计的步骤如下：

①在系列内选择基型。基型应该是系列内最有代表性、规格适中、用量较大、生产较稳定、结构较先进，经过长期生产和使用考验，结构和性能都比较可靠，同时又很有发展前途的型号。

②在充分考虑系列内产品之间，以及与变型产品之间的通用化的基础上，对基型产品进行总体设计或详细设计。

③向横的方向扩展，设计全系列的各种规格。这时要充分利用结构典型化和零部件通用化等方法，扩大通用化程度；或者针对系列内产品的主要零部件确定几种结构型式（称为基础件），在具体设计时，从这些基础件中选择合适的。

④向纵的方向扩展，设计变型系列或变型产品。变型与基型要最大限度地通用，尽量做到只增加少数专用件即可发展出一个变型产品或变型系列。

系列设计是最有效的统一化，也是最广泛的选型定型工作，可有效防止同类产品型式、规格的杂乱。系列设计可以最大限度地发挥出企业的设计优势，能以最快的速度开发出市场急需的新产品，并能显著降低开发成本，最大限度地节约设计力量，还可防止企业盲目设计落后产品。系列设计的产品，基础件通用性好，能根据市场的动向和消费者的特殊要求，采用发展变型产品的经济合理的办法，机动灵活地发展新品种，既能及时满足市场的需求，又可保持企业生产的稳定。系列设计不是简单的选型定型，而是选中有创、选创结合，经过系列设计定型的产品，一般都有显著改进，所以它也是推广新技术、促进产品更新的一个手段。系列设计便于组织专业化协作生产，便于维修配套。

4. 通用化

（1）通用化的基本概念

通用化要以互换性为前提。互换性指的是不同时间、不同地点制造出来的产品或零件，在装配、维修时不必经过修整就能任意替换使用的性质。互换性概念有两层含义：一是指产品的功能可以互换，称为功能互换性；二是指尺寸互换性，当两个产品的线性尺寸相互接近到能够保证互换时，就具有尺寸互换性。

由此可以给通用化下一个广义的定义：在互相独立的系统中，选择和确定具有功能互换性或尺寸互换性的子系统或功能单元的标准化形式。

（2）通用化的目的

零部件通用化的目的是最大限度地减少零部件在设计和制造过程中的重复劳动，此外还能简化管理，缩短设计试制周期，扩大生产批量，提高专业化水平，为企业带来一系列经济效益。在同一类型不同规格或不同类型的产品或装备之间，总会有相当一部分零部件的用途相同、结构相近，经过通用化，使之具有互换性。

对于具有功能互换性的复杂产品来说，其通用化的意义更为突出。通用性越强，产品的销路就越广，生产的机动性也越大，对市场的适应性越强。

5. 组合化

（1）组合化的基本概念

组合化是按照统一化、系列化的原则，设计并制造出若干组通用性较强的单元，根据需要拼合成不同用途的产品的一种标准化形式。

组合化是受积木式玩具的启发而发展起来的，所以也有人称之为积木化。组合化的特征是通过统一化的单元组合为物体，这个物体能重新拆装，组合成新的结构，而统一化单元则可以多次重复利用。

（2）组合化的理论基础

组合化是建立在系统的分解与组合的理论基础上的。把一个具有某种功能的产品看作一个系统，这个系统又可以分解为若干功能单元。由于某些功能单元不仅具备特定的功能，而且与其他系统的某些功能单元可以通用、互换，于是这类功能单元便可以分离出来，以标准单元或通用单元的形式独立存在，这就是分解。为了满足一定的要求，把若干个事先准备的标准单元、通用单元和个别的专用单元按照新系统的要求有机地结合起来，组成一个具有新功能的新系统，这就是组合。组合化的过程，既包括分解也包括组合，是分解与组合的统一。

同时，组合化又是建立在统一化成果多次重复利用的基础上的。组合化的优越性和它的效益均取决于组合单元的统一化（包括同类单元的系列化），以及对这些单元的多次重复利用。因此，也可以说组合化就是多次重复使用统一化单元或零部件来构成产品的一种标准化形式。通过改变这些单元的连接方法和空间组合，使之适用于各种变化了的条件和要求，创造出具有新功能的系统。

6. 模块化

（1）模块与模块化

模块通常是指由元件或零部件组合而成的、具有独立功能的、可成系列单独制造的标准化单元，通过不同形式的接口与其他单元组成产品，且可分、可合、可互换。

模块化是以模块为基础，综合了通用化、系列化、组合化的特点，解决复杂系统类型多样化、功能多变的一种标准化形式。

（2）模块化的技术经济意义

①模块化基础上的新产品开发，实际上就是研制新模块，取代产品中功能落后（不足）的模块，其有利于缩短周期，降低开发成本，保证产品的性能和可靠性（基本不变部分占绝大比重），为实行大规模定制生产创造前提。

②模块化设计、制造是以最少的要素组合最多产品的方法，它能最大限度地减少不必要的重复，又能最大限度地重复利用标准化成果（模块、标准元件）。

③产品维修和更新换代都可通过更换模块来实现，不仅快捷方便，而且可减少用户损失，节约资源。

④模块化产品的可分解性，模块的兼容性、互换性和可回收再利用性等，均属绿色产品的特性。模块化产品具有广阔的发展前景和强大的市场竞争力。

（三）标准

GB/T 20000.1—2014 对"标准"的定义是：通过标准化活动，按照规定的程序经协商一致制定，为各种活动或其结果提供规则、指南或特性，供共同使用和重复使用的文件。

注1：标准宜以科学、技术和经验的综合成果为基础。

注2：规定的程序指制定标准的机构颁发的标准制定程序。

注3：诸如国际标准、区域标准、国家标准等，由于它们可以公开获得以及必要时通过修正或修订保持与最新技术水平同步，因此它们被视为构成了公认的技术规则。其他层次上通过的标准，诸如专业协（学）会标准、企业标准等，在地域上可影响几个国家。

ISO/IEC 指南2：2004 中给出的标准定义为：为了在一定范围内获得最佳秩序，经协商一致确立并由公认机构批准，为活动或结果提供规则、指南和特性，供共同使用和重复使用的文件。

注：标准宜以科学、技术和经验的综合成果为基础，以促进最佳的共同效益为目的。

世界贸易组织（WTO）在《技术性贸易壁垒协议》（WTO/TBT）中规定：标准是由公认机构批准的、非强制性的、为了通用或反复使用的目的，为产品或其加工或生产方法提供规则、指南或特性的文件。

《中华人民共和国标准化法》中所称标准（含标准样品）是指农业、工业、服务业以及社会事业等领域需要统一的技术要求。

上述定义从不同侧面揭示了标准这一概念的含义，把它们归纳起来主要有以下几点：

1. 标准产生的基础

（1）将科学技术的研究成果同社会实践中积累的先进经验相结合，纳入标准，这是奠定标准科学性的基础。这些成果和经验，不是不加分析地直接纳入标准，而是要经过分析、比较、选择以后再加以综合。标准的社会功能，总的来说就是将截至某一时点的社会所积累的科学技术和实践的经验、成果予以规范化，以促成对资源的更有效利用和为技术的进一步发展搭建一个平台，并创造稳固的基础。

（2）标准中所反映的不应是局部的片面的经验，也不能仅仅反映局部的利益。这就不能凭少数人的主观意志，而应该同有关人员、有关方面（如用户、生产方、政府、科研及其他利益相关方）进行认真的讨论、充分的协商，最后从共同利益出发作出规定，这样制定出的标准才能既体现科学性，又体现民主性和公正性。

2. 标准化对象的特征

标准化对象指需要标准化的主题。标准化对象已经从技术领域延伸到经济领域和人类生活的其他领域，其外延已经扩展到无法枚举的程度。标准化对象的内涵则缩小为有限的特征，即重复性事物。这里所说的重复，指同一事物反复多次出现的性质。例如，成批大量生产的产品在生产过程中的重复投入、重复加工、重复检验、重复出产；同一类技术活动（如某零件的设计）在不同地点、不同对象上同时或相继发生；某一种概念、方法、符号被许多人反复应用，等等。

事物具有重复出现的特性，标准才能重复使用，才有制定标准的必要。对重复事物制定标准的目的是总结以往的经验，选择最佳方案，作为今后实践的目标和依据。这样既可最大限度地减少不必要的重复劳动，又能扩大最佳方案的重复利用次数和范围。标准化的技术经济效果有相当一部分就是从这种重复使用中得到的。

3. 标准的批准机构

国际标准、区域标准以及各国的国家标准，是社会生活和经济技术活动的重要依据，是标准各相关方利益的体现，同时也是一种公共资源，其必须由能代表各方利益并为社会公认的权威机构批准，方能为各方所接受。

4. 标准的属性

标准是为公众提供可共同使用和反复使用的最佳选择，或为各种活动或其结果提供规则、指南或特性的文件，即公共物品。但企业标准有所不同，它不仅是企业的私有资源，而且在企业内部是具有强制力的。

二、标准化的作用

1. 标准化是现代化大生产的必要条件

现代化大生产是以先进的科学技术和生产的高度社会化为特征的。前者表现为生产过程的速度加快、质量提高，生产的连续性和节奏性等要求增强；后者表现为社会分工越来越细，各部门之间的经济联系日益密切。为了使社会再生产过程顺利进行，并能获得较好的经济效益，没有科学管理是不可想象的，同样，没有标准化也是不可想象的。

随着科学技术的发展，生产的社会化程度越来越高，生产规模越来越大，技术要求越来越严格，分工越来越细，生产协作也越来越广泛。许多产品加工和工程建设往往涉及几十个、几百个甚至上千个企业，协作点遍布全国乃至世界各地。市场经济越发展，越要求扩大企业间的横向联系，要求形成统一的市场体系和四通八达的经济网络。这种社会化的大生产单靠行政安排是行不通的，必定要以技术上高度的统一与广泛的协调为前提，才能确保质量水平和目标的实现。要实现这种统一与协调，就必须制定和执行一系列统一的标准，使得各个生产部门和生产环节在技术上有机地联系起来，保证生产有条不紊地进行。

2. 标准化是实行科学管理和现代化管理的基础

（1）标准为管理提供目标和依据。产品标准是企业管理目标在质量方面的具体化和定量化，是生产经营活动在时间和数量方面的规律性的反映。有了这些标准，便可为企业编制计划、设计和制造产品提供科学依据。还有其他各种技术标准和管理标准，都是企业进行技术、生产、质量、物资、设备等管理的基本依据。统一的符号、代号、名词、术语、编号制度、标准化了的管理程序和生产流程，以及统一化的报表格式等，不仅有利于改进当前的管理，而且也是将来实现信息化管理的基本条件。没有这些，管理现代化便无从谈起。

（2）在企业内各子系统之间，通过制定各种技术标准和管理标准建立生产技术上的统一性，可以保证企业整个管理系统功能的发挥。通过开展管理业务标准化，可把各管理子系统的业务活动内容、相互间的业务衔接关系、各自承担的责任、工作的程序等用标准的形式加以确定，这不仅是加强管理的有效措施，而且可使管理工作规范化、程序化、科学化，为实现管理自动化奠定基础。

（3）标准化使企业管理系统与企业外部约束条件相协调，不仅有利于企业解决原材料、配套产品、外购件等的供应问题，而且可以使企业具有适应市场变化的能力，并为企业实行精益生产方式、供应链管理等先进管理模式创造条件。

3. 标准化是不断提高产品质量和安全性的重要保证

标准化活动不仅能促进企业内部采取一系列的保证产品质量的技术和管理措施，而且使企业在生产的过程中对所有生产原料、零部件、生产设备、工艺操作、检测手段、组织机构形式都按照标准化要求进行，这就可从根本上保证产品质量。安全卫生和环境质量已越来越引起世界各国的重视，各国都制定了大量的安全卫生标准和环境质量标准。如食品安全标准，在其制定的过程中充分考虑了可能存在的有害因素和潜在的不安全因素，通过规定食品的微生物指标、理化指标、检验方法等一系列技术要求，保证食品的安全性。

4. 标准化是推广应用科技成果和新技术的桥梁

标准化的发展历史证明，标准是科研、生产和应用三者之间的一个重要桥梁。一项科技成果，包括新产品、新工艺、新材料和新技术，开始只能在小范围进行示范推广与应用。只有经过技术鉴定，制定为标准后，才能进行有效的大面积的推广与应用。

5. 标准化是国家对企业产品进行有效管理的依据

以食品行业为例，国家对此行业的管理离不开食品标准。近年来，国家和地方各级食品安全监督管理部门对食品行业进行定期的质量抽查、质量跟踪，以促进食品质量的提高，并根据有关食品的质量情况，进一步确定行业管理的方向。这些抽查、跟踪都是以相关的食品标准为依据的。

6. 标准化是消除贸易障碍、促进国际贸易发展的手段

要使产品在国际市场上具有竞争能力，增加出口贸易额，就必须不断提高产品质量。要提高产品质量，就一刻也离不开标准化工作。世界上各个国家对产品的质量认证等质量监督管理制度，其实质就是对产品进行具体的标准化管理。在经济比较发达的国家，家用电器产品上如果没有安全认证标志就很难在市场上销售，有些产品如果没有合格认证标志也是难以大规模进入市场的。只要产品进行了质量认证就会得到世界上多数国家的承认，消除贸易障碍。我国已经加入 WTO，要求企业更加积极地实施相关质量体系认证，以适应国际贸易的新形势，为我国产品走向世界创造条件。

三、标准化的基本特性

1. 经济性

标准化的经济性是由其目的所决定的。因为标准化就是为了获得最佳秩序，促进共同效益。在考虑标准化的效益时，经济效益在一些行业是主要的，如电子行业、食品加工业、纺织行业等。但在某些情况下，如国防标准化、环境保护标准化、交通运输标准化、安全卫生标准化，应该主要考虑最佳秩序和其他社会效益。

2. 科学性

标准化活动是以生产实践和科学实验的经验总结为基础的。标准以科学、技术与经验的综合成果为基础。标准来自实践，反过来又指导实践。标准化奠定了当前生产活动的基础，促进了未来的发展。可见，标准化活动具有严格的科学性和规律性。

3. 民主性

标准化活动是为了促进共同效益，在所有相关方面的协作下进行的有秩序的特定活动，这就充分体现了标准化的民主性。各方面的不同利益是客观存在的，为了更好地协调各方面的利益，就必须进行协商与相互协作，这是标准化工作最基本的要求。

4. 法规性

没有明确的规定，就不能成为标准。标准要求对标准化对象进行明确的统一的规定，不允许有任何含糊不清的解释。标准不仅有"质"的要求，而且还有"量"的规定。标准的内容应有严格规定，同时对形式和生效范围作出明确规定。强制性标准一经发布实施就必须严格执行，同时也会成为合同、契约、协议的条件和仲裁检验的依据，这说明标准具有法规性。

四、标准化活动的基本原则

1. 超前预防原则

标准化的对象不仅要从依存主体的实际问题中选取，而且更应从潜在问题中选取，以避免该对象非标准化造成的损失。对于复杂问题，如安全、卫生和环境等，在制定标准时必须进行综合分析考虑，以避免不必要的人身财产安全问题和经济损失。

2. 协商一致原则

标准化的成果应建立在相关各方协商一致的基础上。标准化活动要得到社会的接受和执行，就要坚持民主性，经过标准使用各方充分的协商讨论。

3. 统一有度原则

在一定范围、一定时期和一定条件下，对标准化对象的特性和特征应作出统一规定，以实现标准化的目的。这一原则是标准化的技术核心。技术指标反映标准水平，要根据科学技术的发展水平和产品、管理等方面的实际情况来确定技术指标，坚持统一有度的原则。

4. 动变有序原则

标准应依据其所处环境的变化按规定的程序适时修订，这样才能保证标准的先进性和适用性。标准的制修订是一项严肃的工作，在制修订的过程中必须谨慎从事，充分论证，不允许朝令夕改。

5. 互相兼容原则

标准应尽可能使不同的产品、过程或服务实现互换和兼容，以扩大标准化的经济效益和社会效益。在制定标准时，必须坚持互相兼容的原则，在标准中要统一计量单位、统一制图符号，对一个活动或同一类的产品在核心技术上应制定统一的技术要求，从而达到资源共享的目的。

6. 系列优化原则

在标准，尤其是系列标准，如通用检测方法标准、不同层次的产品标准和管理标准、工作标准等的制定过程中，一定要坚持系列优化的原则，减少重复，避免人力、物力、财力和资源的浪费，提高经济效益和社会效益。

7. 阶梯发展原则

标准化活动过程是一个阶梯状的上升发展过程。科学技术的发展和进步以及人们认识水平的提高，对标准化的发展有明显的促进作用，也使得标准能不断满足社会生活的要求。

8. 滞阻即废原则

任何标准都有二重性。当科学技术和科学管理水平提高到一定阶段后，现行的标准由于制定时的科技水平和认识水平的限制，会成为阻碍生产力发展和社会进步的因素，这时就要立即修订或废止，以适应社会经济发展的需要。为了保持标准的先进性，国家标准化行政主管部门要定期对标准进行修订，以发挥标准应有的作用。

五、标准的制定

（一）标准制定的原则

（1）必须遵循《中华人民共和国标准化法》的相关规定。

（2）必须遵循《标准化工作导则　第1部分：标准的结构和编写》（GB/T 1.1—2009）、《标准化工作指南》（GB/T 20000）、《标准编写规则》（GB/T 20001）和《标准中特定内容的起草》（GB/T 20002）等标准的规定。

（3）必须遵循《中华人民共和国计量法》对法定计量单位的规定。

（4）必须遵循经济上合理、技术上先进的原则。

（二）标准的制定程序

我国国家标准制定程序划分为以下阶段：预阶段、立项阶段、起草阶段、征求意见阶段、审查阶段、批准阶段、出版阶段、复审阶段、废止阶段。行业标准、地方标准、团体标准及企业标准的制定程序可以以此为参照，也可以根据实际情况，简化各阶段的某些步骤。我国产品标准的制定程序一般分为预阶段、起草阶段、审查阶段、报批阶段和复审阶段。

（1）预阶段

在这一阶段必须查阅大量的相关技术资料，包括国际标准、发达国家相关标准、有关团体标准、企业标准，然后进行样品的收集和分析测定，确定控制产品的主要指标项目，确定在技术指标中哪些是关键的指标项目，哪些指标项目是非关键指标项目。在准备阶段，大量的试验工作是必须进行的，否则，标准的制定就会因缺乏技术含量而失去科学性。

（2）起草阶段

标准起草阶段的主要工作内容有：编制标准草案（征求意见稿）及其编制说明和有关附件，广泛征求意见。在整理汇总意见基础上进一步编制标准草案（预审稿）及其编制说明和有关附件。

（3）审查阶段

产品标准的审查分为预审和终审两个过程。预审由各专业技术委员会组织有关专家进行，对标准的文本、各项技术指标进行严格的审查，同时也审查标准草案是否符合《中华人民共和国标准化法》和 GB/T 1.1 的要求，技术内容是否符合实际和科学技术的发展方向，技术要求是否先进、合理、安全、可靠等。预审通过后按审定意见进行修改，整理出送审稿，报有关标准化工作委员会进行最终审定。

（4）报批阶段

终审通过的标准可以报批，相关部门批准后进行编号，予以发布。

（5）复审阶段

《中华人民共和国标准化法》规定，国务院标准化行政主管部门和国务院有关行政主管部门、设区的市级以上地方人民政府标准化行政主管部门应当建立标准实施信息反馈和评估机制，根据反馈和评估情况对其制定的标准进行复审。标准的复审周期一般不超过五年。经过复审，对不适应经济社会发展需要和技术进步的应当及时修订或者废止。

第二节 标准分类与标准体系

一、标准的分类

分类是人们认识事物和管理事物的一种方法。从不同的目的和角度出发，依据不同的准则，可以对标准进行不同分类，由此形成不同的标准种类。

（一）按制定标准的主体划分

按制定标准的不同主体，标准可分为国际标准、区域标准、国家标准、行业标准、地方标准、团体标准和企业标准。

1. 国际标准

（1）国际标准的定义

国际标准是指国际标准化组织（ISO）、国际电工委员会（IEC）和国际电信联盟（ITU）以及 ISO 确认并公布的其他国际组织制定的标准。

目前，ISO 确认并公布的其他国际组织包括：国际计量局（BIPM）、国际食品法典委员会（CAC）、国际谷类加工食品科学技术协会（ICC）、国际制酪业联合会（IDF）、国际有机农业运动联合会（IFOAM）、国际法制计量组织（OIML）、国际葡萄与葡萄酒组织（OIV）、世界卫生组织（WHO）等。

（2）国际标准的种类

①按制定标准的组织划分。包括 ISO 标准、IEC 标准、ITU 标准、CAC 标准、OIML 标准等。

②按标准涉及的专业划分。IEC 标准分为八大类：基础标准；原材料标准；一般安全、安装和操作标准；测量、控制和一般测试标准；电力的产生和利用标准；电力的传输和分配标准；电信和电子元件及组件标准；电信、电子系统和设备及信息技术标准。ISO 标准分为九大类：通用、基础和科学标准；卫生、安全和环境标准；工程技术标准；电子、信息技术和电信标准；货物运输和分配标准；农业和食品技术标准；材料技术标准；建筑标准；特种技术标准。

（3）事实上的国际标准

在上述正式的国际标准以外，一些国际组织、专业组织和跨国公司制定的标准在国际经济技术活动中客观上起着国际标准的作用，人们将其称为"事实上的国际标准"。

例如，美国率先提出的 HACCP（危害分析与关键控制点）标准已发展成为国际食品行业普遍采用的食品安全管理标准，并作为食品企业质量安全体系认证的依据。英国标准协会（BSI）、挪威船级社（DNV）等 13 个组织提出的 OHSAS（职业健康安全管理体系）标准，已成为企业职业健康安全体系认证的依据。

目前，国际上权威性行业或专业组织的标准主要有：美国材料与试验协会（ASTM）标准、美国石油学会（API）标准、美国保险商实验室（UL）标准、美国机械工程师协会（ASME）标准、英国石油协会（IP）标准、德国电气工程师协会标准（VDE）标准等。

先进企业的标准能成为"事实上的国际标准"，一定是在某个领域引领世界潮流的产品标准、技术标准或管理标准，其标准水平的先进性得到国际公认和普遍采用，如微软公司的计算机操作系统标准、施乐公司的复印机标准等。

2. 区域标准

由区域标准化组织或区域标准组织通过并公开发布的标准。

区域标准的种类通常按制定区域标准的组织进行划分。目前有影响的区域标准主要有：欧洲标准化委员会（CEN）标准、欧洲电工标准化委员会（CEN – ELEC）标准、欧洲电信标准学会（ETSI）标准、欧洲广播联盟（EBU）标准、太平洋地区标准会议（PASC）标准、亚太经济合作组织/贸易与投资委员会/标准与合格评定分委员会（APEC/CTI/SCSC）标准、东盟标准与质量咨询委员会（ACCSQ）标准、泛美标准委员会（COPANT）标准、非洲地区标准化组织（ARSO）标准、阿拉伯标准化与计量组织（ASMO）标准等。

3. 国家标准

由国家标准机构通过并公开发布的标准。

各国的国家标准有自己不同的分类方法，其中比较普遍使用的方法是按专业划分，我国的国家标准就采用了按专业划分的方法。

4. 行业标准

由行业机构通过并公开发布的标准。

工业发达国家的行业协会属于民间组织，它们制定的标准种类繁多、数量庞大，通常称为行业协会标准。

《中华人民共和国标准化法》规定，对没有推荐性国家标准、需要在全国某个行业范围内统一的技术要求，可以制定行业标准。行业标准由国务院有关行政主管部门制定，报国务院标准化行政主管部门备案。

我国的行业标准类别见表 1－1。

表 1－1　我国的行业标准类别

序号	代号	类别	序号	代号	类别
1	AQ	安全生产	23	JG	建筑工程
2	BB	包装	24	JR	金融
3	CB	船舶	25	JT	交通
4	CH	测绘	26	JY	教育
5	CJ	城镇建设	27	LB	旅游
6	CY	新闻出版	28	LD	劳动和劳动安全
7	DA	档案	29	LS	粮食
8	DB	地震	30	LY	林业
9	DL	电力	31	MH	民用航空
10	DZ	地质矿产	32	MT	煤炭
11	EJ	核工业	33	MZ	民政
12	FZ	纺织	34	NB	能源
13	GA	公共安全	35	NY	农业
14	GH	供销合作	36	QB	轻工
15	GY	广播电影电视	37	QC	汽车
16	HB	航空	38	QJ	航天
17	HG	化工	39	QX	气象
18	HJ	环境保护	40	RB	认证认可
19	HS	海关	41	SB	国内贸易
20	HY	海洋	42	SC	水产
21	JB	机械	43	SF	司法
22	JC	建材	44	SH	石油化工

续表

序号	代号	类别	序号	代号	类别
45	SJ	电子	56	WS	卫生
46	SL	水利	57	WW	文物保护
47	SN	出入境检验检疫	58	XB	稀土
48	SW	税务	59	YB	黑色冶金
49	SY	石油天然气	60	YC	烟草
50	TB	铁路运输	61	YD	通信
51	TD	土地管理	62	YS	有色金属
52	TY	体育	63	YY	医药
53	WB	物资管理	64	YZ	邮政
54	WH	文化	65	ZY	中医药
55	WM	外经贸			

5. 地方标准

在国家的某个地区通过并公开发布的标准。

《中华人民共和国标准化法》规定，为满足地方自然条件、风俗习惯等特殊技术要求，可以制定地方标准。地方标准由省、自治区、直辖市人民政府标准化行政主管部门制定；设区的市级人民政府标准化行政主管部门根据本行政区域的特殊需要，经所在地省、自治区、直辖市人民政府标准化行政主管部门批准，可以制定本行政区域的地方标准。

6. 团体标准

依法成立的社会团体为满足市场和创新需要，协调相关市场主体共同制定的标准。

《中华人民共和国标准化法》规定，国家鼓励学会、协会、商会、联合会、产业技术联盟等社会团体协调相关市场主体共同制定满足市场和创新需要的团体标准。

7. 企业标准

由企业通过供该企业使用的标准。

企业标准与国家标准有着本质的区别。首先，企业标准是企业独占的无形资产。其次，在遵守法律的前提下，企业标准如何制定，完全由企业自己决定。最后，企业标准采取什么形式、规定什么内容，以及标准制定的时机等，完全依据企业本身的需要和市场及客户的要求，由企业自己决定。

（二）按标准化对象的基本属性划分

按标准化对象的基本属性，标准分为技术标准、管理标准和工作标准等。

1. 技术标准

对标准化领域中需要协调统一的技术事项所制定的标准。

技术标准的形式可以是标准、技术规范、规程等文件，以及标准样品实物。

技术标准是标准体系的主体，量大、面广、种类繁多，主要包括：

（1）基础标准。基础标准是具有广泛的适用范围或包含一个特定领域的通用条款的标准。基础标准可直接应用，也可作为其他标准的基础。

基础标准包括：

①标准化工作导则。包括标准的结构和编写、标准制定程序。

②通用技术语言标准。包括术语标准，符号、代号、代码、标志标准，技术制图标准等。这些标准是为使技术语言统一、准确、便于相互交流和正确理解而制定的。

③量和单位标准。

④数值与数据标准。

⑤公差、配合、精度、互换性、系列化标准。

⑥健康、安全、卫生、环境保护方面的通用技术要求标准。

⑦信息技术、人类工效学、价值工程和工业工程等通用技术方法标准。

⑧通用的技术导则。

（2）产品标准。产品标准是规定产品需要满足的要求以保证其适用性的标准。

产品标准除了包括适用性的要求外，还可直接或以引用的方式包括诸如术语、取样、检测、包装和标签等方面的要求，有时还可包括工艺要求。

产品标准根据其规定的是全部的还是部分的必要要求，可区分为完整的标准和非完整的标准。由此，产品标准又可区分为其他不同类别的标准，例如尺寸类、材料类和交货技术通则类标准。

一个完整的产品标准在内容上应包括产品分类（型式、尺寸、参数）、质量特性及技术要求、试验方法及合格判定准则、产品标志、包装、运输、贮存、使用等方面的要求。

为了使产品满足不同的使用目的或适应不同经济水平的需要，产品标准中可以规定产品的分等分级。

（3）设计标准。设计标准指为保证与提高产品设计质量而制定的标准。

设计的质量从根本上决定产品的质量。设计标准通过规定设计的过程、程序、方法、技术手段，保证设计的质量。

（4）工艺标准。工艺标准指依据产品标准要求，对产品实现过程中原材料、零部件、元器件进行加工、制造、装配的方法等进行规定的标准。

工艺标准的主要作用在于规定正确的产品生产、加工、装配方法，使用适宜的设备和工艺装备，使生产过程固定、稳定，以生产出符合规定要求的产品。

（5）检验和试验标准。检验指通过观察和判断，适当结合测量、试验所进行的符合性评价。检验的目的是判断是否合格。针对不同的检验对象，检验标准分为进货检验标准、工序检验标准、产品检验标准、设备安装交付验收标准、工程竣工验收标准等。

检验和试验标准通常分为以下两类：

①检验和试验方法标准。包括抽样方法、试样采制、试剂和标准样品、检验和试验使用的仪器以及试验条件、检验和试验的程序、检验和试验的结果、统计和数值计算方法、合格判定的准则、质量水平评价的方法等。

②检验、试验、监视和测量设备标准。包括设备、仪器、装置的性能、量程、偏移、精密度、稳定性、使用的环境条件等质量要求，设备操作规程和安装及使用程序，计量仪器的检定、校准、标识、调整、修理，以及搬运和贮存等方面的技术要求。

（6）信息标识、包装、搬运、贮存、安装、交付、维修、服务标准。

（7）设备和工艺装备标准。这类标准指对产品制造过程中所使用的通用设备、专用工艺装备（包括刀具、夹具、模具、工位器具）、工具及其他生产器具的要求制定的技术标准。

设备和工艺装备标准的主要作用：保证设备的加工精度，以满足产品质量要求；维护设备使之保持良好状态，以满足生产要求。

（8）基础设施和能源标准。这类标准指对生产经营活动和产品质量特性起重要作用的基础设施，包括生产厂房、供电、供热、供水、供压缩空气、产品运输及贮存设施等制定的技术标准。

基础设施和能源标准的主要作用：保证生产技术条件、环境和能源满足产品生产的质量要求。

（9）医药卫生和职业健康标准。医药卫生与人类健康直接相关，这方面的标准是标准化的重点内容，主要包括：药品、医疗器械、环境卫生、劳动卫生、食品安全、营养卫生、卫生检疫、药品生产以及各种疾病诊断标准等。

职业健康标准是指为消除、限制或预防职业活动中危害人身健康的因素而制定的标准，其目的和作用是保护劳动者的健康，预防职业病。

（10）安全标准。安全标准是指为消除、限制或预防产品生产、运输、贮存、使用或服务提供中潜在的危险因素，避免人身伤害和财产损失而制定的标准。

（11）环境标准。环境可分为社会环境与企业环境。社会环境标准是个庞大的标准体系，可分为基础标准、环境质量标准、污染物排放标准和分析测试方法标准等；企业环境标准分为工作场所环境（小环境）标准和企业周围环境（大环境）标准。环境标准的作用是保证产品质量，保护工作场所内工作人员的职业健康安全，以及履行企业的社会责任。

2. 管理标准

对标准化领域中需要协调统一的管理事项所制定的标准。

企业管理活动中所涉及的"管理事项"包括经营管理、开发与设计管理、采购管理、生产管理、质量管理、设备与基础设施管理、安全管理、职业健康管理、环境管理、信息管理、人力资源管理、财务管理等。

通常，企业中的管理标准种类和数量都很多，其中与管理现代化，特别是与企业信息化建设关系最为密切的标准主要有管理体系标准、管理程序标准、定额标准和期量标准。

（1）管理体系标准。管理体系标准通常是指 ISO 9000 质量管理体系标准、ISO 14000 环境管理体系标准、OHSAS 18000 职业健康安全管理体系标准，以及其他管理体系标准。

（2）管理程序标准。管理程序标准通常是在管理体系标准的框架下，对具体管理事务（事项）的过程、流程、活动、顺序、环节、路径、方法的规定，是对管理体系标准的具体展开。

（3）定额标准。定额标准指在一定时间、一定条件下，对生产某种产品或进行某项工作消耗的劳动、成本或费用所规定的数量限额标准。定额标准是进行生产管理和经济核算的基础。

（4）期量标准。期量标准是生产管理中关于生产期限和生产数量方面的标准。在生产期限方面，主要有节拍、生产周期、生产间隔期、生产提前期等标准；在生产数量方面，主要有批量、在制品定额等标准。

3. 工作标准

为实现整个工作过程的协调，提高工作质量和工作效率，对工作岗位所制定的标准。

通常，企业中的工作岗位大体上可以分为生产岗位和管理岗位两大类，相应地，工作标准可分为如下两类：

（1）管理工作标准。主要规定工作岗位的工作内容、工作职责和权限，本岗位与组织内部其他岗位纵向和横向的联系，本岗位与外部的联系，岗位工作员工的能力和资格要求等。

（2）作业标准。作业标准的核心内容是规定作业程序和方法。在多数企业，这类标准常以作业指导书或操作规程等形式存在。

（三）按标准实施的约束力划分

1. 我国的强制性标准和推荐性标准

我国国家标准分为强制性标准、推荐性标准，行业标准、地方标准是推荐性标准。强制性标准必须执行，国家鼓励采用推荐性标准。

（1）强制性标准。强制性标准是指在一定范围内通过法律、行政法规等强制性手段加以实施的标准，具有法律属性的标准。《中华人民共和国标准化法》规定，对保障人身健康和生命财产安全、国家安全、生态环境安全以及满足经济社会管理基本需要的技术要求，应当制定强制性国家标准。强制性标准的强制性是指标准应用方式的强制性，即利用国家法制强制实施。这种强制性不是标准固有的，而是国家法律法规所赋予的。强制性国家标准由国务院批准发布或者授权批准发布。强制性标准文本应当免费向社会公开。

（2）推荐性标准。推荐性标准是倡导性、指导性、自愿性的标准。《中华人民共和国标准化法》规定，对满足基础通用、与强制性国家标准配套、对各有关行业起引领作用等需要的技术要求，可以制定推荐性国家标准。推荐性国家标准由国务院标准化行政主管部门制定。

2. 世界贸易组织的技术法规和标准

WTO/TBT 对技术法规的定义：强制执行的规定产品特性或相应的加工和生产方法（包

括可适用的行政或管理规定在内）的文件。技术法规也可以包括或专门规定用于产品、加工或生产方法的术语、符号、包装、标志或标签要求。

WTO/TBT 对标准的定义：由公认机构批准的、非强制性的、为了通用或反复使用的目的，为产品或相关加工和生产方法提供规则、指南或特性的文件。标准也可以包括术语、符号、包装、标志或标签要求。

可见，技术法规指强制性文件，标准仅指自愿性标准；技术法规体现国家对贸易的干预，标准则反映市场对贸易的要求。

3. 欧盟的指令和标准

欧盟在建立和维持市场技术秩序方面采用了新方法指令和协调标准这两种技术手段。

（1）新方法指令。欧盟对涉及产品安全、工业安全、人体健康、消费者保护和环境保护方面的技术要求制定新方法指令。新方法指令的性质是技术法规，各成员国依法强制实施。

欧盟新方法指令的特点：只针对少数关键的共性问题制定，内容限定为规定基本要求，不规定具体技术细节；技术细节由相关标准来规定。

（2）协调标准。协调标准是指不同标准化机构各自针对同一标准化对象批准的若干标准，按照这些标准提供的产品、过程或服务具有互换性，提供的试验结果或资料能够相互理解。

欧洲区域标准化组织 CEN（欧洲标准委员会，European Committee for Standardization）、CENELEC（欧洲电工标准化委员会，European Committee for Electrotechnical Standardization）、ETSI（欧洲电信标准化协会，European Telecommunications Standards Institute）作为欧洲协调标准的主管机构，负责批准与其专业范围相关的指令所涉及的协调标准。这些协调标准均属于欧洲标准（EN）。

协调标准与新方法指令相对应，协调标准的目录依据新方法指令的要求提出。协调标准围绕新方法指令展开，为达到新方法指令规定的基本要求，规定具体技术细节，起到技术支持和保证的作用。标准中如有超出指令基本要求的条款，应将这些条款与基本条款区别开来；标准在内容上如果未能全部覆盖指令基本要求，应采用相应的技术规范，以满足指令规定的所有基本要求。

欧洲协调标准尽管与强制性新方法指令相对应，但其性质仍然是自愿性标准，企业按自愿原则采用。协调标准的作用在于：凡按照这些标准生产的产品，可被推定为符合相应新方法指令规定的基本要求。企业自愿采用欧洲协调标准的驱动力主要是市场需求。企业也可以不采用协调标准，但必须用其他办法和可靠证据来证实其产品符合新方法指令规定的基本要求。这种做法可以在一定程度上避免强制性标准对技术进步的阻碍作用，为企业留出了自由选择的空间。

（四）按标准信息载体划分

按标准信息载体，标准分为标准文件和标准样品。标准文件的作用主要是提出要求或作出规定，作为某一领域的共同准则；标准样品的作用主要是提供实物，作为质量检验、鉴定的对比依据，测量设备检定、校准的依据，以及判断测试数据准确性和精确度的依据。

1. 标准文件

（1）不同形式的文件。标准文件有不同的形式，包括标准、技术规范、规程，以及技术报告、指南等。

（2）不同介质的文件。标准文件有纸介质的文件和电子介质的文件。

2. 标准样品

标准样品是具有足够均匀的一种或多种化学的、物理的、生物学的、工程技术的或感官的等性能特征，经过技术鉴定，并附有说明有关性能数据证书的一批样品。

标准样品作为实物形式的标准，按其权威性和适用范围分为内部标准样品和有证标准样品。

（1）内部标准样品。内部标准样品是在企业、事业单位或其他组织内部使用的标准样品，其性质是一种实物形式的企业内控标准。例如，涂料生产企业用于控制各批产品色差的涂料标样就是一种内部标准样品。内部标准样品可以由组织自行研制，也可以从外部购买。

（2）有证标准样品。有证标准样品是具有一种或多种性能特征，经过技术鉴定附有说明上述性能特征的证书，并经国家标准化管理机构批准的标准样品。有证标准样品经过国家标准化管理机构批准并发给证书，并由经过审核和准许的组织生产和销售。有证标准样品既广泛用于企业内部质量控制和产品出厂检验，又大量用于社会上或国际贸易中的质量检验、鉴定，测量设备检定、校准，以及环境监测等方面。

二、标准体系

《标准体系构建原则和要求》（GB/T 13016—2018）对标准体系的定义是：一定范围内的标准按其内在联系形成的科学的有机整体。GB/T 13016—2018 对标准体系表的定义是：一种标准体系模型，通常包括标准体系结构图、标准明细表，还可以包含标准统计表和编制说明。标准体系表是标准体系的表达形式。标准体系表的组成单元是标准，而不是产品。各个层次的标准都有自己的体系表，如国家标准体系表、行业标准体系表、企业标准体系表等。

我国全国标准体系层次结构图分 4 个层次：第一层为全国通用综合性基础标准体系；第二层为各行业标准体系；第三层为地方标准体系；第四层为企业标准体系。如图 1 - 1 所示。

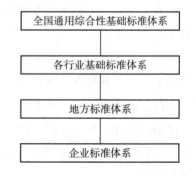

图 1 - 1　全国标准体系层次结构图

第三节 标准的结构

一、按内容划分

不同标准之间在内容上有很大的差异，因此，任何一个内容划分规则都不可能适合各种标准。要想确立一个能被普遍接受的内容划分规则是十分困难的，但是，就一般标准的内容划分而言，必须遵守通常使用的规则。

（一）单独标准

在一般情况下，针对每个标准化对象应编制一项单独的标准，并作为整体出版。

标准由各类要素构成。按要素的性质以及它们在标准中的位置划分，可以分为：

（1）资料性概述要素（封面、目次、前言、引言）；

（2）规范性一般要素和技术要素（一般要素：标准名称、范围、规范性引用文件；技术要素：术语和定义、符号、代号和缩略语、要求……规范性附录）；

（3）资料性补充要素（资料性附录、参考文献、索引）。

如图1-2所示。

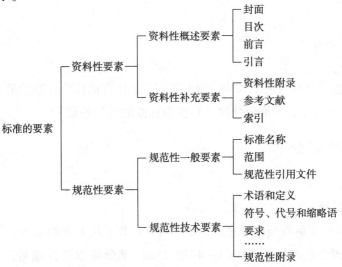

图1-2 标准各要素之间的关系与内容

按要素的必备的或可选的状态划分，可以分为：

（1）必备要素（封面、前言、标准名称、范围）；

（2）可选要素（目次、引言、资料性附录、参考文献、索引……）。

（二）一项标准分成若干个单独的部分

在下列特殊情况下，可在同一个标准顺序号下将一项标准分成若干个单独的部分：

（1）标准篇幅过长；

（2）后续部分的内容相互关联；

（3）标准的某些部分可能被法规引用；

（4）标准的某些部分拟用于认证。

如果标准化对象的不同方面有可能分别引起各相关方（如生产者、认证机构、立法机关等）的关注，则应清楚地区分这些不同方面，最好将它们分别编制成一项标准的若干个单独的部分。例如，这些不同方面可能包括：

（1）健康和安全要求；

（2）性能要求；

（3）维修和服务要求；

（4）安装规则；

（5）质量评定。

一项标准分成若干个单独的部分时，可使用下列两种方式：

（1）将标准化对象分为若干个特定方面，各个部分分别涉及其中的一个方面，并且能够单独使用。

示例：

第1部分：词汇

第2部分：要求

第3部分：试验方法

第4部分：……

（2）将标准化对象分为通用和特殊两个方面，通用方面作为标准的第1部分，特殊方面（可修改或补充通用方面，不能单独使用）作为标准的其他各部分。

二、按层次划分

1. 部分

（1）部分的编号

部分的编号应置于标准顺序号之后，使用阿拉伯数字从1开始编号。部分的编号与标准顺序号之间用下脚点相隔，如4789.1、4789.2等。部分可以连续编号，也可以分组编号。部分不应再分成分部分。

（2）部分的名称

同一标准的各个部分名称的引导要素（如果有）和主体要素应相同，而补充要素应不同，以便区分各部分。在每个部分的名称中，补充要素前均应标明"第×部分："，×为与部分编号完全相同的阿拉伯数字。

2. 章

章是标准内容划分的基本单元，构成了标准结构的基本框架。

　　在每项标准或每个部分中，章的编号应从"范围"开始。应使用阿拉伯数字从 1 开始编号，一直连续到附录之前。见图 1-3。

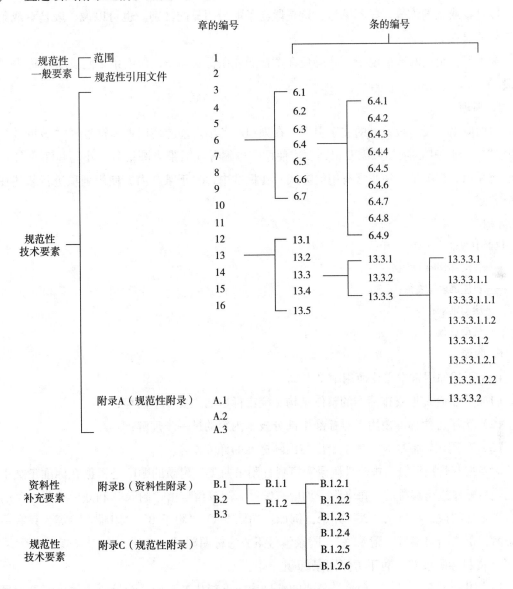

图 1-3 标准层次编号示例

　　每一章都应有章标题，并应置于编号之后。

3. 条

　　条是对章的细分。凡是章以下有编号的层次均称为"条"。条的设置是多层次的，第一层次的条（如 4.1、4.2 等）可分为第二层次的条（如 4.1.1、4.1.2 等），一直可分到第五层次。一个层次中有两个或两个以上的条时才可设条。第一层次的条宜给出标题，并置于编号之后，但某层次的各条有无标题应统一，比如 10.1 有标题，则 10.2、10.3 等也应有标题。

一般应避免无标题条再分条。

4. 段

段是章或条的细分。段不编号，这是段与条的最明显的区别。也可以说，段是章或条中不编号的层次。

为了不在引用时产生混淆，应避免在章标题或条标题与下一层次条之间设段（称为"悬置段"）。

5. 列项

列项应由一段后跟冒号的文字引出，在列项的各项之前应使用列项符号（"破折号"或"圆点"）。列项中的项如果需要识别，应使用字母编号（后带半圆括号的小写拉丁字母）在各项前标示。列项是一种非常有用的方式，在标准中，对于某些内容使用列项进行叙述往往十分方便。

示例：

仪器中的振动可能产生于：

——转动部件的不平衡；

——机座的轻微变形；

——滚动轴承；

——气动负载。

6. 附录

由于下述原因常常需要使用附录形式：

（1）为了合理地安排标准的整体结构，突出标准的主要技术内容；

（2）为了方便标准使用者对标准中部分技术内容的进一步理解；

（3）采用国际标准时，为了给出与国际标准的详细差异。

附录按其性质可分为规范性附录和资料性附录两类。附录的顺序是根据在标准正文中出现的先后顺序进行编排的。每个附录均应有编号。附录编号由"附录"和随后表明顺序的大写拉丁字母组成，字母从"A"开始，例如："附录 A""附录 B""附录 C"等。只有一个附录时，仍应给出编号"附录 A"。附录编号下方应标明附录的性质，即"（规范性附录）"或"（资料性附录）"，再下方是附录标题。

每个附录中章、图、表和数学公式的编号均应重新从 1 开始，编号前应加上附录编号中表明顺序的大写字母，字母后跟下脚点。例如：附录 A 中的章用"A.1""A.2""A.3"等表示；图用"图 A.1""图 A.2""图 A.3"等表示。

三、标准中要素的典型编排

标准中要素的典型编排见表 1-2。

表 1 – 2　标准中要素的典型编排

要素类型	要素的编排	要素所允许的表述形式
资料性概述要素	**封面**	**文字**
	目次	文字（自动生成的内容）
	前言	**条文** 注 脚注
	引言	条文 图 表 注 脚注
规范性一般要素	**标准名称**	**文字**
	范围	**条文** 图 表 注 脚注
	规范性引用文件	文件清单（规范性引用） 注 脚注
规范性技术要素	术语和定义 符号、代号和缩略语 要求 …… 规范性附录	条文 图 表 注 脚注
资料性补充要素	**资料性附录**	条文 图 表 注 脚注

续表

要素类型	要素的编排	要素所允许的表述形式
规范性技术要素	规范性附录	条文 图 表 *注* *脚注*
资料性补充要素	参考文献	*文件清单（资料性引用）* *脚注*
	索引	*文字（自动生成的内容）*

注1：表中各类要素的前后顺序即其在标准中所呈现的具体位置。

注2：黑体表示"必备的"；正体表示"规范性的"；斜体表示"资料性的"。

一项标准不一定包含表1－2中的所有规范性技术要素，但可以包含表1－2以外的其他规范性技术要素，例如在一项标准的规范性技术要素中包含设计程序、几何形状、尺寸、颜色、应用等要素。所以说，规范性技术要素的内容及其在标准中的编排顺序由所制定的具体标准而定。

第四节 标准编写的具体要求

一、资料性概述要素的编写

（一）封面

封面是标准的必备要素，应给出标示标准的信息，包括：标准的类型、标准的标志、标准的编号、被代替标准的编号、国际标准分类号（ICS号）、中国标准文献分类号（CCS号）、备案号（不适用于国家标准）、标准名称、英文译名、与国际文件一致性程度标识、标准的发布及实施日期、标准的发布部门等。

1. 标准的类型

我国标准包括国家标准、行业标准、地方标准和团体标准、企业标准。在封面上部居中位置为标准类型的说明。

2. 标准的编号

在标准封面中标准类型的右下方是标准的编号。标准编号由标准代号、顺序号和年号三部分组成。例如：

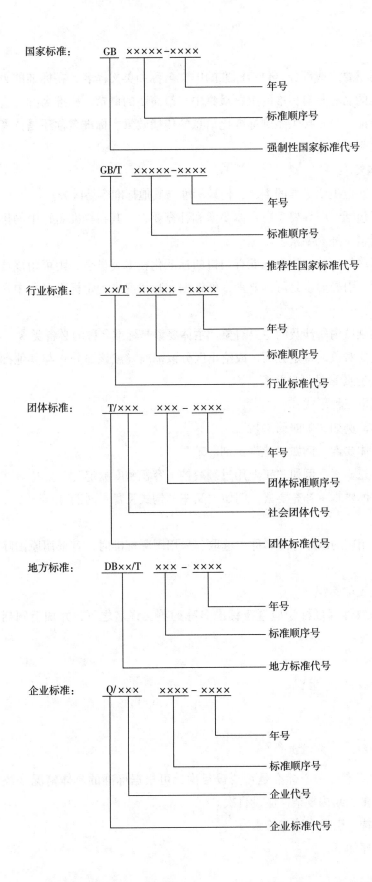

国家标准：　GB ××××-××××
　　　　　　　　　　　　　　　　　　年号
　　　　　　　　　　　　　　　标准顺序号
　　　　　　　　　　　　强制性国家标准代号

　　　　　　　GB/T ××××-××××
　　　　　　　　　　　　　　　　　　年号
　　　　　　　　　　　　　　　标准顺序号
　　　　　　　　　　　　推荐性国家标准代号

行业标准：　××/T ××××-××××
　　　　　　　　　　　　　　　　　　年号
　　　　　　　　　　　　　　　标准顺序号
　　　　　　　　　　　　行业标准代号

团体标准：　T/××× ×××-××××
　　　　　　　　　　　　　　　　　　年号
　　　　　　　　　　　　　团体标准顺序号
　　　　　　　　　　　　社会团体代号
　　　　　　　　　　　团体标准代号

地方标准：　DB××/T ×××-××××
　　　　　　　　　　　　　　　　　　年号
　　　　　　　　　　　　　　　标准顺序号
　　　　　　　　　　　　地方标准代号

企业标准：　Q/××× ××××-××××
　　　　　　　　　　　　　　　　　　年号
　　　　　　　　　　　　　　　标准顺序号
　　　　　　　　　　　　企业代号
　　　　　　　　　　　企业标准代号

3. 标准的名称

标准的名称是标准要素的重要组成部分，包括标准的中文名称和英文译名，在标准的封面上位于最重要的位置。标准的名称是对标准的主题最集中、最简明的概括。标准名称可直接反映标准化对象的范围和特征，也直接关系到标准化信息的传播效果。标准名称还是读者使用、收集和检索标准的主要判断依据。

（1）标准名称起草的基本要求

标准名称要尽可能简练，并应表明标准的主题，使该标准与其他标准容易区分。

标准名称的一般构成要素包括：引导要素、主体要素和补充要素。其在标准名称中的排列顺序是：引导要素 + 主体要素 + 补充要素。

①引导要素。表示标准所属的领域。如果标准有归口的标准化技术委员会，则可用该技术委员会的名称作为引导要素。引导要素是可选要素，可根据实际情况来确定标准名称中是否要有引导要素。

②主体要素。表示在上述领域内所涉及的主要对象。主体要素是标准名称的必备要素。

③补充要素。表示上述主要对象的特定方面，或给出区分该标准（或该部分）与其他标准（或其他部分）的细节。补充要素是可选要素。

标准名称的具体结构有以下三种形式：

①一段式：只有主体要素，例如"咖啡研磨机"。

②两段式：引导要素 + 主体要素，例如"化学试剂　苯"；

　　　　　　主体要素 + 补充要素，例如"工业用过硼酸钠　容积密度测定"。

③三段式：引导要素 + 主体要素 + 补充要素，例如"叉车　钩式叉臂　词汇"。

（2）英文译名

标准的英文译名应尽量从相应的国际标准名称中选取。采用国际标准时，宜采用原国际标准的英文名称。

（3）与国际标准一致性程度的标识

我国标准与国际标准的一致性程度标识应置于标准名称的英文译名之下，并加上圆括号。一致性程度一般有三种情况：

①等同：代号 IDT；

②修改采用：代号 MOD；

③非等效：代号 NEQ。

（二）目次

目次是可选的资料性概述要素。一个标准是否要设目次，可根据标准的具体情况来决定。一般来说，若标准内容很多、结构复杂，应设目次。

目次可反映标准的层次结构、引导阅读和检索。

目次所列的各项内容和顺序如下：

①前言；

②引言；

③章；

④带有标题的条（需要时列出）；

⑤附录；

⑥附录中的章（需要时列出）；

⑦附录中的带有标题的条（需要时列出）；

⑧参考文献；

⑨索引；

⑩图（需要时列出）；

⑪表（需要时列出）。

目次不应列出"术语和定义"一章中的术语。电子文本的目次应自动生成。

（三）前言

前言是资料性概述要素，同时又是必备要素，不应包含要求和推荐，也不应包含公式、图和表。前言应视情况依次给出下列内容：

（1）标准结构的说明。对于系列标准或分部分标准，在第一项标准或标准的第 1 部分中说明标准的预计结构；在系列标准的每一项标准或分部分标准的每一部分中列出所有已经发布或计划发布的其他标准或其他部分的名称。

（2）标准编制所依据的起草规则，提及 GB/T 1.1。

（3）标准代替的全部或部分其他文件的说明。给出被代替的标准（含修改单）或其他文件的编号和名称，列出与前一版本相比的主要技术变化。

（4）与国际文件、国外文件关系的说明。以国外文件为基础形成的标准，可在前言中陈述与相应文件的关系。与国际文件的一致性程度为等同、修改或非等效的标准，应按照 GB/T 20000.2 的有关规定陈述与对应国际文件的关系。

（5）有关专利的说明。凡可能涉及专利的标准，如果尚未识别出涉及专利，则应按照 GB/T 1.1 的规定，说明相关内容。

（6）标准的提出信息（可省略）或归口信息。如果标准由全国专业标准化技术委员会提出或归口，则应在相应技术委员会名称之后给出其国内代号，并加圆括号。使用下述适用的表述形式：

"本标准由全国××××标准化技术委员会（SAC/TC ×××）提出。"

"本标准由××××提出。"

"本标准由全国××××标准化技术委员会（SAC/TC ×××）归口。"

"本标准由××××归口。"

（7）标准的起草单位和主要起草人，使用以下表述形式：

"本标准起草单位：……。"

"本标准主要起草人：……。"

（8）标准所代替标准的历次版本发布情况。

针对不同的文件，应将以上列项中的"本标准……"改为"GB/T ××××× 的本部分……""本部分……"或"本指导性技术文件……"。

（四）引言

引言是可选的资料性概述要素。如果需要，则给出标准技术内容的特殊信息或说明，以及编制标准的原因。引言不应包含要求。如果已经识别出标准涉及专利，则在引言中给出相应说明。

引言不应编号。当需要对引言的内容分条时，条的编号为 0.1、0.2 等。

引言位于前言之后。采用国际标准时，应将国际标准的引言转化为国家标准的引言。

二、规范性一般要素的编写

规范性一般要素包括标准名称、范围和规范性引用文件。标准名称在前文已经介绍过，这里重点说明范围和规范性引用文件的编写。

（一）范围

范围是规范性一般要素，同时又是必备要素，应置于标准正文的起始位置。范围应明确界定标准化对象和所涉及的各个方面，由此指明标准或其特定部分的适用界限。必要时，可指出标准不适用的界限。

如果标准分成若干个部分，则每个部分的范围只应界定该部分的标准化对象和所涉及的相关方面。范围的陈述应简洁，以便能作内容提要使用。范围不应包含要求。

标准化对象的陈述应使用下列表述形式：

"本标准规定了……的尺寸。"

"本标准规定了……的方法。"

"本标准规定了……的特征。"

"本标准确立了……的系统。"

"本标准确立了……的一般原则。"

"本标准给出了……的指南。"

"本标准界定了……的术语。"

标准适用性的陈述应使用下列表述形式：

"本标准适用于……"

"本标准不适用于……"

针对不同的文件，应将上述列项中的"本标准……"改为"GB/T ×××××的本部分……""本部分……"或"本指导性技术文件……"。

(二) 规范性引用文件

规范性引用文件为可选要素，它应列出标准中规范性引用其他文件的文件清单，这些文件经过标准条文的引用后，成为标准应用时必不可少的文件。

文件清单中，对于标准条文中注日期引用的文件，应给出版本号或年号（引用标准时，给出标准代号、顺序号和年号）以及完整的标准名称；对于标准条文中不注日期引用的文件，则不应给出版本号或年号。标准条文中不注日期引用一项由多个部分组成的标准时，应在标准顺序号后标明"（所有部分）"及其标准名称中的相同部分，即引导要素（如果有）和主体要素。

文件清单中，如列出国际标准、国外标准，应在标准编号后给出标准名称的中文译名，并在其后的圆括号中给出原文名称；列出非标准类文件的方法应符合 GB/T 7714 的规定。如果引用的文件可在线获得，宜提供详细的获取和访问路径。应给出被引用文件的完整的网址（见 GB/T 7714）。为了保证溯源性，宜提供源网址。

凡起草与国际文件存在一致性程度的我国标准，在其规范性引用文件清单所列的标准中，如果某些标准与国际文件存在着一致性程度，则应按照 GB/T 20000.2 的规定，标示这些标准与相应国际文件的一致性程度标识。

文件清单中引用文件的排列顺序为：国家标准（含国家标准化指导性技术文件）、行业标准、地方标准（仅适用于地方标准的编写）、国内有关文件、国际标准（含 ISO 标准、ISO/IEC 标准、IEC 标准）、ISO 或 IEC 有关文件、其他国际标准以及其他国际有关文件。国家标准、国际标准按标准顺序号排列；行业标准、地方标准、其他国际标准先按标准代号的拉丁字母和（或）阿拉伯数字的顺序排列，再按标准顺序号排列。

文件清单不应包含：不能公开获得的文件；资料性引用文件；标准编制过程中参考过的文件。上述文件根据需要可列入参考文献。

三、规范性技术要素的编写

规范性技术要素是标准的主体要素。由于标准化对象不同，所以各个标准的构成以及所包含的内容也有所差异，这种差异就具体表现在规范性技术要素上。资料性概述要素、资料性补充要素和规范性一般要素反映各个标准起草时应遵循的共同要求，而规范性技术要素是标准的核心，其反映各个标准的特性要求。

产品标准的规范性技术要素的内容构成如表 1-3 所示。每一项具体标准的规范性技术要素不一定包括表 1-3 的全部内容，可以根据标准化对象的特征和制定标准的目的来合理地调整编排顺序。产品标准中规范性技术要素中的要求、抽样和试验方法是相互关联的要素，必须考虑其综合协调性。

表 1-3 产品标准规范性要素的内容构成

要素名称	组成要素
规范性技术要素	术语和定义
	符号和缩略语
	要求
	抽样
	试验方法
	分类和标记
	标志、标签和包装
	规范性附录

（一）术语和定义

术语和定义为可选要素，它仅给出为理解标准中某些术语所必需的定义。术语宜按照概念层级进行分类和编排，分类的结果和排列顺序应由术语的条目编号来明确，应给每个术语一个条目编号。

对某概念建立有关术语和定义以前，应查找在其他标准中是否已经为该概念建立了术语和定义。如果已经建立，宜引用定义该概念的标准，不必重复定义；如果没有建立，则"术语和定义"一章中只应定义标准中所使用的并且是属于标准的范围所覆盖的概念，以及有助于理解这些定义的附加概念；如果标准中使用了属于标准范围之外的术语，可在标准中说明其含义，而不宜在"术语和定义"一章中给出该术语及其定义。

定义既不应包含要求，也不应写成要求的形式。定义的表述宜能在上下文中代替其术语。附加的信息应以示例或注的形式给出。适用于量的单位的信息应在注中给出。

术语条目应包括：条目编号、术语、英文对应词、定义。根据需要可增加：符号、概念的其他表述方式（例如：公式、图等）、示例、注等。

术语条目应由下述适当的引导语引出：

①仅仅标准中界定的术语和定义适用时，使用："下列术语和定义适用于本文件。"

②其他文件界定的术语和定义也适用时（例如，在一项分部分的标准中，第 1 部分中界定的术语和定义适用于几个或所有部分），使用："……界定的以及下列术语和定义适用于本文件。"

③仅仅其他文件界定的术语和定义适用时，使用："……界定的术语和定义适用于本文件。"

（二）符号、代号和缩略语

符号、代号和缩略语为可选要素，它给出为理解标准所必需的符号、代号和缩略语清单。为了方便，符号、代号和缩略语可以与术语和定义合并。

（三）要求

要求为可选要素。标准的类型不同，标准对象不同，要求具体包含的内容也有较大的差异。在产品质量标准中，要求一般作为一章列出，根据产品的实际情况再分为条；而在其他标准中要求可以分为一章或若干章，然后再分别列出具体的特性内容。

要求应包含下述内容：

（1）直接或以引用方式给出标准涉及的产品、过程或服务等方面的所有特性；

（2）可量化特性所要求的极限值；

（3）针对每个要求，引用测定或检验特性值的试验方法，或者直接规定试验方法。

要求的表述应与陈述和推荐的表述有明显的区别。该要素中不应包含合同要求（有关索赔、担保、费用结算等）和法律或法规的要求。

（四）分类、标记和编码

分类、标记和编码为可选要素，它可为符合规定要求的产品、过程或服务建立一个分类、标记和（或）编码体系。为了便于标准的编写，该要素也可并入要求。

如果包含有关标记的要求，应符合 GB/T 1.1 的规定。

（五）规范性附录

规范性附录为可选要素，它给出标准正文的附加或补充条款。附录的规范性的性质（相对资料性附录而言）应通过下述方式加以明确：

（1）条文中提及时的措辞方式，例如"符合附录 A 的规定""见附录 C"等；

（2）目次中和附录编号下方标明。

四、资料性补充要素的编写

（一）资料性附录

资料性附录为可选要素，它给出有助于理解或使用标准的附加信息。资料性附录可包含可选要求。例如，一个可选的试验方法可包含要求，但在声明符合标准时，并不需要符合这些要求。此外，该要素不应包含要求。附录的资料性的性质（相对规范性附录而言）应通过下述方式加以明确：

（1）条文中提及时的措辞方式，例如"参见附录 B"；

（2）目次中和附录编号下方标明。

（二）参考文献

参考文献为可选要素。如果有参考文献，则应置于最后一个附录之后。

文献清单中每个参考文献前应在方括号中给出序号。文献清单中所列的文献（含在线文献）以及文献的排列顺序等均应符合 GB/T 1.1 的相关规定。然而，如列出国际标准、国外标准和其他文献无须给出中文译名。

（三）索引

索引为可选要素。如果有索引，则应作为标准的最后一个要素。电子文本的索引宜自动生成。

五、要素的表述

（一）通则

不同类型条款的组合构成了标准中的各类要素。标准中的条款可分为要求型条款、推荐型条款、陈述型条款。

标准中的要求应容易识别，因此包含要求的条款应与其他类型的条款相区分。表述不同类型的条款应使用不同的助动词，各类条款所使用的助动词见 GB/T 1.1。

标准名称中含有"规范"，则标准中应包含要素"要求"以及相应的验证方法；标准名称中含有"规程"，则标准宜以推荐和建议的形式起草；标准名称中含有"指南"，则标准中不应包含要求型条款，适宜时，可采用建议的形式。

标准中应使用规范汉字。标准中使用的标点符号应符合 GB/T 15834 的规定。

（二）条文的注、示例和脚注

1. 条文的注和示例

条文的注和示例的性质为资料性。在注和示例中应只给出有助于理解或使用标准的附加信息，不应包含要求或对于标准的应用是必不可少的任何信息。

注和示例宜置于所涉及的章、条或段的下方。

章或条中只有一个注，应在注的第一行文字前标明"注："。同一章（不分条）或条中有几个注，应标明"注1：""注2：""注3："等。

章或条中只有一个示例，应在示例的具体内容之前标明"示例："。同一章（不分条）或条中有几个示例，应标明"示例1：""示例2：""示例3："等。

2. 条文的脚注

条文的脚注的性质为资料性，应尽量少用。条文的脚注用于提供附加信息，不应包含要求或对于标准的应用是必不可少的任何信息。

条文的脚注应置于相关页面的下边。脚注和条文之间用一条细实线分开。

通常应使用阿拉伯数字（后带半圆括号）从 1 开始对条文的脚注进行编号，条文的脚注编号从"前言"开始全文连续，即1）、2）、3）等。在条文中需注释的词或句子之后应使用与脚注编号相同的上标数字[1]、[2]、[3]等标明脚注。

某些情况下，例如为了避免和上标数字混淆，可用一个或多个星号，即*、**、***代替条文脚注的数字编号。

（三）图

如果用图提供信息更有利于标准的理解，则宜使用图。每幅图在条文中均应明确提及。

应采用绘制形式的图，只有在确需连续色调的图片时，才可使用照片。应提供准确的制版用图，宜提供计算机制作的图。

每幅图均应有编号。图的编号由"图"和从1开始的阿拉伯数字组成，例如"图1""图2"等。只有一幅图时，仍应给出编号"图1"。图的编号从引言开始一直连续到附录之前，并与章、条和表的编号无关。

图题即图的名称。每幅图宜有图题。标准中的图有无图题应统一。

一般情况下，图中用于表示角度量或线性量的字母符号应符合GB/T 3102.1的规定，必要时，使用下标以区分特定符号的不同用途。

技术制图应按照GB/T 17451等有关标准绘制。电气简图，诸如电路图和接线图（例如：试验电路）等，应按照GB/T 6988绘制。

设备用图形符号应符合GB/T 5465.2、GB/T 16273和ISO 7000的规定。电气简图和机械简图用图形符号应符合GB/T 4728、GB/T 20063等标准的规定。

参照代号和信号代号应分别符合GB/T 5094和GB/T 16679的规定。

（四）表

如果用表提供信息更有利于标准的理解，则宜使用表。每个表在条文中均应明确提及。不准许表中有表，也不准许将表再分为次级表。

每个表均应有编号。表的编号由"表"和从1开始的阿拉伯数字组成，例如，"表1""表2"等。只有一个表时，仍应给出编号"表1"。表的编号从引言开始一直连续到附录之前，并与章、条和图的编号无关。

表题即表的名称。每个表宜有表题，标准中的表有无表题应统一。

第二章 我国食品标准体系

食品标准涉及食品行业各个领域，包括食品基础标准、食品产品标准、食品卫生标准、食品检验方法标准、食品添加剂标准等，从多方面规定了食品的技术要求和品质要求。食品标准在食品工业中占有十分重要的地位，是食品质量安全和食品工业持续发展的重要保障。

食品安全标准体系是指以系统科学和标准化原理为指导，按照风险分析的原则和方法，对食品生产、加工和流通整个食品链中的食品生产全过程各个环节影响食品安全和质量的关键要素及其控制所涉及的全部标准，按其内在联系形成的系统、科学、合理且可行的有机整体。通过实施食品安全标准体系，可以实现对食品安全的有效监控，提升食品安全整体水平。

第一节 我国食品标准概述

一、我国食品标准体系的主要特点

（1）各级标准相互配合，形成了较为完整的标准体系

我国食品标准体系中，强制性标准与推荐性标准相结合，国家标准、行业标准、地方标准、团体标准、企业标准相配套，形成了一个较为完整的标准体系。截至 2019 年 8 月，共有食品安全国家标准 1 263 项，包括通用标准、食品产品标准、特殊膳食食品标准、食品添加剂质量规格及相关标准、食品营养强化剂质量规格标准、食品相关产品标准、生产经营规范标准、理化检验方法标准、生物检验方法标准、毒理学检验方法及规程标准、兽药残留检测方法标准、农药残留检测方法标准等。

（2）基本满足了食品安全控制与管理的目标和要求

我国食品安全标准类型较为齐全，覆盖面广，涵盖了主要的食品种类、食品链全过程各环节及有毒有害污染物危害因子等方面，基本能满足和实现对整个食品链，即"从农田到餐桌"全过程（包括初级生产、生产加工、市场流通和餐饮消费等）进行食品安全危害控制的目标要求。按照我国"十三五"农药残留标准的既定目标，到 2020 年我国农药残留限量标准及其配套检测方法标准将达到 10 000 项以上。

（3）与国际标准体系基本协调一致

从总体上来看，我国食品安全标准体系无论是结构及组成，还是主要标准指标或技术要求，与国际食品法典委员会（CAC）标准体系基本协调一致。例如，GB 2763—2019《食品

安全国家标准 食品中农药最大残留限量》规定了483种农药在356种（类）食品中7 107项残留限量，规定了甲胺磷等27种禁用农药585项限量、氧乐果等16种限用农药311项限量，与CAC标准重叠2 941项（农药和食品种类相同），限量值严于CAC标准的有257项，与其相同的有2 402项，比其宽松的有282项，限量值等同于或严于CAC标准的数量超过90%。

（4）体现了科学性原则和WTO/SPS协议的原则

我国制定的食品安全标准充分考虑到在WTO《实施卫生与植物卫生措施协议》（WTO/SPS）原则框架下与国际接轨，尽量采用和转化国际标准。针对我国独特的地理环境因素、人文因素等特殊要求，以"适当的健康保护水平"为目标和原则，以充分的"危险性评估"为科学依据，制定我国的食品安全标准。例如，我国食品安全标准中不同于CAC标准的农药残留、污染物等指标，都是在根据我国的膳食因素、地理因素、环境因素、加工因素等，采用"危险性评估"原则，进行充分科学分析，提出合理依据和理由后规定的。

二、我国食品标准的分类

1. 按级别分类

分为国家标准、行业标准、地方标准、团体标准和企业标准。

我国的食品标准中，基础性的卫生标准和安全标准统一为食品安全国家标准，而产品标准多为行业标准和企业标准。

2. 按性质分类

分为强制性国家标准、推荐性国家标准和国家标准化指导性技术文件。

强制性国家标准的代号是"GB"。我国强制性标准的范围与WTO规定的5个方面，即"国家安全""防止欺诈""保护人身健康和安全""保护动植物生命和健康""保护环境"基本一致。如GB 10765—2010《食品安全国家标准 婴儿配方食品》、GB 10767—2010《食品安全国家标准 较大婴儿和幼儿配方食品》等。

推荐性国家标准的代号是"GB/T"。如GB/T 25006—2010《感官分析 包装材料引起食品风味改变的评价方法》、GB/T 25007—2010《速冻食品生产HACCP应用准则》等。

国家标准化指导性技术文件代号是"GB/Z"。我国从2000年开始发布指导性技术文件，其不具有强制性，也不具有法律上的约束性，只是相关方约定参照的技术依据。如GB/Z 21922—2008《食品营养成分基本术语》、GB/Z 23740—2009《预防和降低食品中铅污染的操作规范》、GB/Z 23785—2009《微生物风险评估在食品安全风险管理中的应用指南》、GB/Z 25008—2010《饲料和食品链的可追溯性 体系设计与实施指南》。

3. 按内容分类

分为食品基础标准、食品产品标准、食品卫生标准、食品检验方法标准、食品添加剂标准等。食品生产卫生规范以国家标准的形式列入食品标准体系，但它不同于产品的卫生标准，它是食品企业生产活动和过程的行为规范，主要是围绕预防、控制和消除食品微生物和化学污染，对食品企业的工厂设计、选址和布局、厂房与设施、废水与处理、设备和器具的卫生、工作人员卫生、原料卫生、产品的质量检验以及工厂卫生管理等方面提出的具体要求。我国的食品生产卫生规范主要是依据良好生产规范（GMP）和危害分析与关键控制点（HACCP）的原则制定的。

4. 按形式分类

分为标准文件和实物标准，其中实物标准包括各类计量标准、标准物质、标准样品（如农产品、面粉质量等级的实物标准）等。

三、我国食品标准的编制要求

（一）基本要求

（1）在标准的范围所规定的界限内按需要力求规定完整

标准的范围要划清标准所适用的界限。在标准的范围所划定的界限内，对所需要的内容规定力求完整，不能只规定部分内容，其他需要规定的内容却没有规定进去，这样的标准不利于实施和监督。

（2）表达清楚、准确，力求相互协调

标准的条文要逻辑性强，用词不能模棱两可，防止不同的人从不同的角度对标准内容产生不同的理解。起草标准时不仅要考虑标准自身的清楚、准确，还要考虑到与有关标准的相互协调。另外，还要考虑与国家有关法律法规或文件相协调。

（3）充分考虑最新技术水平

在制定标准时，必须充分考虑科学技术发展的最新水平。如在20世纪60年代，六六六、DDT等农药在控制农作物病虫害方面发挥了重要作用，提高了农作物产量，但其残留期长。随着科学技术的发展和进步，发现六六六、DDT的残留对人体危害性很大。于是，我国在1983年已经禁止在农产品上使用六六六、DDT等农药。因此，在制定农产品质量标准时应考虑其残留量的问题，确保农产品的安全，保护消费者的身心健康。

（4）为未来技术发展提供框架

起草标准时，不但要考虑当今的最新技术水平，还要为将来的技术发展提供框架和发展空间，这样才不会阻碍相应技术的发展，并能为标准化提供充分的发展空间。如在食品工业加工设备生产中要重点发展单元操作技术，避免大规模的专用技术，从而有利于未来食品工业的发展。

（5）能被未参加标准编制的专业人员所理解

标准化工作人员及参与标准编制的人员，经过对标准草案的讨论，非常熟悉标准规定的技术要求与内容，但往往容易忽视标准中具体条文的措辞。有时，对于未参加标准编制的人员，即使是相关专业人员，标准起草者认为表述得很清楚的内容未必能被准确理解。如果表述不清楚，就会造成误解。

（二）统一性

统一性是指每项标准或系列标准（或一项标准的不同部分）内，标准的文体和术语应保持一致。统一性强调的是内部的统一，即一项标准内部或一系列相关标准内部的统一。

（1）系列标准的每项标准（或一项标准的不同部分）的结构及其章、条的编号应尽可能相同。类似的条款应使用类似的措辞来表述；相同的条款应使用相同的措辞来表述。

（2）每项标准或系列标准（或一项标准的不同部分）内，对于同一个概念应使用同一个术语。对于已定义的概念应避免使用同义词。每个选用的术语应尽可能只有惟一的含义。

统一性有利于人们对标准的理解、执行，更有利于标准文本的计算机自动化处理及计算机辅助翻译。

（三）协调性

协调性是针对标准之间的，其目的是达到所有标准整体协调。由于标准是一种成体系的技术文件，各有关标准之间存在着广泛的内在联系，各标准之间只有相互协调、相辅相成，才能充分发挥标准体系的功能，获得良好的系统效应。

（四）不同语种的等效性

为了便于国际交往和对外技术交流，积极参与国际标准化工作，用不同语种提供我国的标准已是必然趋势，特别是英文版本的我国标准将越来越多。在将我国标准作为国际标准提案时，还应该按照 ISO/IEC 导则规定的起草规则编写标准的英文版本。

（五）适用性

（1）标准内容应便于实施

组织实施标准是标准化的三大任务之一。在标准的起草过程中，应时刻考虑到标准的实施问题。所制定标准的每个条款都应考虑到可操作性，要便于标准的实施。如果标准中有些内容要用于认证，则应将它们编制成单独的章、条或单独的部分。

（2）标准内容应易于被其他的标准或文件所引用

标准内容不但要便于实施，还要考虑到易于被其他标准、法律法规引用。例如，在起草无标识的列项时，应考虑到这些列项是否会被其他标准所引用，如果有可能就应该改为有标识的列项；对标准中的段，如果会被其他标准引用，则应考虑改为条。

（六）计划性

为保证一项标准或一系列标准的及时发布，制定标准时，要严格遵守标准的制定程序。针对某一个标准化对象制定标准之前，需要事先考虑标准结构的安排和内容划分，避免一边制定标准一边确定结构和内容的情况。如制定的一项标准分为多个部分，则应将每部分的名称、内容、关系、顺序等事先安排好。在制定的过程中不宜随意增加或删减内容，以保证标准的完整性和可操作性。

（七）采用国际标准

采用国际标准编制我国国家标准时，必须符合 GB/T 1.1 及 GB/T 20000.2 的有关规定。

第二节　食品基础标准及相关标准

食品基础标准在食品领域具有广泛的适用范围，包含整个或某个食品专业领域的通用条款。食品基础标准主要包括术语标准、符号、代号（含代码）标准等。

一、食品术语及符号、代号标准

术语标准体系和符号标准体系属于标准体系中的两大分支，是各行业、各领域开展标准化工作的基础。

（一）术语标准

食品标准中的术语表现形式有两种：一种是制定成一项单独的术语标准或单独的部分，包括三种类型（词汇、术语集或多语种术语对照）的术语标准；另一种是编制在含有其他内容的标准中的"术语和定义"中。如 GB 15091—1994《食品工业基本术语》规定了食品工业常用的基本术语，包括一般术语、产品术语、工艺术语、质量、营养及卫生术语等。其他术语标准包括：GB/T 10221—2012《感官分析　术语》、GB/T 15069—2008《罐头食品机械术语》、GB/Z 21922—2008《食品营养成分基本术语》、GB/T 23508—2009《食品包装容器及材料　术语》、GB/T 21171—2018《香料香精术语》、SB/T 10291.1—2012《食品机械术语　第 1 部分：饮食机械》、SB/T 10291.2—2012《食品机械术语　第 2 部分：糕点加工机械》、GB/T 12104—2009《淀粉术语》、GB/T 12140—2007《糕点术语》、SC/T 3012—2002《水产品加工术语》等。

从术语标准所覆盖的领域看，分布很不平衡，一些重要的行业术语标准（如饮料）缺失。许多术语标准标龄过长，如 GB/T 12309—1990《工业玉米淀粉》、GB/T 15067.1—1994《不锈钢餐具　术语》等。另外，很多术语和定义的编写不甚规范，亟待修订。

（二）符号、代号标准

符号、代号标准是对符号、代号进行规定的标准。符号是表达一定事物或概念，具有简化特征的视觉形象，通常分为文字符号和图形符号。

食品符号、代号标准包括：GB/T 13385—2008《包装图样要求》、GB/T 12529.1—2008《粮油工业用图形符号、代号　第 1 部分：通用部分》、GB/T 12529.2—2008《粮油工业用图形符号、代号　第 2 部分：碾米工业》、GB/T 12529.3—2008《粮油工业用图形符号、代号　第 3 部分：制粉工业》、GB/T 12529.4—2008《粮油工业用图形符号、代号　第 4 部分：油脂工业》、GB/T 12529.5—2010《粮油工业用图形符号、代号　第 5 部分：仓储工业》等。

二、食品分类标准

食品分类标准是对食品大类产品进行分类规范的标准。如 GB/T 8887—2009《淀粉分类》、GB/T 10784—2006《罐头食品分类》、GB/T 17204—2008《饮料酒分类》、GB/T 30590—2014《冷冻饮品分类》、SB/T 10173—1993《酱油分类》、SB/T 10174—1993《食醋的分类》等。

三、食品标签标准

这方面的食品标准主要有：GB 7718—2011《食品安全国家标准　预包装食品标签通则》、GB 13432—2013《食品安全国家标准　预包装特殊膳食食品标签》及 GB 28050—2011《食品安全国家标准　预包装食品营养标签通则》。

四、食品检验规程、包装、贮藏、物流标准

食品检验规程方面的标准主要有：SN/T 0714—1997《出口金属罐装食品类商品运输包装检验规程》、SN/T 0715—1997《出口冷冻食品类商品运输包装检验规程》等。

食品运输包装方面的标准主要有：GB/T 23509—2009《食品包装容器及材料　分类》、GB/T 23887—2009《食品包装容器及材料生产企业通用良好操作规范》、GB/T 13607—1992《苹果、柑桔包装》、GB/T 17109—2008《粮食销售包装》、GB/T 24904—2010《粮食包装　麻袋》、GB/T 24905—2010《粮食包装　小麦粉袋》、NY/T 658—2015《绿色食品　包装通用准则》、SN/T 1886—2007《进出口水果和蔬菜预包装指南》、QB/T 2197—1996《榨菜包装用复合膜、袋》等。

食品贮藏方面的标准主要有：GB/T 24700—2010《大蒜　冷藏》、GB/T 25867—2010《根菜类　冷藏和冷藏运输》、GB/T 25868—2010《早熟马铃薯　预冷和冷藏运输指南》、GB/T 25869—2010《洋葱　贮藏指南》、GB/T 25870—2010《甜瓜　冷藏和冷藏运输》、GB/T 25871—2010《结球生菜　预冷和冷藏运输指南》、GB/T 25872—2010《马铃薯　通风库贮藏指南》、GB/T 25873—2010《结球甘蓝　冷藏和冷藏运输指南》、NY/T 1056—2006《绿色食品　贮藏运输准则》、SB/T 10447—2007《水果和蔬菜　气调贮藏原则与技术》、SB/T 10448—2007《热带水果和蔬菜包装与运输操作规程》、SB/T 10449—2007《番茄　冷藏和冷藏运输指南》、SB/T 10887—2012《蒜苔保鲜贮藏技术规范》等。

食品物流方面的标准主要有：GB/T 23346—2009《食品良好流通规范》、GB/T 28843—2012《食品冷链物流追溯管理要求》、GB/T 34343—2017《农产品物流包装容器通用技术要求》、GB/T 36088—2018《冷链物流信息管理要求》等。

五、食品标准化、质量管理标准

食品标准化和质量管理方面的标准主要有：GB/T 18770—2008《食盐批发企业管理质量等级划分及技术要求》、GB/T 19080—2003《食品与饮料行业 GB/T 19001—2000 应用指南》、GB/T 19538—2004《危害分析与关键控制点（HACCP）体系及其应用指南》、GB/T 19828—2018《食盐定点生产企业质量管理技术规范》、GB/T 22000—2006《食品安全管理体系　食品链中各类组织的要求》、GB/T 22003—2017《合格评定　食品安全管理体系　审核与认证机构要求》、GB/T 22004—2007《食品安全管理体系　GB/T 22000—2006 的应用指南》、GB/T 22005—2009《饲料和食品链的可追溯性　体系设计与实施的通用原则和基本要求》、GB/T 23734—2009《食品生产加工小作坊质量安全控制基本要求》、GB/Z 23740—2009《预防和降低食品中铅污染的操作规范》、GB/T 23784—2009《食品微生物指标制定和应用的原则》、GB/Z 23785—2009《微生物风险评估在食品安全管理中的应用指南》、GB/T 23811—2009《食品安全风险分析工作原则》、GB/Z 25008—2010《饲料和食品链的可追溯性　体系设计与实施指南》、GB/T 27301—2008《食品安全管理体系　肉及肉制品生产企业要求》、GB/T 27302—2008《食品安全管理体系　速冻方便食品生产企业要求》、GB/T 27303—2008《食品安全管理体系　罐头食品生产企业要求》、GB/T 27304—2008《食品安全管理体系　水产品加工企业要求》、GB/T 27305—2008《食品安全管理体系　果汁和蔬菜汁类生产企业要求》、GB/T 27306—2008《食品安全管理体系　餐饮业要求》、GB/T 27307—2008《食品安全管理体系　速冻果蔬生产企业要求》、NY/T 896—2015《绿色食品　产品抽样准则》、NY/T 1340—2007《家禽屠宰质量管理规范》、NY/T 1341—2007《家畜屠宰质量管理规范》、NY/T 3348—2018《生猪定点屠宰厂（场）资质等级要求》、NY/T 5340—2006《无公害食品　产品检验规范》、NY/T 5341—2017《无公害食品　认定认证现场检查规范》、NY/T 5342—2006《无公害食品　产品认证准则》、NY/T 5344.2—2006《无公害食品　产品抽样规范　第 2 部分：粮油》、QB/T 4111—2010《食品工业企业诚信管理体系（CMS）建立及实施通用要求》、QB/T 4112—2010《食品工业企业诚信评价准则》、SB/T 10384—2013《中央储备肉活畜储备基地场资质条件》、SB/T 10408—2013《中央储备肉冻肉储存冷库资质条件》等。

第三节　食品产品标准

我国食品产品标准是食品工业生产标准化过程中涉及最多的一类标准。食品产品标准的主要内容包括：产品分类、技术要求、试验方法、检验技术以及标签与标志、包装、贮存、运输等方面的要求。食品工业标准化体系表包括 19 个专业，其中谷物食品、食用油脂、肉禽制品、水产食品、罐头食品、食糖、焙烤食品、糖果、调味品、乳及乳制品、果蔬制品、淀粉及淀粉制品、食品添加剂、蛋制品、发酵制品、饮料酒、软饮料及冷冻食品、茶叶等专业的主要产品都有国家标准或行业标准。

食品产品标准绝大多数是行业标准。如 NY/T 1327—2018《绿色食品　鱼糜制品》、NY/T 1712—2018《绿色食品　干制水产品》、SC/T 3207—2018《干贝》、SC/T 3310—2018《海参粉》、SC/T 3901—2000《虾片》、QB/T 2489—2018《食品原料用芦荟制品》、QB/T 5334—2018《红曲酒》、QB/T 5356—2018《果蔬发酵汁》、SB/T 10528—2009《纳豆》、SB/T 11192—2017《辣椒油》、SB/T 11193—2017《松肉粉》等。

目前，食品团体标准中也有较多的产品标准。如黑龙江省粮食行业协会发布的团体标准 T/HLHX 004—2017《黑龙江好粮油　高油大豆》、贵州省食品工业协会发布的团体标准 T/GZSX 014—2018《豆豉》、如东县食品行业协会发布的团体标准 T/RDSX 0001S—2019《海蜇》等。团体标准相关信息可以在"全国团体标准信息平台"查询，网址：www.ttbz.org.cn。

食品产品团体标准样例如下，供参考。

ICS ××
TS ××

╳ ╳ ╳ ╳ ╳ ╳ 团 体 标 准

T/××× ×××—××××

焙烤食品用糖浆

Syrup for bakery products

××××-××-××发布 　　　　　　　　××××-××-××实施

╳ ╳ ╳ ╳ ╳ ╳ ╳ 发布

前　言

本标准按照 GB/T 1.1—2009 给出的规则起草。

本标准由××××技术委员会（SAC/TC ×××）提出并归口。

本标准起草单位：××××有限公司、××××研究院、××××协会。

本标准主要起草人：×××、×××。

焙烤食品用糖浆

1 范围

本标准规定了焙烤食品专用糖浆的术语和定义、技术要求、试验方法、检验规则、标签、标志与贮运的要求。

本标准适用于焙烤食品用糖浆产品的生产、检验和销售。

2 规范性引用文件

下列文件对于本文件的应用是必不可少的。凡是注日期的引用文件，仅注日期的版本适用于本文件。凡是不注日期的引用文件，其最新版本（包括所有的修改单）适用于本文件。

GB/T 191　包装储运图示标志

GB 2760　食品安全国家标准　食品添加剂使用标准

GB 2762　食品安全国家标准　食品中污染物限量

GB 5749　生活饮用水卫生标准

GB 7718　食品安全国家标准　预包装食品标签通则

GB/T 12947　鲜柑橘

GB 13104　食品安全国家标准　食糖

GB 14881　食品安全国家标准　食品生产通用卫生规范

GB 15203　食品安全国家标准　淀粉糖

GB/T 20885　葡萄糖浆

GB/T 29370　柠檬

GB 31621　食品安全国家标准　食品经营过程卫生规范

NY/T 450　菠萝

JJF 1070　定量包装商品净含量计量检验规则

3 术语和定义

下列术语和定义适用于本文件。

3.1

焙烤食品用糖浆 syrup for bakery products

以食糖和（或）淀粉糖、饮用水为主要原料，添加（或不添加）柠檬、菠萝、橘子等辅料及食品添加剂，经配料、熬煮、冷却、包装等工艺加工制成的主要用于焙烤食品的糖浆。

3.2

返砂 crystallization

焙烤食品用糖浆中有颗粒状或板块状结晶物的现象。

4　技术要求

4.1　原辅料

4.1.1　食糖

应符合 GB 13104 的规定。

4.1.2　淀粉糖

应符合 GB 15203 的规定。

4.1.3　饮用水

应符合 GB 5749 的规定。

4.1.4　柠檬

应符合 GB/T 29370 的规定。

4.1.5　菠萝

应符合 NY/T 450 的规定。

4.1.6　鲜柑橘

应符合 GB/T 12947 的规定

4.2　感官指标

感官指标应符合表 1 的规定。

表 1　感官指标

项　目	要　求
色泽	具有该品种应有的色泽
滋味	具有该品种应有的滋味和口感
组织形态	黏稠状液体，允许微量返砂
杂质	无正常视力可见的外来杂质

4.3　理化指标

理化指标应符合表 2 的规定。

表 2　理化指标

项　目		要　求
可溶性固形物/（g/100g）	≥	65
pH		3.0~6.5

4.4　污染物限量

应符合 GB 2762 的规定。

4.5　食品添加剂

食品添加剂的品种和使用量应符合 GB 2760 的规定。

5　生产加工过程的卫生要求

应符合 GB 14881 的规定。

6 试验方法

6.1 感官检验

将样品置于清洁、干燥的白瓷盘中，用目测检查形态、色泽，然后用勺子盛装小量样品品尝，对照标准规定，给出评价。

6.2 理化指标检验

6.2.1 可溶性固形物

按 GB/T 20885 规定的方法测定。

6.2.2 pH

按 GB/T 20885 规定的方法测定。

6.3 净含量

按 JJF 1070 规定执行。

7 出厂检验

7.1 一般要求

7.1.1 每批产品应由质检部门按出厂检验项目进行检验。检验合格后方可出厂销售。

7.1.2 出厂检验项目包括感官要求、可溶性固形物、pH 和净含量。

7.2 型式检验

7.2.1 正常生产每 6 个月进行型式检验。有下列情况之一时，必须进行型式检验：

    a）新产品试制鉴定时；

    b）正式生产后，原料、工艺有较大变化，可能影响产品质量时；

    c）产品长期停产，恢复生产时；

    d）出厂检验结果与上次型式检验有较大差异时；

    e）国家有关部门提出进行型式检验的要求时。

7.2.2 型式检验项目包括标准规定的全部项目。

7.3 组批

同一班次、同一生产线、同一品种、同一规格的产品为一批。

7.4 抽样方法和数量

按批抽样，随机抽取约 2kg。

7.5 判定规则

7.5.1 检验项目全部符合本标准的规定，判该批产品为合格产品。

7.5.2 检验结果如有项目不合格，应在同批产品中加倍抽样复检一次，复检后仍有一项不合格，判该批产品为不合格品。

8 标签、标志、贮运

8.1 产品标签应符合 GB 7718 和有关规定的要求。

8.2 包装储运图示标志应符合 GB/T 191 的规定。

8.3 产品贮运应符合 GB 31621 的要求。

第四节　食品卫生标准及相关标准

一、食品卫生标准

（一）食品卫生标准简介

食品卫生标准是为了保护人体健康，对食品中具有卫生学意义的特性所进行的统一规定。食品卫生标准主要涉及农兽药残留限量、有害重金属限量、有害微生物和真菌毒素限量以及食品添加剂使用限量等方面的要求。

食品卫生标准中与食品安全相关的指标分为以下三类：

（1）严重危害健康的指标，如农药残留、有害重金属、致病菌、真菌毒素等；

（2）对健康可能有一定危险性的间接指标，如菌落总数、大肠菌群；

（3）反映食品卫生状况恶化或对卫生状况的恶化具有影响的指标，如酸价、挥发性盐基氮、水分、盐分等。

我国的食品卫生标准制定时参照国际食品法典委员会（CAC）标准等国际标准，原则上制定为强制性国家标准，以进一步提高通用性，便于其他标准引用。具体的食品产品标准原则上不再单独制定卫生指标，所涉及的卫生要求引用相应的强制性国家卫生标准。

（二）食品卫生标准的类别

1. 食品中农药、兽药最大残留限量标准

GB 2763—2019《食品安全国家标准　食品中农药最大残留限量》规定了2,4-滴等483种农药7 107项最大残留限量。GB 31650—2019《食品安全国家标准　食品中兽药最大残留限量》规定了动物性食品中阿苯达唑等104种（类）兽药的最大残留限量；规定了醋酸等154种允许用于食品动物，但不需要制定残留限量的兽药；规定了氯丙嗪等9种允许作治疗用，但不得在动物性食品中检出的兽药。

2. 食品中有害重金属元素及环境污染物限量标准

我国现已确定的有害重金属元素及环境污染物限量指标主要包括铅、镉、汞、砷、锡、镍、铬、亚硝酸盐、硝酸盐、苯并（a）芘、N-二甲基亚硝胺、多氯联苯。

我国食品中有害重金属元素及环境污染物限量标准见表2-1。

表2-1　食品中有害重金属元素及环境污染物限量标准

序号	标准编号	标准名称
1	GB 2762—2017	食品安全国家标准　食品中污染物限量
2	NY 659—2003	茶叶中铬、镉、汞、砷及氟化物限量

续表

序号	标准编号	标准名称
3	NY 861—2004	粮食（含谷物、豆类、薯类）及制品中铅、铬、镉、汞、硒、砷、铜、锌等八种元素限量
4	GB 14882—1994	食品中放射性物质限制浓度标准

3. 食品中有害微生物和真菌毒素限量标准

食品中的有害微生物限量指标一般包括致病菌、菌落总数和大肠菌群；真菌毒素限量指标主要包括黄曲霉毒素 B_1、黄曲霉毒素 M_1、脱氧雪腐镰刀菌烯醇、展青霉素、赭曲霉毒素 A 及玉米赤霉烯酮。现行有效的标准为 GB 2761—2017《食品安全国家标准　食品中真菌毒素限量》。

4. 产品（包括食品原料与终产品）卫生标准

产品卫生标准主要涉及畜、禽肉及其制品，蛋与蛋制品，水生动植物（藻类）及其制品，乳与乳制品，谷类、豆类及其制品，蔬菜、水果及其制品，食用油脂，饮用水、饮料及冷冻饮品，调味品，糖与糖制品，罐头食品，酒类等。

我国各类食品产品卫生标准见表 2 - 2。

表 2 - 2　各类食品产品卫生标准

序号	标准编号	标准名称
畜、禽肉及其制品		
1	GB 2707—2016	食品安全国家标准　鲜（冻）畜、禽产品
2	GB 2726—2016	食品安全国家标准　熟肉制品
3	GB 2730—2015	食品安全国家标准　腌腊肉制品
蛋与蛋制品		
1	GB 2749—2015	食品安全国家标准　蛋与蛋制品
水生动植物（藻类）及其制品		
1	DB42/T 1394—2018	活体小龙虾分级标准
2	GB 10136—2015	食品安全国家标准　动物性水产制品
3	NY/T 1712—2018	绿色食品　干制水产品
4	NY/T 1709—2011	绿色食品　藻类及其制品
5	GB 19643—2016	食品安全国家标准　藻类及其制品
6	GB 2733—2015	食品安全国家标准　鲜、冻动物性水产品
乳与乳制品		
1	GB 19301—2010	食品安全国家标准　生乳

续表

序号	标准编号	标准名称
\multicolumn{3}{谷类、豆类及其制品}			
1	GB 2715—2016	食品安全国家标准　粮食
2	GB 19640—2016	食品安全国家标准　冲调谷物制品
3	GB 2712—2014	食品安全国家标准　豆制品
4	GB 13122—2016	食品安全国家标准　谷物加工卫生规范
5	GB 2713—2015	食品安全国家标准　淀粉制品
6	GB/T 22106—2008	非发酵豆制品
7	GB/T 5009.117—2003*	食用豆粕卫生标准的分析方法
8	GB/T 5009.36—2003*	粮食卫生标准的分析方法
9	GB/T 5009.51—2003	非发酵性豆制品及面筋卫生标准的分析方法
10	GB/T 5009.52—2003	发酵性豆制品卫生标准的分析方法
11	GB/T 5009.53—2003	淀粉类制品卫生标准的分析方法
\multicolumn{3}{蔬菜、水果及其制品}			
1	DB36/T 429—2018	广昌白莲
2	DB33/ 533—2005	现榨果蔬汁卫生标准及规范
3	NY/T 434—2016	绿色食品　果蔬汁饮料
4	NY/T 1884—2010	绿色食品　果蔬粉
5	GB/T 5009.38—2003	蔬菜、水果卫生标准的分析方法
6	GB/T 5009.54—2003	酱腌菜卫生标准的分析方法
7	GB 17325—2015	食品安全国家标准　食品工业用浓缩液（汁、浆）
\multicolumn{3}{食用油脂}			
1	GB 10146—2015	食品安全国家标准　食用动物油脂
2	GB 15196—2015	食品安全国家标准　食用油脂制品
3	GB 19641—2015	食品安全国家标准　食用植物油料
4	GB 2716—2018	食品安全国家标准　植物油
5	GB/T 5009.37—2003*	食用植物油卫生标准的分析方法
6	GB/T 5009.77—2003*	食用氢化油、人造奶油卫生标准的分析方法
\multicolumn{3}{饮用水、饮料及冷冻饮品}			
1	GB 7101—2015	食品安全国家标准　饮料
2	GB 19298—2014	食品安全国家标准　包装饮用水
3	GB 2759—2015	食品安全国家标准　冷冻饮品和制作料
4	GB 5749—2006	生活饮用水卫生标准
5	GB/T 5750.1～5750.13—2006	生活饮用水标准检验方法

续表

序号	标准编号	标准名称
调味品		
1	GB 2717—2018	食品安全国家标准 酱油
2	GB 2718—2014	食品安全国家标准 酿造酱
3	GB 2719—2018	食品安全国家标准 食醋
4	GB 2721—2015	食品安全国家标准 食用盐
5	GB 2720—2015	食品安全国家标准 味精
6	SB/T 10416—2007	调味料酒
糖与糖制品		
1	GB 13104—2014	食品安全国家标准 食糖
2	GB 15203—2014	食品安全国家标准 淀粉糖
3	GB 17399—2016	食品安全国家标准 糖果
4	GB/T 5009.55—2003	食糖卫生标准的分析方法
5	GB 9678.2—2014	食品安全国家标准 巧克力、代可可脂巧克力及其制品
罐头食品		
1	GB 7098—2015	食品安全国家标准 罐头食品
酒类		
1	GB/T 13662—2018	黄酒
2	GB 2757—2012	食品安全国家标准 蒸馏酒及其配制酒
3	GB 2758—2012	食品安全国家标准 发酵酒及其配制酒

* 部分有效

5. 辐照食品卫生标准

我国的辐照食品卫生标准主要涉及熟畜禽肉类、花粉、干果果脯肉类、香辛料类、新鲜水果、蔬菜类、猪肉、冷冻包装畜禽肉类、豆类、谷类及其制品等。

我国辐照食品卫生标准见表2-3。

表2-3　辐照食品卫生标准

序号	标准编号	标准名称
1	GB 14891.1—1997	辐照熟畜禽肉类卫生标准
2	GB 14891.2—1994	辐照花粉卫生标准
3	GB 14891.3—1997	辐照干果果脯类卫生标准
4	GB 14891.4—1997	辐照香辛料类卫生标准
5	GB 14891.5—1997	辐照新鲜水果、蔬菜类卫生标准

序号	标准编号	标准名称
6	GB 14891.6—1994	辐照猪肉卫生标准
7	GB 14891.7—1997	辐照冷冻包装畜禽肉类卫生标准
8	GB 14891.8—1997	辐照豆类、谷类及其制品卫生标准

6. 食品添加剂、营养强化剂使用标准

我国食品添加剂及营养强化剂使用标准分别为：GB 2760—2014《食品安全国家标准　食品添加剂使用卫生标准》、GB 14880—2012《食品安全国家标准　食品营养强化剂使用标准》。

7. 食品容器与包装材料卫生标准

食品容器、包装材料卫生标准主要涉及塑料、橡胶、陶瓷、搪瓷等食品接触材料及制品和食品接触用涂料及涂层等。

我国食品容器与包装材料卫生标准见表2-4。

表2-4　食品容器与包装材料卫生标准

序号	标准编号	标准名称
1	GB 4806.9—2016	食品安全国家标准　食品接触用金属材料及制品
2	GB 4806.10—2016	食品安全国家标准　食品接触用涂料及涂层
3	GB 4806.6—2016	食品安全国家标准　食品接触用塑料树脂
4	GB 4806.7—2016	食品安全国家标准　食品接触用塑料材料及制品
5	GB 4806.8—2016	食品安全国家标准　食品接触用纸和纸板材料及制品
6	GB 4806.4—2016	食品安全国家标准　陶瓷制品
7	GB 4806.3—2016	食品安全国家标准　搪瓷制品
8	GB 4806.11—2016	食品安全国家标准　食品接触用橡胶材料及制品
9	GB 4806.2—2015	食品安全国家标准　奶嘴
10	GB 31604.9—2016	食品安全国家标准　食品接触材料及制品　食品模拟物中重金属的测定
11	GB 31604.8—2016	食品安全国家标准　食品接触材料及制品　总迁移量的测定
12	GB 31604.2—2016	食品安全国家标准　食品接触材料及制品　高锰酸钾消耗量的测定
13	GB 31604.22—2016	食品安全国家标准　食品接触材料及制品　发泡聚苯乙烯成型品中二氟二氯甲烷的测定
14	GB 31604.48—2016	食品安全国家标准　食品接触材料及制品　甲醛迁移量的测定
15	GB 31604.24—2016	食品安全国家标准　食品接触材料及制品　镉迁移量的测定
16	GB 31604.34—2016	食品安全国家标准　食品接触材料及制品　铅的测定和迁移量的测定

二、食品生产安全控制标准

（一）危害分析与关键控制点（HACCP）体系

危害分析与关键控制点（hazard analysis and critical control point，HACCP）体系是一种确保食品在生产、加工、制造、准备和食用等过程中的安全的科学、合理和系统的方法。其通过对加工过程的每一步进行监视和控制，来降低危害发生的概率。

我国食品 HACCP 标准见表 2 - 5。

表 2 - 5　食品 HACCP 标准

序号	标准编号	标准名称
1	GB/T 19538—2004	危害分析与关键控制点（HACCP）体系及其应用指南
2	GB/T 25007—2010	速冻食品生产 HACCP 应用准则
3	GB/T 27342—2009	危害分析与关键控制点（HACCP）体系　乳制品生产企业要求
4	GB/T 20809—2006	肉制品生产 HACCP 应用规范
5	GB/T 19838—2005	水产品危害分析与关键控制点（HACCP）体系及其应用指南
6	GB/T 22656—2008	调味品生产 HACCP 应用规范
7	GB/T 24400—2009	食品冷库 HACCP 应用规范
8	GB/T 20551—2006	畜禽屠宰 HACCP 应用规范
9	GB/T 19537—2004	蔬菜加工企业 HACCP 体系审核指南
10	GB/T 31115—2014	豆制品生产 HACCP 应用规范
11	GB/T 22098—2008	啤酒企业 HACCP 实施指南
12	GB/T 23184—2008	饲料企业 HACCP 安全管理体系指南
13	NY/T 1570—2007	乳制品加工 HACCP 准则
14	NY/T 932—2005	饲料企业 HACCP 管理通则
15	NY/T 1242—2006	奶牛场 HACCP 饲养管理规范
16	NY/T 1338—2007	蛋鸡饲养 HACCP 管理技术规范
17	NY/T 1337—2007	肉用家禽饲养 HACCP 管理技术规范
18	NY/T 1336—2007	肉用家畜饲养 HACCP 管理技术规范
19	DB51/T 1503—2012	火锅底料生产企业 HACCP 应用指
20	DB51/T 1504—2012	白酒生产企业 HACCP 应用指南

（二）良好生产规范（GMP）

良好生产规范（good manufacturing practice，GMP）是指生产（加工）符合食品标准或食品法规的食品所必须遵循的，经食品卫生监督与管理机构认可的强制性作业规范。GMP 的核心包括良好的生产设备和卫生设施、合理的生产工艺、完善的质量管理和控制体系。

我国食品 GMP 标准见表 2 - 6。

表 2 - 6　食品 GMP 标准

序号	标准编号	标准名称
1	GB 12693—2010	食品安全国家标准　乳制品良好生产规范
2	GB 17404—2016	食品安全国家标准　膨化食品生产卫生规范
3	GB 17405—1998	保健食品良好生产规范
4	GB/T 23531—2009	食品加工用酶制剂企业良好生产规范
5	GB/T 23542—2009	黄酒企业良好生产规范
6	GB/T 23543—2009	葡萄酒企业良好生产规范
7	GB/T 23544—2009	白酒企业良好生产规范
8	GB 23790—2010	食品安全国家标准　粉状婴幼儿配方食品良好生产规范
9	GB 8956—2016	食品安全国家标准　蜜饯生产卫生规范

（三）食品企业生产卫生规范

食品企业生产卫生规范是为了保证食品的安全，对食品企业的选址、设计、施工、设施、设备、操作人员和工艺等方面的卫生要求所进行的统一规定。

我国食品企业生产卫生规范见表 2 - 7。

表 2 - 7　食品企业生产卫生规范

序号	标准编号	标准名称
1	DB51/T 860—2008	食品生产加工小作坊通用质量安全卫生规范
2	GB 12694—2016	食品安全国家标准　畜禽屠宰加工卫生规范
3	GB 12695—2016	食品安全国家标准　饮料生产卫生规范
4	GB 12696—2016	食品安全国家标准　发酵酒及其配制酒生产卫生规范
5	GB 13122—2016	食品安全国家标准　谷物加工卫生规范

续表

序号	标准编号	标准名称
6	GB 14881—2013	食品安全国家标准　食品生产通用卫生规范
7	GB 19304—2018	食品安全国家标准　包装饮用水生产卫生规范
8	GB/T 16568—2006	奶牛场卫生规范
9	GB 17403—2016	食品安全国家标准　糖果巧克力生产卫生规范
10	GB 19303—2003	熟肉制品企业生产卫生规范
11	GB/T 22469—2008	禽肉生产企业兽医卫生规范
12	GB 8950—2016	食品安全国家标准　罐头食品生产卫生规范
13	GB 8951—2016	食品安全国家标准　蒸馏酒及其配制酒生产卫生规范
14	GB 8952—2016	食品安全国家标准　啤酒生产卫生规范
15	GB 8953—2018	食品安全国家标准　酱油生产卫生规范
16	GB 8954—2016	食品安全国家标准　食醋生产卫生规范
17	GB 8955—2016	食品安全国家标准　食用植物油及其制品生产卫生规范
18	GB 8957—2016	食品安全国家标准　糕点、面包卫生规范
19	SN/T 1995—2007	进出口食品冷藏、冷冻集装箱卫生规范
20	WS 103—1999	学生营养餐生产企业卫生规范
21	SN/T 1879.1—2007	进出口食品储运场所与人员卫生规范　第1部分：储藏库房
22	SN/T 1879.2—2007	进出口食品储运场所与人员卫生规范　第2部分：储运人员
23	SN/T 1880.1—2007	进出口食品包装卫生规范　第1部分：通则
24	SN/T 1880.2—2007	进出口食品包装卫生规范　第2部分：聚对苯二甲酸乙二醇酯包装
25	SN/T 1880.3—2007	进出口食品包装卫生规范　第3部分：软包装
26	SN/T 1880.4—2007	进出口食品包装卫生规范　第4部分：一次性包装

（四）食品安全性毒理学评价程序与方法

我国食品安全性毒理学评价程序与方法标准主要涉及食品安全性毒理学评价程序、食品毒理学实验室操作规范、急性毒性试验、致死试验、致畸试验、慢性毒性和致癌试验等。

我国食品安全性毒理学评价程序与方法标准见表2-8。

表 2-8 食品安全性毒理学评价程序与方法标准

序号	标准编号	标准名称
1	GB 15193.1—2014	食品安全国家标准 食品安全性毒理学评价程序
2	GB 15193.2—2014	食品安全国家标准 食品毒理学实验室操作规范
3	GB 15193.3—2014	食品安全国家标准 急性经口毒性试验
4	GB 15193.4—2014	食品安全国家标准 细菌回复突变试验
5	GB 15193.5—2014	食品安全国家标准 哺乳动物红细胞微核试验
6	GB 15193.6—2014	食品安全国家标准 哺乳动物骨髓细胞染色体畸变试验
7	GB 15193.8—2014	食品安全国家标准 小鼠精原细胞或精母细胞染色体畸变试验
8	GB 15193.9—2014	食品安全国家标准 啮齿类动物显性致死试验
9	GB 15193.10—2014	食品安全国家标准 体外哺乳类细胞 DNA 损伤修复试验
10	GB 15193.11—2015	食品安全国家标准 果蝇伴性隐性致死试验
11	GB 15193.12—2014	食品安全国家标准 体外哺乳类细胞 HGPRT 基因突变试验
12	GB 15193.13—2015	食品安全国家标准 90 天经口毒性试验
13	GB 15193.14—2015	食品安全国家标准 致畸试验
14	GB 15193.15—2015	食品安全国家标准 生殖毒性试验
15	GB 15193.16—2014	食品安全国家标准 毒物动力学试验
16	GB 15193.17—2015	食品安全国家标准 慢性毒性和致癌合并试验
17	GB 15193.19—2015	食品安全国家标准 致突变物、致畸物和致癌物的处理方法
18	GB 15193.20—2014	食品安全国家标准 体外哺乳类细胞 TK 基因突变试验
19	GB 15193.21—2014	食品安全国家标准 受试物试验前处理方法

（五）食物中毒诊断

我国食品中毒诊断标准主要涉及各类食物的中毒诊断标准及处理原则，见表 2-9。

表 2-9 食物中毒诊断标准

序号	标准编号	标准名称
1	WS/T 3—1996	曼陀罗食物中毒诊断标准及处理原则
2	WS/T 4—1996	毒麦食物中毒诊断标准及处理原则
3	WS/T 5—1996	含氰苷类食物中毒诊断标准及处理原则
4	WS/T 6—1996	桐油食物中毒诊断标准及处理原则
5	WS/T 7—1996	产气荚膜梭菌食物中毒诊断标准及处理原则

续表

序号	标准编号	标准名称
6	WS/T 8—1996	病原性大肠埃希氏菌食物中毒诊断标准及处理原则
7	WS/T 9—1996	变形杆菌食物中毒诊断标准及处理原则
8	WS/T 10—1996	变质甘蔗食物中毒诊断标准及处理原则
9	WS/T 11—1996	霉变谷物中呕吐毒素食物中毒诊断标准及处理原则
10	WS/T 12—1996	椰毒假单胞菌酵米面亚种食物中毒诊断标准及处理原则
11	WS/T 13—1996	沙门氏菌食物中毒诊断标准及处理原则
12	WS/T 80—1996	葡萄球菌食物中毒诊断标准及处理原则
13	WS/T 81—1996	副溶血性弧菌食物中毒诊断标准及处理原则
14	WS/T 82—1996	蜡样芽胞杆菌食物中毒诊断标准及处理原则

第五节　食品检验方法标准

2003 年，国家质量监督检验检疫总局对我国食品卫生微生物学检验方法标准和食品中各种成分含量的检验方法标准进行了修订，把相关的标准归并为两个系列，即食品卫生微生物学检验标准和食品理化检验方法标准，由卫生部和国家标准化管理委员会于 2003 年 8 月 11 日发布，2004 年 1 月 1 日实施。其中部分标准分别于 2008 年、2010 年、2013 年、2014 年和 2016 年进行了修订，部分最新食品检验方法标准由国家卫生和计划生育委员会和国家食品药品监督管理总局于 2016 年 12 月 23 日发布，2017 年 6 月 23 日实施。

一、食品微生物学检验方法标准

（一）食品微生物学检验方法标准简介

1. 食品微生物学检验总则

GB 4789.1—2016《食品安全国家标准　食品微生物学检验　总则》规定了食品微生物学检验的基本原则和要求，适用于食品微生物学检验。

2. 菌落总数测定、霉菌和酵母菌、大肠菌群计数标准

GB 4789.2—2016《食品安全国家标准　食品微生物学检验　菌落总数测定》规定了食品中菌落总数的测定方法，适用于食品中菌落总数的测定。GB 4789.15—2016《食品安全国家标准　食品微生物学检验　霉菌和酵母计数》规定了食品中霉菌和酵母菌的计数方法，标准第一法适用于各类食品中霉菌和酵母的计数，第二法适用于番茄酱罐头、番茄汁中霉菌的计数。GB 4789.3—2016《食品安全国家标准　食品微生物学检验　大肠菌群计数》规定了食品中大肠菌群的计数方法，标准第一法适用于大肠菌群含量较低的食品中大肠菌群的计数；第二法适用于大肠菌群含量较高的食品中大肠菌群的计数。

3. 沙门氏菌、金黄色葡萄球菌等的检验方法标准

GB 4789.4—2016《食品安全国家标准　食品微生物学检验　沙门氏菌检验》规定了食品中沙门氏菌（*Salmonella*）的检验方法，适用于食品中沙门氏菌的检验。GB 4789.10—2016《食品安全国家标准　食品微生物学检验　金黄色葡萄球菌检验》规定了食品中金黄色葡萄球菌（*Staphylococcus aureus*）的检验方法，标准第一法适用于食品中金黄色葡萄球菌的定性检验；第二法适用于金黄色葡萄球菌含量较高的食品中金黄色葡萄球菌的计数；第三法适用于金黄色葡萄球菌含量较低的食品中金黄色葡萄球菌的计数。GB 4789.5—2012《食品安全国家标准　食品微生物学检验　志贺氏菌检验》规定了食品中志贺氏菌的检验方法，适用于食品中志贺氏菌的检验。GB 4789.6—2016《食品安全国家标准　食品微生物学检验　致泻大肠埃希氏菌检验》规定了食品中致泻大肠埃希氏菌的检验方法，适用于食品中致泻大肠埃希氏菌的检验。GB 4789.7—2013《食品安全国家标准　食品微生物学检验　副溶血性弧菌检验》规定了食品中副溶血性弧菌的检验方法，适用于食品中副溶血性弧菌的检验。GB 4789.8—2016《食品安全国家标准　食品微生物学检验　小肠结肠炎耶尔森氏菌检验》规定了食品中小肠结肠炎耶尔森氏菌的检验方法，适用于食品中小肠结肠炎耶尔森氏菌的检验。GB 4789.9—2014《食品安全国家标准　食品微生物学检验　空肠弯曲菌检验》规定了食品中空肠弯曲菌的检验方法，适用食品中空肠弯曲菌的检验。GB 4789.11—2014《食品安全国家标准　食品微生物学检验　β型溶血性链球菌检验》规定了食品中β型溶血性链球菌的检验方法，适用于食品中β型溶血性链球菌的检验。GB 4789.12—2016《食品安全国家标准　食品微生物学检验　肉毒梭菌及肉毒毒素检验》规定了食品中肉毒梭菌及肉毒素的检验方法，适用于食品中肉毒梭菌及肉毒毒素的检验。GB 4789.13—2012《食品安全国家标准　食品微生物学检验　产气荚膜梭菌检验》规定了食品中产气荚膜梭菌的检验方法，适用于食品中产气荚膜梭菌的检验。GB 4789.14—2014《食品安全国家标准　食品微生物学检验　蜡样芽胞杆菌检验》规定了食品中蜡样芽孢杆菌的检验方法，标准第一法适用于蜡样芽胞杆菌含量较高的食品中蜡样芽胞杆菌的计数；第二法适用于蜡样芽胞杆菌含量较低的食品样品中蜡样芽胞杆菌的计数。

4. 常见产毒霉菌鉴定标准

GB 4789.16—2016《食品安全国家标准　食品微生物学检验　常见产毒霉菌的形态学鉴定》规定了食品中常见产毒霉菌的鉴定方法，适用于曲霉属（*Aspergillus*）、青霉属（*Penicillium*）、镰刀菌属（*Fusarium*）及其他菌属中常见产毒真菌的鉴定。

5. 肉、乳、蛋及其制品的检验标准

GB/T 4789.17—2003《食品卫生微生物学检验　肉与肉制品检验》规定了肉制品检验的基本要求和检验方法，适用于鲜（冻）的畜禽肉、熟肉制品及熟肉干制品的检验。GB 4789.18—2010《食品安全国家标准　食品微生物学检验　乳与乳制品检验》适用于乳与乳制品的微生物学检验。GB/T 4789.19—2003《食品卫生微生物学检验　蛋与蛋制品检验》规定了蛋与蛋制品检验的基本要求和检验方法，适用于鲜蛋及蛋制品的检验。

6. 水产食品、冷冻饮品和冷食菜等的检验标准

GB/T 4789.20—2003《食品卫生微生物学检验　水产食品检验》规定了水产食品检验的基本要求和检验方法，适用于即食动物性水产干制品、即食藻类食品和腌、醉制生食动物性水产品及其糜制品和熟制品的检验。GB/T 4789.21—2003《食品卫生微生物学检验　冷冻饮品、饮料检验》规定了冷冻饮品、饮料的检验方法，适用于冷冻饮品（冰淇淋、冰棍、雪糕和食用冰块）及饮料，果、蔬汁饮料、含乳饮料、碳酸饮料、植物蛋白饮料、碳酸型茶饮料、固体饮料、可可粉固体饮料、乳酸菌饮料、罐装茶饮料、罐装型植物蛋白饮料（以罐头工艺生产）、瓶（桶）装饮用纯净水、低温复原果汁等的检验。GB/T 4789.22—2003《食品卫生微生物学检验　调味品检验》规定了调味品的检验方法，适用于调味品（包括酱油、酱类和醋等以豆类及其他粮食作物为原料发酵制成的）及水产调味品的检验。GB/T 4789.23—2003《食品卫生微生物学检验　冷食菜、豆制品检验》规定了冷食菜、非发酵豆制品及面筋、发酵豆制品的检验方法，适用于冷食菜、非发酵豆制品及面筋、发酵豆制品的检验。

7. 糖果、糕点、蜜饯、酒类和罐藏食品的检验标准

GB/T 4789.24—2003《食品卫生微生物学检验　糖果、糕点、蜜饯检验》规定了糖果、糕点、蜜饯的检验方法，适用于糖果、糕点（饼干）、蜜饯的检验。GB/T 4789.25—2003《食品卫生微生物学检验　酒类检验》规定了酒精度低的发酵酒的检验方法，适用于发酵酒中的啤酒（鲜啤酒和熟啤酒）、果酒、黄酒、葡萄酒的检验。GB 4789.26—2013《食品安全国家标准　食品微生物学检验　商业无菌检验》规定了罐藏食品商业无菌检验的基本要求、操作程序和结果判定，适用于罐藏食品商业无菌的检验。

8. 鲜乳中抗生素残留检验标准

GB/T 4789.27—2008《食品卫生微生物学检验　鲜乳中抗生素残留检验》规定了鲜乳中抗生素残留的检验方法，标准第一法适用于鲜乳中能抑制嗜热链球菌的抗生素的检验；第二法适用于鲜乳中能抑制嗜热脂肪芽胞杆菌卡利德变种的抗生素的检验，也可用于复原乳、消毒灭菌乳、乳粉抗生素的检测。

9. 培养基和试剂检验标准

GB 4789.28—2013《食品安全国家标准　食品微生物学检验　培养基和试剂的质量要求》规定了食品微生物学检验用培养基和试剂的质量要求，适用于食品微生物学检验用培养基和试剂的质量控制。

10. 椰毒假单胞菌酵米面亚种、单核细胞增生李斯特氏菌等的检验标准

GB/T 4789.29—2003《食品卫生微生物学检验　椰毒假单胞菌酵米面亚种检验》规定了椰毒假单胞菌酵米面亚种检验的基本要求、操作程序和结果判定，适用于酵米面、变质鲜银耳及其他淀粉类发酵食品引起食物中毒的病因学诊断及椰毒假单胞菌酵米面亚种的常规检验及菌种鉴定。GB 4789.30—2016《食品安全国家标准　食品微生物学检验　单核细胞增生李斯特氏菌检验》规定了食品中单核细胞增生李斯特氏菌的检验方法，标准第一法适用于食品中单核细胞增生李斯特氏菌的定性检验；第二法适用于单核细胞增生李斯特氏菌含量较高的食品中单核细胞增生李斯特氏菌的计数；第三法适用于单核细胞增生李斯特氏菌含量较低（<100CFU/g）而杂菌含量较高的食品中单核细胞增生李斯特氏菌的计数，特别是牛奶、水以及含干扰菌落计数的颗粒物质的食品。GB 4789.31—2013《食品安全国家标准　食品微生物学检验　沙门氏菌、志贺氏菌和致泻大肠埃希氏菌的肠杆菌科噬菌体诊断检验》规定了应用肠杆菌科噬菌体诊断方法检验食品中沙门氏菌、志贺氏菌和致泻大肠埃希氏菌，适用于各类食品和食源性疾病事件样品中沙门氏菌、志贺氏菌和致泻大肠埃希氏菌的检验，也适用于食品行业从业人员肠道沙门氏菌和志贺氏菌带菌检验。

11. 双歧杆菌检验标准

GB 4789.34—2016《食品安全国家标准　食品微生物学检验　双歧杆菌检验》规定了双歧杆菌的鉴定及计数方法，适用于双歧杆菌纯菌菌种的鉴定及计数；适用于食品中仅含有单一双歧杆菌的菌种鉴定；适用于食品中仅含有双歧杆菌属的计数，即食品中可包含一个或多个不同的双歧杆菌菌种。

（二）食品微生物学检验方法标准汇总

我国现行有效的食品微生物学检验方法国家标准共42项，见表2-10。

表2-10　食品微生物学检验标准

序号	标准编号	标准名称
1	GB 4789.1—2016	食品安全国家标准　食品微生物学检验　总则
2	GB 4789.2—2016	食品安全国家标准　食品微生物学检验　菌落总数测定
3	GB 4789.3—2016	食品安全国家标准　食品微生物学检验　大肠菌群计数
4	GB 4789.4—2016	食品安全国家标准　食品微生物学检验　沙门氏菌检验
5	GB 4789.5—2012	食品安全国家标准　食品微生物学检验　志贺氏菌检验
6	GB 4789.6—2016	食品安全国家标准　食品微生物学检验　致泻大肠埃希氏菌检验
7	GB 4789.7—2013	食品安全国家标准　食品微生物学检验　副溶血性弧菌检验
8	GB 4789.8—2016	食品安全国家标准　食品微生物学检验　小肠结肠炎耶尔森氏菌检验
9	GB 4789.9—2014	食品安全国家标准　食品微生物学检验　空肠弯曲菌检验
10	GB 4789.10—2016	食品安全国家标准　食品微生物学检验　金黄色葡萄球菌检验
11	GB 4789.11—2014	食品安全国家标准　食品微生物学检验　β型溶血性链球菌检验
12	GB 4789.12—2016	食品安全国家标准　食品微生物学检验　肉毒梭菌及肉毒毒素检验
13	GB 4789.13—2012	食品安全国家标准　食品微生物学检验　产气荚膜梭菌检验
14	GB 4789.14—2014	食品安全国家标准　食品微生物学检验　蜡样芽胞杆菌检验

续表

序号	标准编号	标准名称
15	GB 4789.15—2016	食品安全国家标准　食品微生物学检验　霉菌和酵母计数
16	GB 4789.16—2016	食品安全国家标准　食品微生物学检验　常见产毒霉菌的形态学鉴定
17	GB/T 4789.17—2003	食品卫生微生物学检验　肉与肉制品检验
18	GB 4789.18—2010	食品安全国家标准　食品微生物学检验　乳与乳制品检验
19	GB/T 4789.19—2003	食品卫生微生物学检验　蛋与蛋制品检验
20	GB/T 4789.20—2003	食品卫生微生物学检验　水产食品检验
21	GB/T 4789.21—2003	食品卫生微生物学检验　冷冻饮品、饮料检验
22	GB/T 4789.22—2003	食品卫生微生物学检验　调味品检验
23	GB/T 4789.23—2003	食品卫生微生物学检验　冷食菜、豆制品检验
24	GB/T 4789.24—2003	食品卫生微生物学检验　糖果、糕点、蜜饯检验
25	GB/T 4789.25—2003	食品卫生微生物学检验　酒类检验
26	GB 4789.26—2013	食品安全国家标准　食品微生物学检验　商业无菌检验
27	GB/T 4789.27—2008	食品卫生微生物学检验　鲜乳中抗生素残留检验
28	GB 4789.28—2013	食品安全国家标准　食品微生物学检验　培养基和试剂的质量要求
29	GB/T 4789.29—2003	食品卫生微生物学检验　椰毒假单胞菌酵米面亚种检验
30	GB 4789.30—2016	食品安全国家标准　食品微生物学检验　单核细胞增生李斯特氏菌检验
31	GB 4789.31—2013	食品安全国家标准　食品微生物学检验　沙门氏菌、志贺氏菌和致泻大肠埃希氏菌的肠杆菌科噬菌体诊断检验
32	GB 4789.34—2016	食品安全国家标准　食品微生物学检验　双歧杆菌检验
33	GB 4789.35—2016	食品安全国家标准　食品微生物学检验　乳酸菌检验
34	GB 4789.36—2016	食品安全国家标准　食品微生物学检验　大肠埃希氏菌 O157:H7/NM 检验
35	GB 4789.38—2012	食品安全国家标准　食品微生物学检验　大肠埃希氏菌计数
36	GB 4789.39—2013	食品安全国家标准　食品微生物学检验　粪大肠菌群计数
37	GB 4789.40—2016	食品安全国家标准　食品微生物学检验　克罗诺杆菌属（阪崎肠杆菌）检验
38	GB 4789.41—2016	食品安全国家标准　食品微生物学检验　肠杆菌科检验
39	GB 4789.42—2016	食品安全国家标准　食品微生物学检验　诺如病毒检验
40	GB 4789.43—2016	食品安全国家标准　食品微生物学检验　微生物源酶制剂抗菌活性的测定
41	GB/T 20191—2006	饲料中嗜酸乳杆菌的微生物学检验
42	GB/T 23743—2009	饲料中凝固酶阳性葡萄球菌的微生物学检验　Baird-Parker 琼脂培养基计数法

二、食品理化检验方法标准

（一）食品理化检验方法标准介绍

1. 食品相对密度的测定标准

GB 5009.2—2016《食品安全国家标准　食品相对密度的测定》规定了液体试样相对密度的测定方法，包括密度瓶法、天平法和比重计法。

2. 食品中的水分、灰分、蛋白质和脂肪的测定标准

GB 5009.3—2016《食品安全国家标准　食品中水分的测定》规定了食品中水分的测定方法，包括直接干燥法、减压干燥法、蒸馏法、卡尔·费休法。GB 5009.4—2016《食品安全国家标准　食品中灰分的测定》第一法规定了食品中灰分的测定方法；第二法规定了食品中水溶性灰分和水不溶性灰分的测定方法；第三法规定了食品中酸不溶性灰分的测定方法。GB 5009.5—2016《食品安全国家标准　食品中蛋白质的测定》规定了食品中蛋白质的测定方法，包括凯氏定氮法、分光光度法、燃烧法。GB 5009.6—2016《食品安全国家标准　食品中脂肪的测定》规定了食品中脂肪含量的测定方法中，包括索氏抽提法、酸水解法、碱水解法、盖勃法。

3. 食品中还原糖、果糖、淀粉等及植物类食品中粗纤维的测定标准

GB 5009.7—2016《食品安全国家标准　食品中还原糖的测定》规定了食品中还原糖含量的测定方法，包括直接滴定法、高锰酸钾滴定法、铁氰化钾法、奥氏试剂滴定法。GB 5009.8—2016《食品安全国家标准　食品中果糖、葡萄糖、蔗糖、麦芽糖、乳糖的测定》规定了食品中果糖、葡萄糖、蔗糖、麦芽糖、乳糖的测定方法，包括高效液相色谱法、酸水解－莱因－埃农氏法。GB 5009.9—2016《食品安全国家标准　食品中淀粉的测定》规定了食品中淀粉的测定方法，包括酶水解法、酸水解法和肉制品中淀粉含量的测定方法。GB/T 5009.10—2003《植物类食品中粗纤维的测定》规定了植物类食品中粗纤维含量的测定方法，试验样品在硫酸作用下，其中的糖、淀粉、果胶质和半纤维素经水解除去后，再用碱处理，除去蛋白质和脂肪酸，余下的残渣为粗纤维。

4. 食品中总砷及无机砷、总汞及有机汞的测定标准

GB 5009.11—2014《食品安全国家标准　食品中总砷及无机砷的测定》第一篇规定了食品中总砷的测定方法，包括电感耦合等离子体质谱法、氢化物发生原子荧光光谱法、银盐法；第二篇规定了食品中无机砷含量测定的液相色谱－原子荧光光谱法、液相色谱－电感耦合等离子体质谱法。GB 5009.17—2014《食品安全国家标准　食品中总汞及有机汞的测定》第一篇规定了食品中总汞的测定方法，包括原子荧光光光谱分析法、冷原子吸收光谱法；第二篇规定了食品中甲基汞含量测定的液相色谱－原子荧光光谱联用方法。

5. 食品中铅、铜、锌、镉等的测定标准

GB 5009.12—2017《食品安全国家标准　食品中铅的测定》规定了食品中铅含量的测定

方法，包括石墨炉原子吸收光谱法、电感耦合等离子体质谱法、火焰原子吸收光谱法和二硫腙比色法。GB 5009.13—2017《食品安全国家标准 食品中铜的测定》规定了食品中铜含量的测定方法，包括石墨炉和火焰原子吸收光谱法、电感耦合等离子体质谱法和电感耦合等离子体发射光谱法。GB 5009.14—2017《食品安全国家标准 食品中锌的测定》规定了食品中锌含量的测定方法，包括火焰原子吸收光谱法、电感耦合等离子体发射光谱法、电感耦合等离子体质谱法和二硫腙比色法。GB 5009.15—2014《食品安全国家标准 食品中镉的测定》规定了各类食品中镉的石墨炉原子吸收光谱测定方法。GB 5009.16—2014《食品安全国家标准 食品中锡的测定》规定了食品中锡的测定方法，包括氢化物原子荧光光谱法和苯芴酮比色法。GB/T 5009.18—2003《食品中氟的测定》规定了粮食、蔬菜、水果、豆类及其制品、肉、鱼、蛋等食品中氟的测定方法，包括扩散－氟试剂比色法、灰化蒸馏－氟试剂比色法、氟离子选择电极法。GB 5009.93—2017《食品安全国家标准 食品中硒的测定》规定了食品中硒含量的测定方法，包括氢化物原子荧光光谱法、荧光分光光度法和电感耦合等离子体质谱法。

6. 食品中有机氯、有机磷农药等残留量的测定标准

GB/T 5009.19—2008《食品中有机氯农药多组分残留量的测定》第一法为毛细管柱气相色谱－电子捕获检测器法，规定了食品中六六六（HCH）、滴滴滴（DDD）、六氯苯、灭蚁灵、七氯、氯丹、艾氏剂、狄氏剂、异狄氏剂、硫丹、五氯硝基苯的测定方法；第二法为填充柱气相色谱－电子捕获检测器法，规定了食品中六六六、滴滴涕（DDT）残留量的测定方法。GB 23200.93—2016《食品安全国家标准 食品中有机磷农药残留量的测定 气相色谱－质谱法》规定进出口动物源食品中 10 种有机磷农药残留量（敌敌畏、二嗪磷、皮蝇磷、杀螟硫磷、马拉硫磷、毒死蜱、倍硫磷、对硫磷、乙硫磷、蝇毒磷）的气相色谱－质谱检测方法。GB/T 5009.21—2003《粮、油、菜中甲萘威残留量的测定》规定了粮、油、油料及蔬菜中甲萘威残留量的测定方法，包括高效液相色谱法、比色法。GB/T 5009.199—2003《蔬菜中有机磷和氨基甲酸酯类农药残留量的快速检测》规定了由酶抑制法测定蔬菜中有机磷和氨基甲酸酯类农药残留量的快速检验方法，包括速测卡法（纸片法）、酶抑制率法（分光光度法）。

7. 食品中黄曲霉毒素 B 族、G 族和 M 族等的测定标准

GB 5009.22—2016《食品安全国家标准 食品中黄曲霉毒素 B 族和 G 族的测定》规定了食品中黄曲霉毒素 B_1（AFT B_1）、黄曲霉毒素 B_2（AFT B_2）、黄曲霉毒素 G_1（AFT G_1）、黄曲霉毒素 G_2（AFT G_2）的测定方法，包括同位素稀释液相色谱－串联质谱法、高效液相色谱－柱前衍生法、高效液相色谱－柱后衍生法、酶联免疫吸附筛查法、薄层色谱法。GB 5009.24—2016《食品安全国家标准 食品中黄曲霉毒素 M 族的测定》规定了食品中黄曲霉毒素 M_1（AFT M_1）和黄曲霉毒素 M_2（AFT M_2）的测定方法，包括同位素稀释液相色谱－串联质谱法、高效液相色谱法、酶联免疫吸附筛查法。GB 5009.96—2016《食品安全国家标准 食品中赭曲霉毒素 A 的测定》规定了食品中赭曲霉毒素 A 的测定方法，包括免疫亲和层析净化液相色谱法、离子交换固相萃取柱净化高效液相色谱法、免疫亲和层析净化液相色谱–串联质谱法、酶联免疫吸附测定法、薄层色谱测定法。

8. 食品中亚硝酸盐与硝酸盐、苯并（a）芘等的测定标准

GB 5009.33—2016《食品安全国家标准　食品中亚硝酸盐与硝酸盐的测定》规定了食品中亚硝酸盐与硝酸盐的测定方法，包括离子色谱法、分光光度法和蔬菜、水果中硝酸盐测定的紫外分光光度法。GB 5009.34—2016《食品安全国家标准　食品中二氧化硫的测定》规定了果脯、干菜、米粉类、粉条、砂糖、食用菌和葡萄酒等食品中总二氧化硫的测定方法。GB 5009.27—2016《食品安全国家标准　食品中苯并(a)芘的测定》规定了食品中苯并(a)芘的测定方法。

9. 食品中苯甲酸、山梨酸、糖精钠等的测定标准

GB 5009.28—2016《食品安全国家标准　食品中苯甲酸、山梨酸和糖精钠的测定》规定了食品中苯甲酸、山梨酸和糖精钠测定的方法，包括液相色谱法、气相色谱法。GB/T 5009.30—2003《食品中叔丁基羟基茴香醚（BHA）与2,6–二叔丁基对甲酚（BHT）的测定》规定了糕点和植物油等食品中BHA、BHT的测定方法，包括气相色谱法、薄层色谱法、比色法。GB 5009.31—2016《食品安全国家标准　食品中对羟基苯甲酸酯类的测定》规定了食品中对羟基苯甲酸甲酯、对羟基苯甲酸乙酯、对羟基苯甲酸丙酯、对羟基苯甲酸丁酯的气相色谱方法。GB 5009.32—2016《食品安全国家标准　食品中9种抗氧化剂的测定》规定了食品中没食子酸丙酯（PG）、2,4,5–三羟基苯丁酮（THBP）、叔丁基对苯二酚（TBHQ）、去甲二氢愈创木酸（NDGA）、叔丁基对羟基茴香醚（BHA）、2,6–二叔丁基–4–羟甲基苯酚（Ionox–100）、没食子酸辛酯（OG）、2,6–二叔丁基对甲基苯酚（BHT）、没食子酸十二酯（DG）9种抗氧化剂的5种测定方法，包括高效液相色谱法、液相色谱串联质谱法、气相色谱–质谱法、气相色谱法、比色法。GB 5009.97—2016《食品安全国家标准　食品中环己基氨基磺酸钠的测定》规定了食品中环己基氨基磺酸钠（甜蜜素）的测定方法，包括气相色谱法、液相色谱法和液相色谱–质谱/质谱法。

10. 食品、食品包装材料等卫生标准的分析方法标准

GB/T 5009.37～5009.41、GB/T 5009.45、GB/T 5009.47～5009.57—2003规定了食用植物油、蔬菜、水果、酱油、酱、食醋、水产品、蛋与蛋制品、蒸馏酒与配制酒、发酵酒及其配制酒、冷饮食品、非发酵性豆制品及面筋、发酵性豆制品、淀粉类制品、酱腌菜、食糖、糕点和茶叶等卫生标准的分析方法。GB/T 5009.59～5009.62、GB/T 5009.64～5009.67、GB/T 5009.70～5009.71—2003规定了食品包装用聚苯乙烯树脂、聚乙烯、聚苯乙烯、聚丙烯成型品、三聚氰胺成型品、陶瓷制食具、食品用橡胶垫片（圈）、食品用高压锅密封圈、橡胶奶嘴、食品包装用聚氯乙烯成型品、食品容器内壁聚酰胺环氧树脂涂料、食品包装用聚丙烯树脂等卫生标准的分析方法。GB/T 5009.77、GB/T 5009.79～5009.80、GB/T 5009.98—2003规定了食用氢化油、人造奶油、食品用橡胶管、食品容器内壁聚四氟乙烯涂料、食品容器及包装材料用不饱和聚酯树脂及其玻璃钢制品等卫生标准的分析方法。

11. 食品添加剂中重金属限量试验及测定标准

GB 5009.74—2014《食品安全国家标准　食品添加剂中重金属限量试验》规定了食品添加剂中重金属的限量试验方法。GB 5009.75—2014《食品安全国家标准　食品添加剂中铅的测定》规定了食品添加剂中铅的限量试验和定量试验方法。GB 5009.76—2014《食品安全国家标准　食品添加剂中砷的测定》规定了食品添加剂中砷的测定方法。

12. 食品中维生素、胡萝卜素等的测定标准

GB 5009.82—2016《食品安全国家标准　食品中维生素 A、D、E 的测定》规定了维生素 A、维生素 E 和维生素 D 的测定方法，包括反相高效液相色谱法、正相高效液相色谱法、液相色谱 – 串联质谱法和高效液相色谱法。GB 5009.83—2016《食品安全国家标准　食品中胡萝卜素的测定》规定了食品中胡萝卜素的测定方法。GB 5009.84—2016《食品安全国家标准　食品中维生素 B_1 的测定》规定了高效液相色谱法、荧光光度法测定食品中维生素 B_1 的方法。GB 5009.85—2016《食品安全国家标准　食品中维生素 B_2 的测定》规定了食品中维生素 B_2 的测定方法，包括高效液相色谱法、荧光分光光度法。GB 5009.154—2016《食品安全国家标准　食品中维生素 B_6 的测定》规定了食品中维生素 B_6 的测定方法，包括高效液相色谱法、微生物法。GB 5009.86—2016《食品安全国家标准　食品中抗坏血酸的测定》规定了食品中抗坏血酸的测定方法，包括高效液相色谱法、荧光法、2,6 – 二氯靛酚滴定法。GB 5009.158—2016《食品安全国家标准　食品中维生素 K_1 的测定》规定了食品中维生素 K_1 的测定方法，包括高效液相色谱 – 荧光检测法、液相色谱 – 串联质谱法。GB 5009.169—2016《食品安全国家标准　食品中牛磺酸的测定》规定了食品中牛磺酸测定的方法，包括邻苯二甲醛（OPA）柱后衍生高效液相色谱法、丹磺酰氯柱前衍生法。

13. 食品中铁、镁、锰等金属元素及稀土元素的测定标准

GB 5009.90—2016《食品安全国家标准　食品中铁的测定》、GB 5009.241—2017《食品安全国家标准　食品中镁的测定》、GB 5009.242—2017《食品安全国家标准　食品中锰的测定》分别规定了食品中铁、镁和锰含量的测定方法，包括火焰原子吸收光谱法、电感耦合等离子体发射光谱法和电感耦合等离子体质谱法。GB 5009.91—2017《食品安全国家标准　食品中钾、钠的测定》规定了食品中钾、钠含量的测定方法，包括火焰原子吸收光谱法、火焰原子发射光谱法、电感耦合等离子体发射光谱法和电感耦合等离子体质谱法。GB 5009.92—2016《食品安全国家标准　食品中钙的测定》规定了食品中钙含量的测定方法，包括火焰原子吸收光谱法、滴定法、电感耦合等离子体发射光谱法和电感耦合等离子体质谱法。GB 5009.123—2014《食品安全国家标准　食品中铬的测定》规定了食品中铬的石墨炉原子吸收光谱测定方法。GB 5009.137—2016《食品安全国家标准　食品中锑的测定》规定了食品中锑的氢化物原子荧光光谱测定方法。GB 5009.138—2017《食品安全国家标准　食品中镍的测定》规定了食品中镍含量测定的石墨炉原子吸收光谱法。GB/T 5009.151—2003《食品中锗的测定》规定了食品中锗的测定方法，包括原子荧光光谱法、原子吸收分光光度法和苯基荧光酮分光光度法。GB 5009.182—2017《食品安全国家标准　食品中铝的测定》规定

了食品中铝含量的分光光度法、电感耦合等离子体质谱法、电感耦合等离子体发射光谱法和石墨炉原子吸收光谱法。GB 5009.94—2012《食品安全国家标准　植物性食品中稀土元素的测定》规定了用电感耦合等离子体质谱法测定植物性食品中稀土元素的方法。

14. 食品中四环素族抗生素、展青霉素的测定标准

GB/T 5009.95—2003《蜂蜜中四环素族抗生素残留量的测定》规定了微生物管蝶法测定蜂蜜中四环素族抗生素残留量的方法。GB 5009.185—2016《食品安全国家标准　食品中展青霉素的测定》规定了食品中展青霉素的测定方法，包括同位素稀释 – 液相色谱 – 串联质谱法、高效液相色谱法。

15. 植物性食品中辛硫磷农药等残留量的测定标准

GB/T 5009.102～5009.110—2003 分别规定了植物性食品中辛硫磷农药、甲胺磷和乙酰甲胺磷农药、氨基甲酸酯类农药、二氯苯醚菊酯、二嗪磷、氯氰菊酯、氰戊菊酯和溴氰菊酯、黄瓜中百菌清，柑橘中水胺硫磷等残留量测定的气相色谱方法；畜禽肉中己烯雌酚残留量测定的高效液相色谱方法。GB/T 5009.126—2003《植物性食品中三唑酮残留量的测定》规定了粮食、蔬菜和水果中三唑酮残留量测定的气相色谱方法。GB/T 5009.135—2003《植物性食品中灭幼脲残留量的测定》规定了粮食、蔬菜、水果中灭幼脲残留量测定的高效液相色谱法。GB/T 5009.136—2003《植物性食品中五氯硝基苯残留量的测定》规定了粮食、蔬菜中五氯硝基苯残留量测定的气相色谱方法。GB 5009.148—2014《食品安全国家标准　植物性食品中游离棉酚的测定》规定了植物油或以棉籽饼为原料的其他液体食品中游离棉酚含量测定的高效液相色谱方法。

16. 食品中脱氧雪腐镰刀菌烯醇及其乙酰化衍生物等的测定标准

GB 5009.111—2016《食品安全国家标准　食品中脱氧雪腐镰刀菌烯醇及其乙酰化衍生物的测定》规定了食品中脱氧雪腐镰刀菌烯醇及其乙酰化衍生物的测定方法，包括同位素稀释液相色谱 – 串联质谱法、免疫亲和层析净化高效液相色谱法、薄层色谱测定法、酶联免疫吸附筛查法。GB/T 5009.112～5009.115—2003 规定了大米和柑橘中喹硫磷，大米中的杀虫环、杀虫双、稻谷中三环唑残留量的气相色谱测定方法。GB 5009.118—2016《食品安全国家标准　食品中 T – 2 毒素的测定》规定了食品中 T – 2 霉素的测定方法，包括免疫亲和层析净化液相色谱法、间接 ELISA 法、直接 ELISA 法。GB/T 5009.129～5009.134—2003 分别规定了水果中乙氧基喹、稻谷、小麦、蔬菜中亚胺硫磷、食品中莠去津、粮食中绿麦隆、大米中禾草敌残留量测定的气相色谱方法，大豆及谷物中氟磺胺草醚残留量的高效液相色谱方法。GB 23200.45—2016《食品安全国家标准　食品中除虫脲残留量的测定　液相色谱 – 质谱法》规定了食品中除虫脲残留的液相色谱 – 质谱检测方法。

17. 食品中丙酸钠、丙酸钙等的测定标准

GB 5009.120—2016《食品安全国家标准　食品中丙酸钠、丙酸钙的测定》规定了豆类制品、生湿面制品、面包、糕点、醋、酱油中丙酸钠、丙酸钙的测定方法，包括液相色谱法和气相色谱法。GB 5009.121—2016《食品安全国家标准　食品中脱氢乙酸的测定》规定了果蔬汁、果蔬浆、酱菜、发酵豆制品、黄油、面包、糕点、烘烤食品馅料、复合调味料、预制肉制品及熟肉制品中脱氢乙酸含量的测定方法，包括气相色谱法和液相色谱法。

18. 食品中氨基酸、胆固醇的测定标准

GB 5009. 124—2016《食品安全国家标准　食品中氨基酸的测定》规定了用氨基酸分析仪（茚三酮柱后衍生离子交换色谱仪）测定食品中酸水解氨基酸的方法，适用于食品中酸水解氨基酸的测定，包括天冬氨酸、苏氨酸、丝氨酸、谷氨酸、脯氨酸、甘氨酸、丙氨酸、缬氨酸、蛋氨酸、异亮氨酸、亮氨酸、酪氨酸、苯丙氨酸、组氨酸、赖氨酸和精氨酸共 16 种氨基酸。GB 5009. 128—2016《食品安全国家标准　食品中胆固醇的测定》规定了食品中胆固醇的测定方法，包括气相色谱法、高效液相色谱法、比色法。

19. 饮料中咖啡因、乙酰磺胺酸钾等的测定标准

GB 5009. 139—2014《食品安全国家标准　饮料中咖啡因的测定》规定了可乐型饮料、咖啡、茶叶及其固体和液体饮料制品中咖啡因含量测定的高效液相色谱法。GB/T 5009. 140—2003《饮料中乙酰磺胺酸钾的测定》规定了汽水、可乐型饮料、果汁、果茶等食品中乙酰磺胺酸钾含量测定的高效液相色谱方法。GB 8538—2016《食品安全国家标准　饮用天然矿泉水检验方法》规定了饮用天然矿泉水的色度、臭和味、可见物、浑浊度、pH、溶解性总固体、总硬度、总碱度、总酸度等的测定方法。

20. 食品中诱惑红、栀子黄、红曲色素等的测定标准

GB 5009. 141—2016《食品安全国家标准　食品中诱惑红的测定》规定了汽水、硬糖、糕点、冰淇淋中诱惑红含量测定的纸色谱法。GB 5009. 149—2016《食品安全国家标准　食品中栀子黄的测定》规定了食品中栀子黄的代表性成分藏花素、藏花酸测定的高效液相色谱方法。GB 5009. 150—2016《食品安全国家标准　食品中红曲色素的测定》规定了食品中红曲红素、红曲素、红曲红胺测定的高效液相色谱方法。GB 5009. 35—2016《食品安全国家标准　食品中合成着色剂的测定》规定了饮料、配制酒、硬糖、蜜饯、淀粉软糖、巧克力豆及着色糖衣制品中合成着色剂（不含铝色锭）的测定方法。

21. 食品中有机酸、总酸等的测定标准

GB 5009. 157—2016《食品安全国家标准　食品中有机酸的测定》规定了食品中酒石酸、乳酸、苹果酸、柠檬酸、丁二酸、富马酸和己二酸的测定方法。GB 5009. 153—2016《食品安全国家标准　食品中植酸的测定》规定了食用油脂、加工水果、肉制品、鲜虾、糖果、果蔬饮料中植酸含量测定的分光光度法。GB/T 12456—2008《食品中总酸的测定》规定了酸碱滴定法和 pH 电位法测定食品中总酸的分析步骤。

22. 动物性食品中有机磷农药多组分残留量等的测定标准

GB/T 5009. 161—2003《动物性食品中有机磷农药多组分残留量的测定》规定了动物性食品中甲胺磷、敌敌畏、乙酰甲胺磷、久效磷、乐果、乙拌磷、甲基对硫磷、杀螟硫磷、甲基嘧啶磷、马拉硫磷、倍硫磷、对硫磷、乙硫磷等 13 种常用有机磷农药多组分残留含量测定的气相色谱法。GB/T 5009. 162—2008《动物性食品中有机氯农药和拟除虫菊酯农药多组分残留量的测定》规定了食品中有机氯农药和拟除虫菊酯农药多组分残留量的测定方法，包括气相色谱 – 质谱法和气相色谱 – 电子捕获检测器法。GB/T 5009.163—2003《动物性食品中氨基甲酸酯类农药多组分残留高效液相色谱测定》规定了肉类、蛋类及乳类食品中涕灭威、速灭威、呋喃丹、甲萘威、异丙威残留量测定的高效液相色谱法。GB/T 5009.192—2003《动物性食品中克伦特罗残留量的测定》规定了动物性食品中克伦特罗的测定方法，包括气相色谱 – 质谱法、高效液相色谱法和酶联免疫法。

23. 粮食和蔬果中 2,4 – 滴等残留量的测定标准

GB/T 5009.172—2003、GB/T 5009.174 ~ 5009.176—2003 规定了粮食和蔬菜中 2,4 – 滴，大豆、花生、豆油和花生油中的氟乐灵，茶叶、水果、食用植物油中三氯杀螨醇，花生、大豆中异丙甲草胺残留量测定的气相色谱法。GB/T 5009.173—2003《梨果类、柑桔类水果中噻螨酮残留量的测定》规定了梨果类、柑桔类水果中噻螨酮测定的高效液相色谱法。GB/T 5009.188—2003《蔬菜、水果中甲基托布津、多菌灵的测定》规定了蔬菜、水果中甲基托布津、多菌灵测定的紫外分光光度法。

24. 保健食品中褪黑素含量、超氧化物歧化酶活性等的测定标准

GB/T 5009.170—2003《保健食品中褪黑素含量的测定》规定了以褪黑素为有效成分的胶囊或片剂包装的保健食品中褪黑素的测定方法，包括高效液相色谱 – 紫外检测法和高效液相色谱荧光法。GB/T 5009.171—2003《保健食品中超氧化物歧化酶（SOD）活性的测定》规定了食品中超氧化物歧化酶（SOD）活性的测定方法，包括修改的 Marklund 方法和化学发光法。GB/T 5009.193 ~ 5009.195—2003 分别规定了保健食品中脱氢表雄甾酮（DHEA）、免疫球蛋白（IgG）、吡啶甲酸铬含量测定的高效液相色谱法。GB/T 5009.197—2003《保健食品中盐酸硫胺素、盐酸吡哆醇、烟酸、烟酰胺和咖啡因的测定》规定了保健食品中盐酸硫胺素、盐酸吡哆醇、烟酸、烟酰胺和咖啡因测定的高效液相色谱法。GB 28404—2012《食品安全国家标准 保健食品中 α – 亚麻酸、二十碳五烯酸、二十二碳五烯酸和二十二碳六烯酸的测定》规定了保健食品中 α – 亚麻酸、二十碳五烯酸（EPA）、二十二碳五烯酸（DPA）和二十二碳六烯酸（DHA）测定的气相色谱方法。

25. 食品中丙二醛、食用油中极性组分的测定标准

GB 5009.181—2016《食品安全国家标准 食品中丙二醛的测定》规定了食品中丙二醛的测定方法，包括高效液相色谱和分光光度法。GB 5009.202—2016《食品安全国家标准 食用油中极性组分（PC）的测定》规定了食用动植物油脂中极性组分（PC）的测定方法，包括制备型快速柱层析法和柱层析法。

26. 食品中指示性多氯联苯含量等的测定标准

GB 5009.190—2014《食品安全国家标准 食品中指示性多氯联苯含量的测定》规定了鱼类、贝类、蛋类、肉类、奶类及其制品等动物性食品和油脂类试样中指示性多氯联苯（PCBs）的测定方法，包括稳定性同位素稀释的气相色谱 – 质谱法、气相色谱法。GB 5009.189—2016《食品安全国家标准 食品中米酵菌酸的测定》规定了银耳及其制品、酵米面及其制品等食品中米酵菌酸测定的高效液相色谱方法。

（二）食品理化检验方法标准汇总

我国部分现行有效的食品理化检验国家标准见表 2 – 11。

表 2 –11　部分食品理化检验方法标准

序号	标准编号	标 准 名 称
1	GB/T 5009.1—2003	食品卫生检验方法　理化部分　总则
2	GB 5009.2—2016	食品安全国家标准　食品相对密度的测定
3	GB 5009.3—2016	食品安全国家标准　食品中水分的测定
4	GB 5009.4—2016	食品安全国家标准　食品中灰分的测定
5	GB 5009.5—2016	食品安全国家标准　食品中蛋白质的测定
6	GB 5009.6—2016	食品安全国家标准　食品中脂肪的测定
7	GB 5009.7—2016	食品安全国家标准　食品中还原糖的测定
8	GB 5009.8—2016	食品安全国家标准　食品中果糖、葡萄糖、蔗糖、麦芽糖、乳糖的测定
9	GB 5009.9—2016	食品安全国家标准　食品中淀粉的测定
10	GB/T 5009.10—2003	植物类食品中粗纤维的测定
11	GB 5009.11—2014	食品安全国家标准　食品中总砷及无机砷的测定
12	GB 5009.12—2017	食品安全国家标准　食品中铅的测定
13	GB 5009.13—2017	食品安全国家标准　食品中铜的测定
14	GB 5009.14—2017	食品安全国家标准　食品中锌的测定
15	GB 5009.15—2014	食品安全国家标准　食品中镉的测定
16	GB 5009.16—2014	食品安全国家标准　食品中锡的测定
17	GB 5009.17—2014	食品安全国家标准　食品中总汞及有机汞的测定
18	GB/T 5009.18—2003	食品中氟的测定
19	GB/T 5009.19—2008	食品中有机氯农药多组分残留量的测定
20	GB/T 5009.20—2003	食品中有机磷农药残留量的测定
21	GB/T 5009.21—2003	粮、油、菜中甲萘威残留量的测定
22	GB 5009.22—2016	食品安全国家标准　食品中黄曲霉毒素 B 族和 G 族的测定
23	GB 5009.24—2016	食品安全国家标准　食品中黄曲霉毒素 M 族的测定
24	GB 5009.25—2016	食品安全国家标准　食品中杂色曲霉素的测定
25	GB 5009.26—2016	食品安全国家标准　食品中 N – 亚硝胺类化合物的测定

序号	标准编号	标 准 名 称
26	GB 5009.27—2016	食品安全国家标准　食品中苯并（a）芘的测定
27	GB 5009.28—2016	食品安全国家标准　食品中苯甲酸、山梨酸和糖精钠的测定
28	GB/T 5009.30—2003	食品中叔丁基羟基茴香醚（BHA）与2,6-二叔丁基对甲酚（BHT）的测定
29	GB 5009.31—2016	食品安全国家标准　食品中对羟基苯甲酸酯类的测定
30	GB 5009.32—2016	食品安全国家标准　食品中9种抗氧化剂的测定
31	GB 5009.33—2016	食品安全国家标准　食品中亚硝酸盐与硝酸盐的测定
32	GB 5009.34—2016	食品安全国家标准　食品中二氧化硫的测定
33	GB 5009.35—2016	食品安全国家标准　食品中合成着色剂的测定
34	GB 5009.36—2016	食品安全国家标准　食品中氰化物的测定
35	GB/T 5009.37—2003*	食用植物油卫生标准的分析方法
36	GB/T 5009.38—2003	蔬菜、水果卫生标准的分析方法
37	GB/T 5009.39—2003*	酱油卫生标准的分析方法
38	GB/T 5009.40—2003*	酱卫生标准的分析方法
39	GB/T 5009.41—2003*	食醋卫生标准的分析方法
40	GB 5009.42—2016	食品安全国家标准　食盐指标的测定
41	GB 5009.43—2016	食品安全国家标准　味精中麸氨酸钠（谷氨酸钠）的测定
42	GB 5009.44—2016	食品安全国家标准　食品中氯化物的测定
43	GB/T 5009.45—2003*	水产品卫生标准的分析方法
44	GB/T 5009.47—2003*	蛋与蛋制品卫生标准的分析方法
45	GB/T 5009.48—2003*	蒸馏酒与配制酒卫生标准的分析方法
46	GB/T 5009.49—2008	发酵酒及其配制酒卫生标准的分析方法
47	GB/T 5009.50—2003	冷饮食品卫生标准的分析方法
48	GB/T 5009.51—2003	非发酵性豆制品及面筋卫生标准的分析方法
49	GB/T 5009.52—2003	发酵性豆制品卫生标准的分析方法
50	GB/T 5009.53—2003	淀粉类制品卫生标准的分析方法
51	GB/T 5009.54—2003	酱腌菜卫生标准的分析方法
52	GB/T 5009.55—2003	食糖卫生标准的分析方法
53	GB/T 5009.56—2003*	糕点卫生标准的分析方法
54	GB/T 5009.57—2003	茶叶卫生标准的分析方法

续表

序号	标准编号	标准名称
55	GB/T 5009.59—2003*	食品包装用聚苯乙烯树脂卫生标准的分析方法
56	GB/T 5009.60—2003*	食品包装用聚乙烯、聚苯乙烯、聚丙烯成型品卫生标准的分析方法
57	GB/T 5009.61—2003*	食品包装用三聚氰胺成型品卫生标准的分析方法
58	GB/T 5009.62—2003*	陶瓷制食具容器卫生标准的分析方法
59	GB/T 5009.64—2003*	食品用橡胶垫片（圈）卫生标准的分析方法
60	GB/T 5009.65—2003*	食品用高压锅密封圈卫生标准的分析方法
61	GB/T 5009.66—2003*	橡胶奶嘴卫生标准的分析方法
62	GB/T 5009.67—2003*	食品包装用聚氯乙烯成型品卫生标准的分析方法
63	GB/T 5009.70—2003*	食品容器内壁聚酰胺环氧树脂涂料卫生标准的分析方法
64	GB/T 5009.71—2003*	食品包装用聚丙烯树脂卫生标准的分析方法
65	GB/T 5009.73—2003	粮食中二溴乙烷残留量的测定
66	GB 5009.74—2014	食品安全国家标准　食品添加剂中重金属限量试验
67	GB 5009.75—2014	食品安全国家标准　食品添加剂中铅的测定
68	GB 5009.76—2014	食品安全国家标准　食品添加剂中砷的测定
69	GB/T 5009.77—2003*	食用氢化油、人造奶油卫生标准的分析方法
70	GB/T 5009.79—2003*	食品用橡胶管卫生检验方法
71	GB/T 5009.80—2003*	食品容器内壁聚四氟乙烯涂料卫生标准的分析方法
72	GB 5009.82—2016	食品安全国家标准　食品中维生素 A、D、E 的测定
73	GB 5009.83—2016	食品安全国家标准　食品中胡萝卜素的测定
74	GB 5009.84—2016	食品安全国家标准　食品中维生素 B_1 的测定
75	GB 5009.85—2016	食品安全国家标准　食品中维生素 B_2 的测定
76	GB 5009.86—2016	食品安全国家标准　食品中抗坏血酸的测定
77	GB 5009.87—2016	食品安全国家标准　食品中磷的测定
78	GB 5009.88—2014	食品安全国家标准　食品中膳食纤维的测定
79	GB 5009.89—2016	食品安全国家标准　食品中烟酸和烟酰胺的测定
80	GB 5009.90—2016	食品安全国家标准　食物中铁的测定
81	GB 5009.91—2017	食品安全国家标准　食物中钾、钠的测定
82	GB 5009.92—2016	食品安全国家标准　食物中钙的测定
83	GB 5009.93—2017	食品安全国家标准　食物中硒的测定

续表

序号	标准编号	标 准 名 称
84	GB 5009.94—2012	食品安全国家标准 植物性食品中稀土元素的测定
85	GB/T 5009.95—2003	蜂蜜中四环素族抗生素残留量的测定
86	GB 5009.96—2016	食品安全国家标准 食品中赭曲霉毒素 A 的测定
87	GB 5009.97—2016	食品安全国家标准 食品中环己基氨基磺酸钠的测定
88	GB/T 5009.98—2003*	食品容器及包装材料用不饱和聚酯树脂及其玻璃钢制品卫生标准分析方法
89	GB/T 5009.102—2003	植物性食品中辛硫磷农药残留量的测定
90	GB/T 5009.103—2003	植物性食品中甲胺磷和乙酰甲胺磷农药残留量的测定
91	GB/T 5009.104—2003	植物性食品中氨基甲酸酯类农药残留量的测定
92	GB/T 5009.105—2003	黄瓜中百菌清残留量的测定
93	GB/T 5009.106—2003	植物性食品中二氯苯醚菊酯残留量的测定
94	GB/T 5009.107—2003	植物性食品中二嗪磷残留量的测定
95	GB/T 5009.108—2003	畜禽肉中己烯雌酚的测定
96	GB/T 5009.109—2003	柑橘中水胺硫磷残留量的测定
97	GB/T 5009.110—2003	植物性食品中氯氰菊酯、氰戊菊酯和溴氰菊酯残留量的测定
98	GB 5009.111—2016	食品安全国家标准 食品中脱氧雪腐镰刀菌烯醇及其乙酰化衍生物的测定
99	GB/T 5009.112—2003	大米和柑橘中喹硫磷残留量的测定
100	GB/T 5009.113—2003	大米中杀虫环残留量的测定
101	GB/T 5009.114—2003	大米中杀虫双残留量的测定
102	GB/T 5009.115—2003	稻谷中三环唑残留量的测定
103	GB/T 5009.116—2003	畜禽肉中土霉素、四环素、金霉素残留量的测定
104	GB/T 5009.117—2003*	食用豆粕卫生标准的分析方法
105	GB 5009.118—2016	食品安全国家标准 食品中 T-2 毒素的测定
106	GB 5009.120—2016	食品安全国家标准 食品中丙酸钠、丙酸钙的测定
107	GB 5009.121—2016	食品安全国家标准 食品中脱氢乙酸的测定
108	GB 5009.123—2014	食品安全国家标准 食品中铬的测定
109	GB 5009.124—2016	食品安全国家标准 食品中氨基酸的测定
110	GB/T 5009.126—2003	植物性食品中三唑酮残留量的测定
111	GB/T 5009.127—2003	食品包装用聚酯树脂及其成型品中锗的测定
112	GB 5009.128—2016	食品安全国家标准 食品中胆固醇的测定

续表

序号	标准编号	标准名称
113	GB/T 5009.129—2003	水果中乙氧基喹残留量的测定
114	GB/T 5009.130—2003	大豆及谷物中氟磺胺草醚残留量的测定
115	GB/T 5009.131—2003	植物性食品中亚胺硫磷残留量的测定
116	GB/T 5009.132—2003	食品中莠去津残留量的测定
117	GB/T 5009.133—2003	粮食中绿麦隆残留量的测定
118	GB/T 5009.134—2003	大米中禾草敌残留量的测定
119	GB/T 5009.135—2003	植物性食品中灭幼脲残留量的测定
120	GB/T 5009.136—2003	植物性食品中五氯硝基苯残留量的测定
121	GB 5009.137—2016	食品安全国家标准　食品中锑的测定
122	GB 5009.138—2017	食品安全国家标准　食品中镍的测定
123	GB 5009.139—2014	食品安全国家标准　饮料中咖啡因的测定
124	GB/T 5009.140—2003	饮料中乙酰磺胺酸钾的测定
125	GB 5009.141—2016	食品安全国家标准　食品中诱惑红的测定
126	GB/T 5009.142—2003	植物性食品中吡氟禾草灵、精吡氟禾草灵残留量测定
127	GB/T 5009.143—2003	蔬菜、水果、食用油中双甲脒残留量的测定
128	GB/T 5009.144—2003	植物性食品中甲基异柳磷残留量的测定
129	GB/T 5009.145—2003	植物性食品中有机磷和氨基甲酸酯类农药多种残留量的测定
130	GB/T 5009.146—2008	植物性食品中有机氯和拟除虫菊酯类农药多种残留量的测定
131	GB/T 5009.147—2003	植物性食品中除虫脲残留量的测定
132	GB 5009.148—2014	食品安全国家标准　植物性食品中游离棉酚的测定
133	GB 5009.149—2016	食品安全国家标准　食品中栀子黄的测定
134	GB 5009.150—2016	食品安全国家标准　食品中红曲色素的测定
135	GB/T 5009.151—2003	食品中锗的测定
136	GB 5009.153—2016	食品安全国家标准　食品中植酸的测定
137	GB 5009.154—2016	食品安全国家标准　食品中维生素 B_6 的测定
138	GB/T 5009.155—2003	大米中稻瘟灵残留量的测定
139	GB 5009.156—2016	食品安全国家标准　食品接触材料及制品迁移试验预处理方法通则
140	GB 5009.157—2016	食品安全国家标准　食品中有机酸的测定
141	GB 5009.158—2016	食品安全国家标准　食品中维生素 K_1 的测定

续表

序号	标准编号	标 准 名 称
142	GB/T 5009.160—2003	水果中单甲脒残留量的测定
143	GB/T 5009.161—2003	动物性食品中有机磷农药多组分残留量的测定
144	GB/T 5009.162—2008	动物性食品中有机氯农药和拟除虫菊酯农药多组分残留量测定
145	GB/T 5009.163—2003	动物性食品中氨基甲酸酯类农药多组分残留高效液相色谱法
146	GB/T 5009.164—2003	大米中丁草胺残留量的测定
147	GB/T 5009.165—2003	粮食中2,4-滴丁酯残留量的测定
148	GB/T 5009.166—2003	食品包装用树脂及其制品的预试验
149	GB 5009.168—2016	食品安全国家标准　食品中脂肪酸的测定
150	GB 5009.169—2016	食品安全国家标准　食品中牛磺酸的测定
151	GB/T 5009.170—2003	保健食品中褪黑素含量的测定
152	GB/T 5009.171—2003	保健食品中超氧化歧化酶（SOD）活性的测定
153	GB/T 5009.172—2003	大豆、花生、豆油、花生油中的氟乐灵残留量的测定
154	GB/T 5009.173—2003	梨果类、柑桔类水果中噻螨酮残留量的测定
155	GB/T 5009.174—2003	花生、大豆中异丙甲草胺残留量的测定
156	GB/T 5009.175—2003	粮食和蔬菜中2,4-滴残留量的测定
157	GB/T 5009.176—2003	茶叶、水果、食用植物油中三氯杀螨醇残留量的测定
158	GB/T 5009.177—2003	大米中敌稗残留量的测定
159	GB 5009.179—2016	食品安全国家标准　食品中三甲胺的测定
160	GB/T 5009.180—2003	稻谷、花生仁中亚草酮残留量的测定
161	GB 5009.181—2016	食品安全国家标准　食品中丙二醛的测定
162	GB 5009.182—2017	食品安全国家标准　食品中铝的测定
163	GB/T 5009.183—2003	植物蛋白饮料中脲酶的定性测定
164	GB/T 5009.184—2003	粮食、蔬菜中噻嗪酮残留量的测定
165	GB 5009.185—2016	食品安全国家标准　食品中展青霉素的测定
166	GB/T 5009.186—2003	乳酸菌饮料中脲酶的定性测定
167	GB/T 5009.188—2003	蔬菜、水果中甲基托布津、多菌灵的测定
168	GB 5009.189—2016	食品安全国家标准　食品中米酵菌酸的测定
169	GB 5009.190—2014	食品安全国家标准　食品中指示性多氯联苯含量的测定
170	GB 5009.191—2016	食品安全国家标准　食品中氯丙醇及其脂肪酸酯含量的测定

续表

序号	标准编号	标 准 名 称
171	GB/T 5009.192—2003	动物性食品中克伦特罗残留量的测定
172	GB/T 5009.193—2003	保健食品中脱氢表雄甾酮（DHEA）的测定
173	GB/T 5009.194—2003	保健食品中免疫球蛋白（IgG）的测定
174	GB/T 5009.195—2003	保健食品中吡啶甲酸铬含量的测定
175	GB/T 5009.196—2003	保健食品中肌醇的测定
176	GB/T 5009.197—2003	保健食品中盐酸硫胺素、盐酸吡哆醇、烟酸、烟酰胺和咖啡因的测定
177	GB 5009.198—2016	食品安全国家标准　贝类中失忆性贝类毒素的测定
178	GB/T 5009.199—2003	蔬菜中有机磷和氨基甲酸酯类农药残留量的快速检测
179	GB/T 5009.200—2003	小麦中野燕枯残留量的测定
180	GB/T 5009.201—2003	梨中烯唑醇残留量的测定
181	GB 5009.202—2016	食品安全国家标准　食用油中极性组分（PC）的测定
182	GB 5009.204—2014	食品安全国家标准　食品中丙烯酰胺的测定
183	GB 5009.205—2013	食品安全国家标准　食品中二噁英及其类似物毒性当量的测定
184	GB 5009.206—2016	食品安全国家标准　水产品中河豚毒素的测定
185	GB/T 5009.207—2008	糙米中50种有机磷农药残留量的测定
186	GB 5009.208—2016	食品安全国家标准　食品中生物胺的测定
187	GB 5009.209—2016	食品安全国家标准　食品中玉米赤霉烯酮的测定
188	GB 5009.210—2016	食品安全国家标准　食品中泛酸的测定
189	GB 5009.211—2016	食品安全国家标准　食品中叶酸的测定
190	GB 5009.212—2016	食品安全国家标准　贝类中腹泻性贝类毒素的测定
191	GB 5009.213—2016	食品安全国家标准　贝类中麻痹性贝类毒素的测定
192	GB 5009.215—2016	食品安全国家标准　食品中有机锡含量的测定
193	GB/T 5009.217—2008	保健食品中维生素 B_{12} 的测定
194	GB/T 5009.218—2008	水果和蔬菜中多种农药残留量的测定
195	GB/T 5009.219—2008	粮谷中矮壮素残留量的测定
196	GB/T 5009.220—2008	粮谷中敌菌灵残留量的测定
197	GB/T 5009.221—2008	粮谷中敌草快残留量的测定
198	GB 5009.222—2016	食品安全国家标准　食品中桔青霉素的测定
199	GB 5009.223—2014	食品安全国家标准　食品中氨基甲酸乙酯的测定

续表

序号	标准编号	标准名称
200	GB 5009.224—2016	食品安全国家标准　大豆制品中胰蛋白酶抑制剂活性的测定
201	GB 5009.225—2016	食品安全国家标准　酒中乙醇浓度的测定
202	GB 5009.226—2016	食品安全国家标准　食品中过氧化氢残留量的测定
203	GB 5009.227—2016	食品安全国家标准　食品中过氧化值的测定
204	GB 5009.228—2016	食品安全国家标准　食品中挥发性盐基氮的测定
205	GB 5009.229—2016	食品安全国家标准　食品中酸价的测定
206	GB 5009.230—2016	食品安全国家标准　食品中羰基价的测定
207	GB 5009.231—2016	食品安全国家标准　水产品中挥发酚残留量的测定
208	GB 5009.232—2016	食品安全国家标准　水果、蔬菜及其制品中甲酸的测定
209	GB 5009.233—2016	食品安全国家标准　食醋中游离矿酸的测定
210	GB 5009.234—2016	食品安全国家标准　食品中铵盐的测定
211	GB 5009.235—2016	食品安全国家标准　食品中氨基酸态氮的测定
212	GB 5009.236—2016	食品安全国家标准　动植物油脂水分及挥发物的测定
213	GB 5009.237—2016	食品安全国家标准　食品 pH 值的测定
214	GB 5009.238—2016	食品安全国家标准　食品水分活度的测定
215	GB 5009.239—2016	食品安全国家标准　食品酸度的测定
216	GB 5009.240—2016	食品安全国家标准　食品中伏马毒素的测定
217	GB 5009.241—2017	食品安全国家标准　食品中镁的测定
218	GB 5009.242—2017	食品安全国家标准　食品中锰的测定
219	GB 5009.243—2016	食品安全国家标准　高温烹调食品中杂环胺类物质的测定
220	GB 5009.244—2016	食品安全国家标准　食品中二氧化氯的测定
221	GB 5009.245—2016	食品安全国家标准　食品中聚葡萄糖的测定
222	GB 5009.246—2016	食品安全国家标准　食品中二氧化钛的测定
223	GB 5009.247—2016	食品安全国家标准　食品中纽甜的测定
224	GB 5009.248—2016	食品安全国家标准　食品中叶黄素的测定
225	GB 5009.249—2016	食品安全国家标准　铁强化酱油中乙二胺四乙酸铁钠的测定
226	GB 5009.250—2016	食品安全国家标准　食品中乙基麦芽酚的测定
227	GB 5009.251—2016	食品安全国家标准　食品中 1,2 - 丙二醇的测定
228	GB 5009.252—2016	食品安全国家标准　食品中乙酰丙酸的测定

续表

序号	标准编号	标 准 名 称	
229	GB 5009.253—2016	食品安全国家标准	动物源性食品中全氟辛烷磺酸（PFOS）和全氟辛酸（PFOA）的测定
230	GB 5009.254—2016	食品安全国家标准	动植物油脂中聚二甲基硅氧烷的测定
231	GB 5009.255—2016	食品安全国家标准	食品中果聚糖的测定
232	GB 5009.256—2016	食品安全国家标准	食品中多种磷酸盐的测定
233	GB 5009.257—2016	食品安全国家标准	食品中反式脂肪酸的测定
234	GB 5009.258—2016	食品安全国家标准	食品中棉子糖的测定
235	GB 5009.259—2016	食品安全国家标准	食品中生物素的测定
236	GB 5009.260—2016	食品安全国家标准	食品中叶绿素铜钠的测定
237	GB 5009.261—2016	食品安全国家标准	贝类中神经性贝类毒素的测定
238	GB 5009.262—2016	食品安全国家标准	食品中溶剂残留量的测定
239	GB 5009.263—2016	食品安全国家标准	食品中阿斯巴甜和阿力甜的测定
240	GB 5009.264—2016	食品安全国家标准	食品乙酸苄酯的测定
241	GB 5009.265—2016	食品安全国家标准	食品中多环芳烃的测定
242	GB 5009.266—2016	食品安全国家标准	食品中甲醇的测定
243	GB 5009.267—2016	食品安全国家标准	食品中碘的测定
244	GB 5009.268—2016	食品安全国家标准	食品中多元素的测定
245	GB 5009.269—2016	食品安全国家标准	食品中滑石粉的测定
246	GB 5009.270—2016	食品安全国家标准	食品中肌醇的测定
247	GB 5009.271—2016	食品安全国家标准	食品中邻苯二甲酸酯的测定
248	GB 5009.272—2016	食品安全国家标准	食品中磷脂酰胆碱、磷脂酰乙醇胺、磷脂酰肌醇的测定
249	GB 5009.273—2016	食品安全国家标准	水产品中微囊藻毒素的测定
250	GB 5009.274—2016	食品安全国家标准	水产品中西加毒素的测定
251	GB 5009.275—2016	食品安全国家标准	食品中硼酸的测定
252	GB 5009.276—2016	食品安全国家标准	食品中葡萄糖酸－δ－内酯的测定
253	GB 5009.277—2016	食品安全国家标准	食品中双乙酸钠的测定
254	GB 5009.278—2016	食品安全国家标准	食品中乙二胺四乙酸盐的测定
255	GB 5009.279—2016	食品安全国家标准	食品中木糖醇、山梨醇、麦芽糖醇、赤藓糖醇的测定

* 部分有效

第六节 食品添加剂标准

世界各国对食品添加剂的定义不尽相同，联合国粮食及农业组织（Food and Agriculture Organization of the United Nations，FAO）和世界卫生组织（World Health Organization，WHO）联合食品法规委员会对食品添加剂的定义为：食品添加剂是有意识地一般以少量添加于食品，以改善食品的外观、风味和组织结构或贮存性质的非营养物质。按照这一定义，以增强食品营养成分为目的的食品强化剂不应该包括在食品添加剂范围内。我国对食品添加剂的定义为：为改善食品品质和色、香、味，以及为防腐、保鲜和加工工艺的需要而加入食品中的人工合成或者天然物质。食品用香料、胶基糖果中基础剂物质、食品工业用加工助剂也包括在内。

食品添加剂具有以下 3 个特征：一是其为加入食品中的物质，因此，一般不单独作为食品来食用；二是既包括人工合成的物质，也包括天然物质；三是加入食品中的目的是为改善食品品质和色、香、味以及为防腐、保鲜和加工工艺的需要。

食品添加剂的品种主要包括酸度调节剂、抗结剂、消泡剂、抗氧化剂、漂白剂、膨松剂、着色剂、护色剂、酶制剂、增味剂、营养强化剂、防腐剂、甜味剂、增稠剂和香料等。

我国《食品添加剂使用卫生标准》1977 年首次发布，1996 年 12 月进行了第三次修订。GB 2760—1996《食品添加剂使用卫生标准》规定了食品添加剂的品种、使用范围和最大使用量。《食品添加剂使用卫生标准》的实施对规范食品添加剂的使用，保障食品安全发挥了重要作用。但随着食品工业的快速发展，《食品添加剂使用卫生标准》出现了一些不适应食品工业发展和食品添加剂使用需求的问题。经过历次修订，2014 年 12 月 24 日，国家卫生和计划生育委员会发布了《食品安全国家标准 食品添加剂使用标准》（GB 2760—2014），2015 年 5 月 24 日实施。GB 2760—2014 规定了食品添加剂的使用原则、允许使用的食品添加剂品种、使用范围及最大使用量或残留量。

我国现行有效的食品添加剂标准见表 2 - 12。

表 2 - 12 食品添加剂标准

序号	标准编号	标准名称
1	GB 30616—2014	食品安全国家标准 食品用香精
2	GB 1886.226—2016	食品安全国家标准 食品添加剂 海藻酸丙二醇酯
3	GB 1886.228—2016	食品安全国家标准 食品添加剂 二氧化碳
4	GB 1886.34—2015	食品安全国家标准 食品添加剂 辣椒红
5	GB 1903.1—2015	食品安全国家标准 食品营养强化剂 L - 盐酸赖氨酸
6	GB 1886.207—2016	食品安全国家标准 食品添加剂 406 肉桂油

续表

序号	标准编号	标准名称
7	GB 1886.200—2016	食品安全国家标准　食品添加剂　香叶油（又名玫瑰香叶油）
8	GB 1886.36—2015	食品安全国家标准　食品添加剂　留兰香油
9	GB 1886.208—2016	食品安全国家标准　食品添加剂　乙基麦芽酚
10	GB 1886.37—2015	食品安全国家标准　食品添加剂　环己基氨基磺酸钠（又名甜蜜素）
11	GB 1886.227—2016	食品安全国家标准　食品添加剂　吗啉脂肪酸盐果蜡
12	GB 13481—2011	食品安全国家标准　食品添加剂　山梨醇酐单硬脂酸酯（司盘60）
13	GB 1886.234—2016	食品安全国家标准　食品添加剂　木糖醇
14	GB 13510—1992	食品添加剂　三聚甘油单硬脂酸酯
15	GB 1886.39—2015	食品安全国家标准　食品添加剂　山梨酸钾
16	GB 1886.40—2015	食品安全国家标准　食品添加剂　L－苹果酸
17	GB 1886.41—2015	食品安全国家标准　食品添加剂　黄原胶
18	GB 14750—2010	食品安全国家标准　食品添加剂　维生素 A
19	GB 14752—2010	食品安全国家标准　食品添加剂　维生素 B_2（核黄素）
20	GB 14753—2010	食品安全国家标准　食品添加剂　维生素 B_6（盐酸吡哆醇）
21	GB 14754—2010	食品安全国家标准　食品添加剂　维生素 C（抗坏血酸）
22	GB 14755—2010	食品安全国家标准　食品添加剂　维生素 D_2（麦角钙化醇）
23	GB 14756—2010	食品安全国家标准　食品添加剂　维生素 E（dl－α－醋酸生育酚）
24	GB 14757—2010	食品安全国家标准　食品添加剂　烟酸
25	GB 14758—2010	食品安全国家标准　食品添加剂　咖啡因
26	GB 14759—2010	食品安全国家标准　食品添加剂　牛磺酸
27	GB 14888.1—2010	食品安全国家标准　食品添加剂　新红
28	GB 14888.2—2010	食品安全国家标准　食品添加剂　新红铝色淀
29	GB 1886.74—2015	食品安全国家标准　食品添加剂　柠檬酸钾
30	GB 1886.169—2016	食品安全国家标准　食品添加剂　卡拉胶
31	GB 1886.42—2015	食品安全国家标准　食品添加剂　dl－酒石酸
32	GB 15570—2010	食品安全国家标准　食品添加剂　叶酸
33	GB 15571—2010	食品安全国家标准　食品添加剂　葡萄糖酸钙
34	GB 1903.15—2016	食品安全国家标准　食品营养强化剂　醋酸钙（乙酸钙）
35	GB 15612—1995	食品添加剂　蒸馏单硬脂酸甘油酯

续表

序号	标准编号	标 准 名 称
36	GB 1886.43—2015	食品安全国家标准 食品添加剂 抗坏血酸钙
37	GB 1886.181—2016	食品安全国家标准 食品添加剂 红曲红
38	GB 1886.44—2016	食品安全国家标准 食品添加剂 抗坏血酸钠
39	GB 1886.230—2016	食品安全国家标准 食品添加剂 抗坏血酸棕榈酸酯
40	GB 1903.14—2016	食品安全国家标准 食品营养强化剂 柠檬酸钙
41	GB 1886.222—2016	食品安全国家标准 食品添加剂 诱惑红
42	GB 17512.2—2010	食品安全国家标准 食品添加剂 赤藓红铝色淀
43	GB 17779—2010	食品安全国家标准 食品添加剂 L-苏糖酸钙
44	GB 1903.13—2016	食品安全国家标准 食品营养强化剂 左旋肉碱（L-肉碱）
45	GB 1886.1—2015	食品安全国家标准 食品添加剂 碳酸钠
46	GB 1886.2—2015	食品安全国家标准 食品添加剂 碳酸氢钠
47	GB 1888—2014	食品安全国家标准 食品添加剂 碳酸氢铵
48	GB 1886.3—2016	食品安全国家标准 食品添加剂 磷酸氢钙
49	GB 1886.4—2015	食品安全国家标准 食品添加剂 六偏磷酸钠
50	GB 1886.5—2015	食品安全国家标准 食品添加剂 硝酸钠
51	GB 1886.6—2016	食品安全国家标准 食品添加剂 硫酸钙
52	GB 1886.7—2015	食品安全国家标准 食品添加剂 焦亚硫酸钠
53	GB 1886.8—2015	食品安全国家标准 食品添加剂 亚硫酸钠
54	GB 1886.229—2016	食品安全国家标准 食品添加剂 硫酸铝钾（又名钾明矾）
55	GB 1886.9—2016	食品安全国家标准 食品添加剂 盐酸
56	GB 1886.214—2016	食品安全国家标准 食品添加剂 碳酸钙（包括轻质和重质碳酸钙）
57	GB 1900—2010	食品安全国家标准 食品添加剂 二丁基羟基甲苯（BHT）
58	GB 1886.183—2016	食品安全国家标准 食品添加剂 苯甲酸
59	GB 1886.184—2016	食品安全国家标准 食品添加剂 苯甲酸钠
60	GB 1886.10—2015	食品安全国家标准 食品添加剂 冰乙酸（又名冰醋酸）
61	GB 1886.232—2016	食品安全国家标准 食品添加剂 羧甲基纤维素钠
62	GB 1886.186—2016	食品安全国家标准 食品添加剂 山梨酸
63	GB 1886.11—2016	食品安全国家标准 食品添加剂 亚硝酸钠
64	GB 1886.12—2015	食品安全国家标准 食品添加剂 丁基羟基茴香醚（BHA）

第三章 食品企业标准体系

第一节 企业标准体系概述

企业标准体系（enterprise standard system）是企业内的标准按其内在联系形成的科学的有机整体。企业标准体系是企业战略性决策的结果。企业标准体系的构建是企业顶层设计的内容。

一、企业标准体系总体要求

企业标准体系应覆盖企业经营管理全部领域，满足目标性、完整性、适宜性和有效性的要求。

（1）企业标准体系应遵循"PDCA（策划—实施—检查—处置）"方法构建、运行、评价与改进。企业标准体系的 PDCA 循环是指：

P（plan）——根据相关方要求及期望、外部环境及企业战略需要，进行企业标准体系的设计与构建；

D（do）——运行企业标准体系；

C（check）——根据目标及要求，对标准体系的运行情况进行检查、测量和评价，并报告结果；

A（action）——必要时，对企业标准体系进行优化甚至创新，以改进实施绩效。

（2）企业应以自身企业战略为导向，分析需求，策划企业标准体系，根据分析结果形成企业标准体系构建规划。

（3）企业标准体系应目标明确，体系内所有标准应完整、协调，满足相关方需求。

（4）企业标准体系应层次清晰，结构合理，体系内所有标准边界清楚，接口顺畅，构成有机整体。

（5）企业标准体系应适宜、有效。企业可根据需求和内外部环境变化，调整企业标准体系。

（6）企业应将其他管理体系的标准纳入企业标准体系。

（7）企业应定期开展企业标准体系评价工作，确保体系持续有效。

（8）企业应利用标准化的方针目标评审及体系评价所产生的结果，持续改进和完善企业标准体系。

二、企业标准体系基本理念

（1）需求导向。以企业战略需求为导向，充分考虑企业内外部环境因素和相关方的需求与期望，以实现企业发展战略为根本目标，构建企业标准体系，并融入企业经营管理系统。

（2）创新设计。企业可按照 GB/T 15496—2017《企业标准体系　要求》进行企业标准体系的设计，也可在该标准的基础上，根据企业实际进行创新设计，构建系统、协调、适应企业发展战略和经营管理需要的企业标准体系。

（3）系统管理。运用系统管理的原理和方法，识别企业生产、经营、管理全过程中相互关联、相互作用的标准化要素，建立企业标准体系，并与企业经营管理系统充分融合、相互协调，发挥系统效应，提高企业实现目标的有效性。

（4）持续改进。采用"PDCA"的循环管理模式，实现企业标准体系持续改进。

三、企业标准体系建设指导标准

我国现行的企业标准体系建设相关标准如下：

GB/T 35778—2017《企业标准化工作　指南》

GB/T 15496—2017《企业标准体系　要求》

GB/T 15497—2017《企业标准体系　产品实现》

GB/T 15498—2017《企业标准体系　基础保障》

GB/T 19273—2017《企业标准化工作　评价与改进》

GB/T 13016—2018《标准体系构建原则和要求》

GB/T 13017—2018《企业标准体系表编制指南》

四、企业标准体系的构建

（一）需求分析

企业通过对相关方的需求和期望以及企业标准化现状进行分析，形成企业标准体系规划、标准化方针、目标，识别企业适用的法律法规和指导标准的要求，构建企业标准体系，如图 3-1 所示。

企业标准体系中各标准之间是相互关联、协调作用的关系。企业标准体系专注于为实现企业战略提供标准化管理的系统方法和管理平台。各类管理体系文件是企业标准体系的一部分。对于各管理体系的通用要求，可采用整合、兼容和拓展的方式，将相应标准修订后纳入标准体系；对于各管理体系的特定要求，可直接将原管理体系的文件纳入企业标准体系。

（二）结构设计

根据对相关方的需求和期望、企业标准化现状分析，形成企业标准体系结构图。企业标

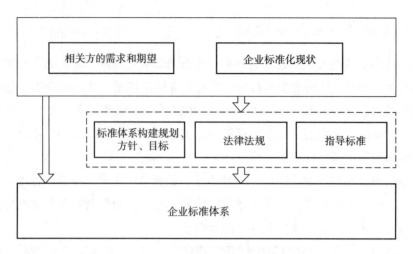

图3－1　企业标准体系构建图

准体系结构图是表达企业标准体系总体框架中标准的功能定位，以及与其他标准的相互关系的图，如图3－2所示。

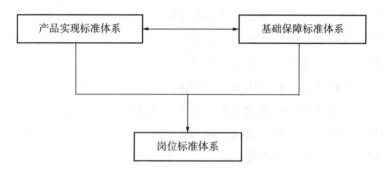

图3－2　企业标准体系结构图

　　企业标准体系由产品实现标准体系、基础保障标准体系和岗位标准体系3个体系组成。企业也可根据自身实际对企业标准体系结构进行自我设计，自我设计的结构应满足企业生产、经营、管理等要求并涵盖 GB/T 15496、GB/T 15497 和 GB/T 15498 中各子体系要素。GB/T 15496 给出了企业标准体系其他参考模式。

（三）编制标准明细表

　　企业应根据企业标准体系结构，对产品实现标准体系、基础保障标准体系和岗位标准体系编制对应的标准明细表。

　　标准明细表格式应满足企业对标准的管理和运用需要，其表头一般包括：序号、体系代码、标准编号、标准名称、责任部门等内容，也可包括编制该项标准的依据文件信息和关联标准信息等。标准明细表格式可参考表3－1的示例。

表 3 -1　基础保障标准体系——安全和职业健康标准子体系标准明细表

序号	体系代码	标准编号	标准名称	责任部门
1	BZ0701	GB 13495.1—2015	消防安全标志　第 1 部分：标志	办公室
2	BZ0701	Q/×××　×－××××	消防安全管理规范	办公室
3	BZ0701	Q/×××　×－××××	应急预案管理办法	办公室
……	……	……	……	……
10	BZ0702	Q/×××　×－××××	职业健康管理办法	办公室
……	……	……	……	……

　　企业标准编号规则应具有唯一性，标准编号宜采用无含义流水号，不与体系代码相关联。标准明细表中的每一类标准均应有体系代码。体系代码应能反映该标准在体系内的位置及其与其他标准的关系，如表 3 - 1 中的 BZ0701，BZ 为基础保障标准体系的代号；07 是基础保障标准体系的第 7 个子体系，即安全和职业健康标准子体系；01 是该子体系内的第 1 类安全标准。每一类内可以是一个标准也可以是多个标准。

第二节　食品企业标准体系的结构与要求

一、产品实现标准体系

（一）产品实现标准体系的结构与要求

1. 产品实现标准体系的结构

　　产品实现标准体系一般包括产品标准、设计和开发标准、生产/服务提供标准、营销标准、售后/交付后标准等 5 个子体系，如图 3 - 3 所示。

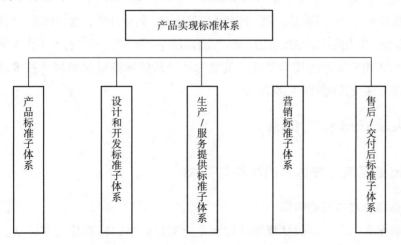

图 3 - 3　产品实现标准体系结构图

2. 产品实现标准体系的要求

（1）产品实现标准体系是开放、动态的有机系统。企业可根据产品类型和产品实现的过程对产品实现标准体系及其子体系进行设计，包括删减、增补或整合标准体系的内容等。

（2）产品实现标准体系应确保其充分性、适宜性和有效性。

（3）产品实现标准体系应与 GB/T 15496 和 GB/T 15498 的规定相互协调。

（二）产品标准子体系

1. 产品标准子体系的结构

产品标准子体系结构如图 3-4 所示。

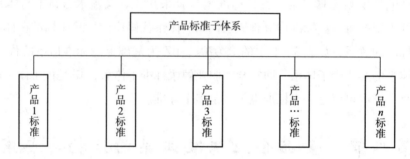

图 3-4　产品标准子体系结构图

2. 产品标准的内容

企业根据市场和顾客的需求，结合自身的技术和资源优势，对产品结构、规格、质量特性和检验/验证方法等作出技术规定，并对产品进行科学的分类，收集、制定的产品标准可包括但不限于：

（1）企业声明执行的国家标准、行业标准、地方标准或团体标准。这类标准可直接收集、使用。

（2）企业声明执行的企业产品和服务标准。

（3）为保证和提高产品质量，制定的严于国家标准、行业标准、地方标准、团体标准或企业产品和服务标准，作为内部质量控制的企业产品和服务内控标准。这类标准不作为交付的依据。

（4）与顾客约定执行的技术要求或其他标准。其他标准可包括国外技术法规、国际标准、国外先进标准及其他国家的标准等。

二、基础保障标准体系

（一）基础保障标准体系的结构与要求

1. 基础保障标准体系的结构

基础保障标准体系一般包括规划计划和企业文化标准、标准化工作标准、人力资源标准、财务和审计标准、设备设施标准、质量管理标准、安全和职业健康管理标准、环境和能源管理标准、法务和合同标准、知识管理和信息标准、行政事务和综合标准等子体系，如图 3 – 5 所示。

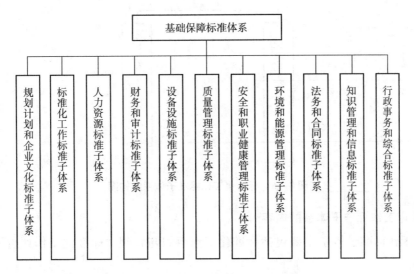

图 3 – 5　基础保障标准体系结构图

2. 基础保障标准体系的要求

（1）基础保障标准体系应以保证企业产品实现有序开展为前提进行设计，以生产、经营和管理活动中的保障事项为要素。

（2）基础保障标准体系内的标准应在相关法规及其组织环境、企业战略、方针目标和企业标准化管理文件的指导下形成，以企业生产、经营和管理等活动为依据。

（3）纳入基础保障标准体系的标准应相互协调，标准内容应符合企业生产、经营和管理活动实际。

（4）不同类型的企业可根据生产、经营和管理活动的特点，对基础保障标准体系中的要素进行适当选择、调整、减裁与补充，选择、调整、减裁与补充应确保体系的适宜性、充分性和有效性，且不影响企业的产品实现。

（5）构成基础保障标准体系的标准应包括企业适用的国家标准、行业标准、地方标准、团体标准和企业标准。

（6）基础保障标准体系的构建，应充分考虑和满足企业质量管理、职业健康安全管理、环境管理、能源管理、信用管理的要求，为企业建立和实施相关管理体系奠定基础。

（7）基础保障标准体系应与 GB/T 15496 和 GB/T 15497 的规定相互协调。

（二）标准化工作标准子体系

1. 标准化工作标准子体系的结构

标准化工作标准子体系的结构如图 3 – 6 所示。企业应制定标准化工作标准，规定企业标准化工作的目标、内容、程序、要求、检查和改进方法等。

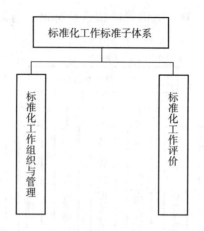

图 3 - 6   标准化工作标准子体系结构图

2. 标准化工作标准子体系的内容

标准化工作标准子体系主要包括标准化工作组织与管理、标准化工作评价两个方面的内容。

标准化工作组织与管理标准是以企业标准化活动普遍使用的事项形成的标准，包括但不限于：标准化要求；标准化原理和方法；标准化术语；量、单位、符号、代号和缩略语等标准；标准化工作的组织与开展；标准制修订管理；标准化信息管理。

标准化工作评价标准是确定标准化管理效果所采用的标准，包括但不限于：复审及其结果的处置管理；标准实施与检查；标准体系评价与改进；标准化奖励；标准化经济效益与社会效益的评价。

（三）质量管理标准子体系

1. 质量管理标准子体系的结构

质量管理标准子体系的结构如图 3 - 7 所示。企业应收集和编制适用的质量管理标准，这些标准包括但不限于：对产品实现过程的质量控制，精细化管理、精益化管理等的质量定位、组织与管理、推进及其测量、评价与改进。

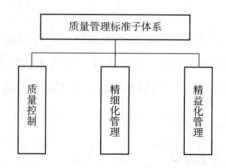

图 3 - 7   质量管理标准子体系结构图

2. 质量管理标准子体系的内容

质量管理标准子体系主要包括质量控制、精细化管理和精益化管理3个方面的内容。

以保障产品质量满足要求而开展的质量控制标准，包括但不限于：原材料的品质管理与控制要求；不合格及半成品、制成品质量的管理与控制要求；成品质量的管理与控制要求；最终产品品质的管理与控制要求；体系和过程的质量控制。

精细化管理标准是为保障产品质量满足要求而制定的将管理责任具体化、明确化的标准。

精益化管理标准是为保障产品质量满足要求、杜绝浪费和无间断的作业流程而制定的标准，这些标准包含整理、整顿、清扫、清洁、素养。

三、岗位标准体系

1. 岗位标准体系的结构

岗位标准体系一般包括决策层标准、管理层标准、操作人员标准等3个子体系。岗位标准体系的结构如图3-8所示。

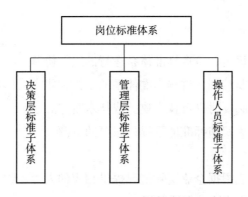

图3-8　岗位标准体系结构图

2. 岗位标准体系的要求

（1）岗位标准体系应完整、齐全，每个岗位都应有岗位标准。

（2）岗位标准应由岗位业务领导（指导）部门或岗位所在部门编制。

（3）岗位标准应以基础保障标准和产品实现标准为依据。当基础保障标准体系和产品实现标准体系中的标准能够满足该岗位作业要求时，基础保障标准体系和产品实现标准体系可直接作为岗位标准使用。

（4）岗位标准一般以作业指导书、操作规范、员工手册等形式体现，可以是书面文本、图表、多媒体，也可以是计算机软件化工作指令，其内容包括但不限于：职责权限；工作范围；作业流程；作业规范；周期工作事项；条件触发的工作事项。

第三节　食品企业标准体系的运行、评价与改进

一、企业标准体系的运行

（一）运行原则

（1）整体性。标准体系应整体运行，标准体系内各项标准均应得到实施。
（2）持续性。标准体系应持续运行，标准体系内各项标准均应长期得到实施。
（3）有效性。标准体系应有效运行，标准体系内各项标准均应切实有效。

（二）运行程序

1. 制定计划
企业应制定标准体系运行计划，其内容应包括实施标准的方式、内容、步骤、负责人员、应达到的要求等。

2. 前期准备
（1）明确相应的管理机构，负责标准体系运行的组织协调。
（2）向有关人员宣传及培训、讲解标准体系的结构和要求、体系内各标准的相互关系。
（3）进行技术准备，必要时进行技术攻关或技术改造。
（4）进行物资准备，为实施标准体系提供必要的资源。

3. 运行
（1）企业最高管理者应根据企业实际情况提供相应的人力、物力、财力，以保障标准体系的实施，实现标准体系的持续、有效运行。
（2）纳入企业标准体系的所有标准均应得到实施，必要时还应形成实施的计划和记录。按 GB/T 35778 执行。
（3）各部门应与标准化管理机构保持联络，确保在标准体系运行和标准实施过程中遇到的问题能得到及时沟通和解决。
（4）企业标准化管理机构应持续跟踪和评估标准体系运行与实际工作状况的一致性，必要时进行调整和完善，以保证标准体系有效运行。

二、企业标准体系的评价与改进

对标准体系的评价和改进，是企业标准化工作中一项不可缺少的内容。通过对企业标准体系的评价，企业可以发现在生产、经营和管理各项活动中存在的不足和缺陷，并通过制定纠正措施和持续改进，达到进一步完善标准体系的目的。企业应按 GB/T 19273 对企业标准体系进行评价和改进。

（一）企业标准体系的评价

1. 评价原则与依据

对企业标准化工作进行评价应遵循以下原则：客观公正；科学严谨；全面准确；注重实效；服务发展。

评价依据包括以下内容：

（1）国家有关的方针、政策。

（2）标准化及相关法律、法规和强制性标准。

（3）企业标准化方针、目标。

（4）GB/T 15496—2017、GB/T 15497—2017、GB/T 15498—2017、GB/T 35778—2017及 GB/T 19273—2017 等。

（5）企业标准体系及相关文件。

2. 评价方式

（1）企业自我评价（enterprise self-evaluation），又称第一方评价（first-party evaluation），指企业为确定其标准化工作达到规定目标的程度所进行的活动。

（2）第二方评价（second-party evaluation），指用户或采购方为确定企业标准化工作达到规定目标的程度所进行的活动。

（3）第三方评价（third-party evaluation），指独立于第一方和第二方的机构为确定企业标准化工作达到规定目标的程度所进行的活动。

3. 基本要求

（1）对企业的要求

企业应识别并遵守与本企业有关的方针、政策、法律、法规以及强制性标准等。企业应依据相关规定开展标准化工作，建立企业标准体系并有效运行。

进行第三方评价时，还应符合以下要求：

①依法注册并在合法营业范围内开展生产经营活动。

②若属法律、法规规定的行政许可、审批或强制认证等要求的，应获得相应资质。

③3 年内未发生重大的质量、安全、环境保护等事故。

④按照相关规定企业自我声明公开的产品标准、服务或其他事项应真实、完整，并对其承担相应的责任。

⑤至少开展一次完整的自我评价。

⑥自愿提出申请，并提交申请材料。申请材料应符合 GB/T 19273 的要求。

（2）对评价组织的要求

评价组织应有与开展评价工作相适应的专（兼）职评价人员；应明确评价人员的职责、权限；应具有保障评价活动的标准化文件。

开展第三方评价的组织，应为具有独立法人资格的标准化组织。

（3）对评价人员的要求

评价人员应具有标准化工作经验，熟悉国家有关标准化方针、政策及相关的法律法规，掌握企业标准化工作系列标准、标准化知识和相关专业知识，胜任评价工作；应具备识别企业在标准化工作中存在问题的能力，承担不当评价所产生的相应风险责任；应遵纪守法、诚实正直、坚持原则、实事求是、科学公正。

评价组组长应有从事标准化工作评价的经历，能够识别生产、经营、管理活动的关键环节，具有组织协调、文字表达和现场把控能力，并承担评价工作的主要风险责任。

第三方评价组织的评价人员还应符合以下条件：熟悉被评价企业所属的行业特点；连续从事标准化工作不少于 3 年；恪守职业道德，保守被评价企业的技术和商业秘密；独立于被评价企业。

4. 评价策划

评价策划的内容一般包括：评价组的组成；评价时间；评价程序和方法；评价方案（或评价计划任务书），包括评价范围、依据、目的、工作程序、任务分工及时间安排等；评价沟通；特殊情况的处理。

评价策划应形成评价方案或评价计划任务书。第三方评价时，应经被评价企业确认。

5. 评价实施

评价的实施通常包括首次会议、文件评价、现场评价、沟通和末次会议等步骤。

（1）首次会议

参加首次会议的人员应包括评价组成员、企业最高管理者或管理者代表、与标准化职能相关的各级管理者以及相关人员。首次会议应由评价组组长主持。

首次会议应包括以下内容：

①介绍企业标准化工作情况，主要包括：企业基本情况、标准化工作机制、组织机构设立情况；标准化需求分析、标准体系结构、体系运行情况、保障措施及成效；标准化工作自我评价改进情况等。

②宣布评价方案（或评价计划任务书），确认评价方案（或评价计划任务书）及相关安排；若调整相关计划，应由双方予以再次确认。

③确认评价双方沟通的方式，支持评价所需的资源和设施等内容。

④确认末次会议的信息。

⑤作出可能造成评价提前终止的情况说明。

采用第三方评价时，还应包括以下内容：

①与企业确认安全和保密区域。必要时，企业应提供评价人员所需的防护和应急用品、用具等。

②对有关保密和公正性声明等事宜进行承诺与确认。

③提醒企业对评价过程及评价结论有申诉和投诉的权利。

④要求企业指定相应联络员与评价人员对接并提供相应的支持。

（2）文件评价

文件评价的内容和方法包括但不限于以下方面：

①标准化管理机构建设和运行情况：查阅标准化组织机构及职责文件，查阅围绕企业发展战略制定的方针、目标、规划和计划等，以及考核或实施情况记录。

②标准体系构建情况：查阅需求分析报告、标准体系结构图、标准体系表、编制说明以及标准文本。

③标准实施情况：查阅标准实施过程中的相关记录、标准的查询及跟踪相关记录等。

④其他相关标准化工作情况：查阅采用国际标准或国外先进标准的材料及采标证书的使用情况，查阅主持或参与制修订国家标准、行业标准、地方标准和团体标准的资料和标准文本，查阅开展标准化试点、示范和参与国际、国内标准化活动的记录等。

⑤标准化成效情况：查阅开展标准化的经济效益、社会效益评价文件及相关证明材料，以及获奖证书、报告等相关材料。

进行文件评价时，应抽取必要的标准文本用于现场评价核查。标准文本的抽样应符合以下要求：

①抽取的标准文本应涵盖产品实现标准体系、基础保障标准体系和岗位标准体系。

②抽取的标准文本应覆盖识别的关键环节。

③由评价组组长根据企业规模、产品的复杂程度、纳入企业标准体系的标准文本数量等因素确定标准文本抽样的数量，样本数量应为标准总量的4%～8%，且不应少于20份。

（3）现场评价

进行现场评价时，可采用查看、询问、操作演示、结果复核、查阅资料或报告记录、调查统计等方法。现场评价包括但不限于以下内容：

①标准化意识：员工标准化基础知识掌握程度、参与标准化培训等活动情况。

②标准掌握情况：员工对本岗位有关标准的掌握程度。

③标准实施情况：工艺流程、关键环节、现场管理、设备设施、产品、半成品、原材料检验验证等与标准内容有关的符合性及执行标准的情况。

④标准体系：覆盖企业生产、经营管理全过程，标准体系整体运行状况及动态维护情况。

（4）沟通

沟通应贯穿于评价的全过程，包括内部沟通和外部沟通。

内部沟通指评价组成员之间的沟通。内部沟通内容包括但不限于：协调评价进度与分工；出现重大不符合项以及不期望情况时的沟通；对评价信息进行沟通并形成评价结论。

外部沟通指评价组与评价对象间的沟通。外部沟通内容包括但不限于：要求提供必要支撑文件以及必要说明；协调评价工作进度；针对现场评价安全风险情况，提出继续评价或终止评价；对评价过程中发现的不符合项以及评价结论意见等内容进行沟通，并得到确认。

（5）末次会议

末次会议人员应与首次会议相同，应由评价组组长主持，会议内容应包括：说明获取客观证据的方法及评价中发现的不符合项；整改建议，包括纠正措施、验证要求、整改时间等；形成评价报告，并宣布评价结论；明确申诉或投诉的权力及处理程序。

评价报告应符合 GB/T 19273—2017 的要求，见表 3-2。

表 3-2 企业标准化工作评价报告

编号：   备案号：

被评价企业					
地　　址			确认时间		
法定代表人		联系人		电话	
评价（确认）专家组人员名单					
专家组职务	姓名	职务/职称		电话	签字
组　长					
小组成员					
参加人员					
评价目的					
评价依据					
评价范围及内容					
评价得分级别	基本分	加分		总分	级别

评价综述及确认结论

（一）评价综述

　　1. 综述企业标准化工作情况；

　　2. 综述评价方案实施情况（即评价过程情况）；

　　3. 综述文件评价情况；

　　4. 综述现场评价情况；

　　5. 综述标准化成效情况。

（二）评价结论

　　评价组在认真综合意见的基础之上，结合企业生产、经营和管理现状，对×××企业标准化工作（含标准体系）的充分性、适宜性、有效性得出评价结论和相应分值，确认相应级别。

（三）改进要求

　　评价组应结合评价情况，给出改进建议及获得证书的条件。

　　　　评价组组长签字：   年   月   日

6. 评价结果及管理

（1）复核

进行第三方评价时，评价组织应安排独立专家组，对评价资料涉及的记录、证据以及资料完整性、准确性进行复核。从事复核的人员，应熟悉被评价企业所属专业领域的知识并具有丰富的标准化工作经验，评价人员不可参与同一项目的复核工作。对于复核发现的问题，应及时与评价组组长沟通，并得到确认。针对复核中存在的问题，必要时复核人员应返回被评价企业进行复核，形成复核结论。

（2）申诉与投诉

申诉与投诉内容主要包括：对评价人员组成或行为有意见；对评价过程有异议；对评价结论有异议。

申诉与投诉的处理包括：建立受理、确认和调查申诉与投诉的处理流程；及时对申诉/投诉人提出的意见开展调查和复核；对申诉与投诉意见处理情况书面通知申诉/投诉人。

（3）证书与标志

第三方评价组织可根据被评价企业的申请，按照评价结论颁发证书（如图3-9所示）；被评价企业可依据第三方评价组织的要求，使用第三方评价组织核发的证书。评价组织与被评价企业对评价结果的准确性、真实性分别承担相应的责任。

企业标准化工作评价证书

评价证书编号：

统一社会信用代码：

企业名称：

地　　址：

依据 GB/T 19273—2017《企业标准化工作　评价与改进》对你公司开展企业标准化工作评价，经专家审核为××××级，确认周期为××××年××月至××××年××月。

（附评价报告）

评价组织盖章

评价日期

图3-9　企业标准化工作评价证书参考格式

（4）监督

评价组织应对企业标准化工作开展监督，并明确监督内容、周期、方法等。当发现被评价企业标准体系运行、标准实施质量下降时，应督促被评价企业及时纠正。被评价企业拒不纠正或纠正不到位的，应作出降低等级直至撤销证书的处理。当被评价企业出现违反法律法规、强制性标准，存在弄虚作假等问题时，应撤销其证书，取消专用标志的使用权。

（二）企业标准体系的改进

1. 改进依据
改进依据主要包括：
（1）适用的标准化方针、政策、法律法规、目标和其他要求发生的变化。
（2）标准体系运行、标准实施和评价提出的改进要求。
（3）与产品（服务）有关的科研成果、新技术、新工艺等方面的信息。
（4）顾客、其他相关方反馈的意见。
（5）领导意识、员工能力和建议。
（6）测量、检验、试验报告。
（7）企业标准化工作纠正措施和预防措施。

2. 改进内容
（1）改进并提升标准化活动的战略与策略。
（2）改进和完善标准，调整标准体系结构，完善标准内容等。
（3）改进和提升标准化人员的素质和能力，调整人员结构，提升人员技能等。
（4）改进设备设施与原材料状况，配备满足新工艺、新技术的设备设施及原材料。

第四章 我国食品法律法规

第一节 我国食品法律法规体系

一、我国食品相关法律法规

有关食品生产、加工、流通和消费的相关法律、法规等规范性文件构成的有机体系称为食品法律法规体系。

我国的食品法律法规体系由以下不同法律效力层级的规范性文件构成：

1. 法律

法律由全国人民代表大会和全国人民代表大会常务委员会制定。其中，刑事、民事、国家机构的和其他的基本法律由全国人民代表大会制定，除应当由全国人民代表大会制定的法律以外的其他法律由全国人民代表大会常务委员会制定。

《中华人民共和国食品安全法》在我国食品安全法律体系中具有最高的法律效力，是制定从属性食品安全法规及其他规范性文件的依据。此外，我国与食品相关的法律主要有《中华人民共和国产品质量法》《中华人民共和国标准化法》《中华人民共和国农业法》《中华人民共和国农产品质量安全法》《中华人民共和国进出口商品检验法》《中华人民共和国进出境动植物检疫法》《中华人民共和国广告法》《中华人民共和国消费者权益保护法》《中华人民共和国反不正当竞争法》《中华人民共和国商标法》等。

2. 法规

法规包括行政法规和地方性法规。行政法规是指国务院根据宪法和法律的规定，在其职权范围内制定的有关国家行政管理活动的规范性文件。行政法规不得与宪法和法律相抵触。地方性法规是指省、自治区、直辖市和较大的市的人民代表大会及其常务委员会根据本行政区域的具体情况和实际需要制定的规范性文件。地方性法规不得与宪法、法律和行政法规相抵触，且仅在本地区内有效。

3. 规章

规章包括部门规章和地方政府规章。部门规章是指国务院各部、委员会、中国人民银行、审计署和具有管理职能的直属机构，根据法律和国务院的行政法规、决定、命令，在本部门的权限范围内制定的规范性文件。部门规章一般在全国范围内有效。地方政府规章是指省、自治区、直辖市和较大的市的人民政府，根据法律、行政法规和本省、自治区的地方性法规制定的规范性文件的总称。地方政府规章仅在本地区内有效。

4. 其他规范性文件

这类规范性文件不属于法律、行政法规和部门规章，也不属于标准等技术规范，如国务院或个别行政部门所发布的各种通知，地方政府相关行政部门制定的管理办法等。这类规范性文件同样是食品法律法规体系的重要组成部分，例如，《国务院关于进一步加强食品安全工作的决定》《食品生产企业危害分析与关键控制点（HACCP）管理体系认证管理规定》等。

近年来，我国制定了一系列食品法规及规章。在食品及食品原料管理方面，制定了《食品生产许可管理办法》《食品添加剂生产监督管理规定》《新食品原料安全性审查管理办法》《食品添加剂新品种管理办法》《保健食品注册与备案管理办法》等。在食品包装材料和容器管理方面，制定了《食品用纸包装、容器等制品生产许可实施细则》等。在餐饮业和学生集体用餐、食品流通监督管理方面，制定了《食品经营许可管理办法》等。

在加大食品生产经营阶段的立法力度的同时，我国也加强了农产品种植、养殖阶段，以及环境保护等方面的立法，颁布实施了《农药管理条例》《兽药管理条例》《饲料和饲料添加剂管理条例》《农业转基因生物安全管理条例》《中华人民共和国动物防疫法》《生猪屠宰管理条例》《植物检疫条例》《中华人民共和国进出境动植物检疫法》《中华人民共和国环境保护法》《中华人民共和国海洋环境保护法》《中华人民共和国水污染防治法》《中华人民共和国大气污染防治法》《中华人民共和国固体废物污染环境防治法》等。

二、我国食品安全法律法规的发展进程

我国食品安全法制化进程始于 20 世纪 50 年代，大体分为以下 4 个阶段：

20 世纪 50 年代到 60 年代是第一个阶段。这个时期是我国食品安全工作的起步阶段，卫生部和有关部门发布了一些单项规章和标准对食品卫生进行监督管理。例如，1953 年，卫生部颁布了《清凉饮食物管理暂行办法》，这是我国第一个食品卫生法规，扭转了当时因冷饮不卫生引起食物中毒和肠道疾病暴发的状况。1960 年，国务院颁布了《食用合成染料管理办法》，纠正了当时滥用有毒、有致癌风险色素的现象等。这个时期还先后颁布了有关粮、油、肉、蛋、酒、乳的卫生标准和管理办法。1965 年，卫生部、商业部等五部委制定的《食品卫生管理试行条例》发布，强调加强食品卫生管理是保证食品质量，增进人民身体健康，防止食物中毒和肠道传染病的一项重要措施，食品卫生管理从此由单项管理向全面管理过渡。

20 世纪 70 年代到 80 年代是第二个阶段。这个时期，卫生部会同有关部门制定、修订了调味品、食品添加剂、汞、黄曲霉毒素等食品卫生标准，微生物、理化和放射性物质等检验方法标准以及食品容器、包装材料标准。国务院高度重视食品卫生工作，1978 年，国务院批准由卫生部牵头，会同其他有关部委组成"全国食品卫生领导小组"，开展食品污染治理工作。1979 年，国务院正式颁发《中华人民共和国食品卫生管理条例》，将食品卫生管理重点

从预防肠道传染病发展到防止一切食源性疾患，并针对食品卫生标准、食品卫生要求、食品（包括进出口食品）卫生管理等方面进行了较详细的规定。在总结30多年食品卫生工作经验和教训的基础上，1982年11月19日，第五届全国人民代表大会常务委员会第二十五次会议通过《中华人民共和国食品卫生法（试行）》，这是我国在食品卫生方面颁布的第一部法律，也是一部内容比较完整、比较系统的法律，该法对食品、食品添加剂、食品容器、包装材料和食品用工具、设备等方面的卫生要求、食品卫生标准和管理办法的制定、食品卫生管理和监督、法律责任等都进行了翔实的规定，为《中华人民共和国食品卫生法》的制定和颁布奠定了坚实的基础。

20世纪90年代到2008年是第三个阶段。1995年10月30日，第八届全国人民代表大会常务委员会第十六次会议通过《中华人民共和国食品卫生法》，该法是在总结《中华人民共和国食品卫生法（试行）》施行十多年的经验的基础上，结合我国市场经济发展的实际情况制定的，它保留了《中华人民共和国食品卫生法（试行）》的章节结构和食品卫生要求及管理的基本规定，对试行法中某些不适应社会主义市场经济发展的规定进行了必要的修改和补充。

2009年至今是第四个阶段。2009年2月28日，第十一届全国人民代表大会常务委员会第七次会议通过《中华人民共和国食品安全法》，自2009年6月1日起施行，《中华人民共和国食品卫生法》同时废止。2009年7月8日，国务院第73次常务会议通过《中华人民共和国食品安全法实施条例》，2009年7月20日公布，自公布之日起施行。《中华人民共和国食品安全法》对法律责任进行了细化和加强，成为我国食品安全法制建设的重要里程碑，掀开了食品安全工作新的重要篇章，标志着我国食品安全管理工作进入了法制化管理的新阶段。2015年4月24日，第十二届全国人民代表大会常务委员会第十四次会议修订《中华人民共和国食品安全法》，自2015年10月1日起施行。2018年12月29日，第十三届全国人民代表大会常务委员会第七次会议对《中华人民共和国食品安全法》进行了修正。

目前，我国以《中华人民共和国食品安全法》为核心，辅之以相关法律、法规和规章，形成了比较完备的食品安全法律法规体系。

第二节 中华人民共和国食品安全法

一、《中华人民共和国食品安全法》的主要内容

（一）食品安全风险监测和评估

国家建立食品安全风险监测制度，对食源性疾病、食品污染以及食品中的有害因素进行监测。承担食品安全风险监测工作的技术机构应当根据食品安全风险监测计划和监测方案开展监测工作，保证监测数据真实、准确，并按照食品安全风险监测计划和监测方案的要求报

送监测数据和分析结果。国家建立食品安全风险评估制度，运用科学方法，根据食品安全风险监测信息、科学数据以及有关信息，对食品、食品添加剂、食品相关产品中生物性、化学性和物理性危害因素进行风险评估。国务院卫生行政部门负责组织食品安全风险评估工作，成立由医学、农业、食品、营养、生物、环境等方面的专家组成的食品安全风险评估专家委员会进行食品安全风险评估。有下列情形之一的，应当进行食品安全风险评估：①通过食品安全风险监测或者接到举报发现食品、食品添加剂、食品相关产品可能存在安全隐患的；②为制定或者修订食品安全国家标准提供科学依据需要进行风险评估的；③为确定监督管理的重点领域、重点品种需要进行风险评估的；④发现新的可能危害食品安全因素的；⑤需要判断某一因素是否构成食品安全隐患的；⑥国务院卫生行政部门认为需要进行风险评估的其他情形。经食品安全风险评估，得出食品、食品添加剂、食品相关产品不安全结论的，国务院食品安全监督管理等部门应当依据各自职责立即向社会公告，告知消费者停止食用或者使用，并采取相应措施，确保该食品、食品添加剂、食品相关产品停止生产经营；需要制定、修订相关食品安全国家标准的，国务院卫生行政部门应当会同国务院食品安全监督管理部门立即制定、修订。国务院食品安全监督管理部门应当会同国务院有关部门，根据食品安全风险评估结果、食品安全监督管理信息，对食品安全状况进行综合分析。对经综合分析表明可能具有较高程度安全风险的食品，国务院食品安全监督管理部门应当及时提出食品安全风险警示，并向社会公布。

（二）食品安全标准

制定食品安全标准，应当以保障公众身体健康为宗旨，做到科学合理、安全可靠。食品安全标准是强制执行的标准。除食品安全标准外，不得制定其他的食品强制性标准。食品安全标准应当包括下列内容：①食品、食品添加剂、食品相关产品中的致病性微生物，农药残留、兽药残留、生物毒素、重金属等污染物质以及其他危害人体健康物质的限量规定；②食品添加剂的品种、使用范围、用量；③专供婴幼儿和其他特定人群的主辅食品的营养成分要求；④对与卫生、营养等食品安全要求有关的标签、标志、说明书的要求；⑤食品生产经营过程的卫生要求；⑥与食品安全有关的质量要求；⑦与食品安全有关的食品检验方法与规程；⑧其他需要制定为食品安全标准的内容。

食品安全国家标准由国务院卫生行政部门会同国务院食品安全监督管理部门制定、公布，国务院标准化行政部门提供国家标准编号。食品安全国家标准应当经国务院卫生行政部门组织的食品安全国家标准审评委员会审查通过。对地方特色食品，没有食品安全国家标准的，省、自治区、直辖市人民政府卫生行政部门可以制定并公布食品安全地方标准，报国务院卫生行政部门备案。食品安全国家标准制定后，该地方标准即行废止。国家鼓励食品生产企业制定严于食品安全国家标准或者地方标准的企业标准，在本企业适用，并报省、自治区、直辖市人民政府卫生行政部门备案。

（三）食品生产经营

1. 一般规定

（1）食品生产经营应当符合食品安全标准，并符合《中华人民共和国食品安全法》第三十三条的规定。

（2）禁止生产经营下列食品、食品添加剂、食品相关产品：①用非食品原料生产的食品或者添加食品添加剂以外的化学物质和其他可能危害人体健康物质的食品，或者用回收食品作为原料生产的食品；②致病性微生物，农药残留、兽药残留、生物毒素、重金属等污染物质以及其他危害人体健康的物质含量超过食品安全标准限量的食品、食品添加剂、食品相关产品；③用超过保质期的食品原料、食品添加剂生产的食品、食品添加剂；④超范围、超限量使用食品添加剂的食品；⑤营养成分不符合食品安全标准的专供婴幼儿和其他特定人群的主辅食品；⑥腐败变质、油脂酸败、霉变生虫、污秽不洁、混有异物、掺假掺杂或者感官性状异常的食品、食品添加剂；⑦病死、毒死或者死因不明的禽、畜、兽、水产动物肉类及其制品；⑧未按规定进行检疫或者检疫不合格的肉类，或者未经检验或者检验不合格的肉类制品；⑨被包装材料、容器、运输工具等污染的食品、食品添加剂；⑩标注虚假生产日期、保质期或者超过保质期的食品、食品添加剂；⑪无标签的预包装食品、食品添加剂；⑫国家为防病等特殊需要明令禁止生产经营的食品；⑬其他不符合法律、法规或者食品安全标准的食品、食品添加剂、食品相关产品。

（3）国家对食品生产经营实行许可制度。从事食品生产、食品销售、餐饮服务，应当依法取得许可。但是，销售食用农产品，不需要取得许可。国家对食品添加剂生产实行许可制度。从事食品添加剂生产，应当具有与所生产食品添加剂品种相适应的场所、生产设备或者设施、专业技术人员和管理制度，并依照《中华人民共和国食品安全法》规定的程序，取得食品添加剂生产许可。生产食品添加剂应当符合法律、法规和食品安全国家标准。

（4）利用新的食品原料生产食品，或者生产食品添加剂新品种、食品相关产品新品种，应当向国务院卫生行政部门提交相关产品的安全性评估材料。食品添加剂应当在技术上确有必要且经过风险评估证明安全可靠，方可列入允许使用的范围。食品生产经营者应当按照食品安全国家标准使用食品添加剂。

（5）国家建立食品安全全程追溯制度。食品生产经营者应当依照《中华人民共和国食品安全法》的规定，建立食品安全追溯体系，保证食品可追溯。国家鼓励食品生产经营者采用信息化手段采集、留存生产经营信息，建立食品安全追溯体系。国家鼓励食品生产经营企业参加食品安全责任保险。

2. 生产经营过程控制

（1）食品生产经营企业应当建立健全食品安全管理制度，对职工进行食品安全知识培训，加强食品检验工作，依法从事生产经营活动。食品生产经营企业的主要负责人应当落实企业食品安全管理制度，对本企业的食品安全工作全面负责。食品生产经营企业应当配备食品安全管理人员，加强对其培训和考核。经考核不具备食品安全管理能力的，不得上岗。

（2）国家鼓励食品生产经营企业符合良好生产规范要求，实施危害分析与关键控制点体系，提高食品安全管理水平。

（3）食品生产经营者应当建立并执行从业人员健康管理制度。患有国务院卫生行政部门规定的有碍食品安全疾病的人员，不得从事接触直接入口食品的工作。食品生产企业应当建立食品原料、食品添加剂、食品相关产品进货查验记录制度；应当建立出厂检验记录制度。食品、食品添加剂、食品相关产品的生产者，应当按照食品安全标准对所生产的食品、食品添加剂、食品相关产品进行检验，检验合格后方可出厂或者销售。

（4）食用农产品生产者应当按照食品安全标准和国家有关规定使用农药、肥料、兽药、饲料和饲料添加剂等农业投入品。食用农产品的生产企业和农民专业合作经济组织应当建立农业投入品使用记录制度。

（5）食品生产者采购食品原料、食品添加剂、食品相关产品，应当查验供货者的许可证和产品合格证明文件；对无法提供合格证明文件的食品原料，应当依照食品安全标准进行检验；不得采购或者使用不符合食品安全标准的食品原料、食品添加剂、食品相关产品。

（6）学校、托幼机构、养老机构、建筑工地等集中用餐单位的食堂应当严格遵守法律、法规和食品安全标准；从供餐单位订餐的，应当从取得食品生产经营许可的企业订购，并按照要求对订购的食品进行查验。餐饮服务提供者应当制定并实施原料控制要求，不得采购不符合食品安全标准的食品原料；应当定期维护食品加工、贮存、陈列等设施、设备，定期清洗、校验保温设施及冷藏、冷冻设施。餐具、饮具集中消毒服务单位应当具备相应的作业场所、清洗消毒设备或者设施，用水和使用的洗涤剂、消毒剂应当符合相关食品安全国家标准和其他国家标准、卫生规范。

（7）集中交易市场的开办者、柜台出租者和展销会举办者，应当依法审查入场食品经营者的许可证，明确其食品安全管理责任，定期对其经营环境和条件进行检查，发现其有违反《中华人民共和国食品安全法》规定行为的，应当及时制止并立即报告所在地县级人民政府食品安全监督管理部门。网络食品交易第三方平台提供者应当对入网食品经营者进行实名登记，明确其食品安全管理责任；依法应当取得许可证的，还应当审查其许可证。

（8）国家建立食品召回制度。食品生产者发现其生产的食品不符合食品安全国家标准或者有证据证明可能危害人体健康的，应当立即停止生产，召回已经上市销售的食品，通知相关生产经营者和消费者，并记录召回和通知情况。食品经营者发现其经营的食品有上述规定情形的，应当立即停止经营，通知相关生产经营者和消费者，并记录停止经营和通知情况。食品生产者认为应当召回的，应当立即召回。食品生产者应当对召回的食品采取无害化处理、销毁等措施，防止其再次流入市场。

3. 标签、说明书和广告

（1）预包装食品的包装上应当有标签。食品添加剂应当有标签、说明书和包装。食品和食品添加剂的标签、说明书，不得含有虚假内容，不得涉及疾病预防、治疗功能。生产经营者对其提供的标签、说明书的内容负责。

（2）食品广告的内容应当真实合法，不得含有虚假内容，不得涉及疾病预防、治疗功能。

4. 特殊食品

（1）国家对保健食品、特殊医学用途配方食品和婴幼儿配方食品等特殊食品实行严格监督管理。

（2）保健食品原料目录和允许保健食品声称的保健功能目录，由国务院食品安全监督管理部门会同国务院卫生行政部门、国家中医药管理部门制定、调整并公布。

（3）保健食品的标签、说明书不得涉及疾病预防、治疗功能，内容应当真实，与注册或者备案的内容相一致，载明适宜人群、不适宜人群、功效成分或者标志性成分及其含量等，并声明"本品不能代替药物"。保健食品的功能和成分应当与标签、说明书相一致。

（4）特殊医学用途配方食品、婴幼儿配方乳粉的产品配方应当经国务院食品安全监督管理部门注册。

（5）生产保健食品，特殊医学用途配方食品、婴幼儿配方食品和其他专供特定人群的主辅食品的企业，应当按照良好生产规范的要求建立与所生产食品相适应的生产质量管理体系，定期对该体系的运行情况进行自查，保证其有效运行，并向所在地县级人民政府食品安全监督管理部门提交自查报告。

（四）食品检验

食品检验机构按照国家有关认证认可的规定取得资质认定后，方可从事食品检验活动。但是，法律另有规定的除外。食品检验由食品检验机构指定的检验人独立进行。县级以上人民政府食品安全监督管理部门应当对食品进行定期或者不定期的抽样检验，并依据有关规定公布检验结果，不得免检。食品生产经营企业可以自行对所生产的食品进行检验，也可以委托符合《中华人民共和国食品安全法》规定的食品检验机构进行检验。

（五）食品进出口

进口的食品、食品添加剂、食品相关产品应当符合我国食品安全国家标准。进口尚无食品安全国家标准的食品，由境外出口商、境外生产企业或者其委托的进口商向国务院卫生行政部门提交所执行的相关国家（地区）标准或者国际标准。国务院卫生行政部门对相关标准进行审查，认为符合食品安全要求的，决定暂予适用，并及时制定相应的食品安全国家标准。进口利用新的食品原料生产的食品或者进口食品添加剂新品种、食品相关产品新品种，依照《中华人民共和国食品安全法》第三十七条的规定办理。境外发生的食品安全事件可能对我国境内造成影响，或者在进口食品、食品添加剂、食品相关产品中发现严重食品安全问题的，国家出入境检验检疫部门应当及时采取风险预警或者控制措施，并向国务院食品安全监督管理、卫生行政、农业行政部门通报。接到通报的部门应当及时采取相应措施。

进口的预包装食品、食品添加剂应当有中文标签；依法应当有说明书的，还应当有中文说明书。进口商应当建立食品、食品添加剂进口和销售记录制度，如实记录食品、食品添加剂的名称、规格、数量、生产日期、生产或者进口批号、保质期、境外出口商和购货者名称、地址及联系方式、交货日期等内容，并保存相关凭证。

出口食品生产企业应当保证其出口食品符合进口国（地区）的标准或者合同要求。出口食品生产企业和出口食品原料种植、养殖场应当向国家出入境检验检疫部门备案。

（六）食品安全事故处置

县级以上地方人民政府应当根据有关法律、法规的规定和上级人民政府的食品安全事故应急预案以及本行政区域的实际情况，制定本行政区域的食品安全事故应急预案，并报上一级人民政府备案。县级以上人民政府农业行政等部门在日常监督管理中发现食品安全事故或者接到事故举报，应当立即向同级食品安全监督管理部门通报。发生食品安全事故，接到报告的县级人民政府食品安全监督管理部门应当按照应急预案的规定向本级人民政府和上级人民政府食品安全监督管理部门报告。县级人民政府和上级人民政府食品安全监督管理部门应当按照应急预案的规定上报。

（七）监督管理

食品安全年度监督管理计划应当将下列事项作为监督管理的重点：①专供婴幼儿和其他特定人群的主辅食品；②保健食品生产过程中的添加行为和按照注册或者备案的技术要求组织生产的情况，保健食品标签、说明书以及宣传材料中有关功能宣传的情况；③发生食品安全事故风险较高的食品生产经营者；④食品安全风险监测结果表明可能存在食品安全隐患的事项。

县级以上地方人民政府组织本级食品安全监督管理、农业行政等部门制定本行政区域的食品安全年度监督管理计划，向社会公布并组织实施。县级以上人民政府食品安全监督管理部门应当建立食品生产经营者食品安全信用档案，记录许可颁发、日常监督检查结果、违法行为查处等情况，依法向社会公布并实时更新；对有不良信用记录的食品生产经营者增加监督检查频次，对违法行为情节严重的食品生产经营者，可以通报投资主管部门、证券监督管理机构和有关的金融机构。

国家建立统一的食品安全信息平台，实行食品安全信息统一公布制度。国家食品安全总体情况、食品安全风险警示信息、重大食品安全事故及其调查处理信息和国务院确定需要统一公布的其他信息由国务院食品安全监督管理部门统一公布。县级以上人民政府食品安全监督管理、农业行政部门依据各自职责公布食品安全日常监督管理信息。

（八）法律责任

违反《中华人民共和国食品安全法》规定，未取得食品生产经营许可从事食品生产经营活动，或者未取得食品添加剂生产许可从事食品添加剂生产活动的，由县级以上人民政府食品安全监督管理部门没收违法所得和违法生产经营的食品、食品添加剂以及用于违法生产经营的工具、设备、原料等物品；违法生产经营的食品、食品添加剂货值金额不足一万元的，并处五万元以上十万元以下罚款；货值金额一万元以上的，并处货值金额十倍以上二十倍以下罚款。

违反《中华人民共和国食品安全法》规定，食品检验机构、食品检验人员出具虚假检验报告的，由授予其资质的主管部门或者机构撤销该食品检验机构的检验资质，没收所收取的检验费用，并处检验费用五倍以上十倍以下罚款，检验费用不足一万元的，并处五万元以上十万元以下罚款；依法对食品检验机构直接负责的主管人员和食品检验人员给予撤职或者开除处分。

违反《中华人民共和国食品安全法》规定，县级以上人民政府食品安全监督管理、卫生行政、农业行政等部门有下列行为之一，造成不良后果的，对直接负责的主管人员和其他直接责任人员给予警告、记过或者记大过处分；情节较重的，给予降级或者撤职处分；情节严重的，给予开除处分：①在获知有关食品安全信息后，未按规定向上级主管部门和本级人民政府报告，或者未按规定相互通报；②未按规定公布食品安全信息；③不履行法定职责，对查处食品安全违法行为不配合，或者滥用职权、玩忽职守、徇私舞弊。

二、《中华人民共和国食品安全法》的适用范围

在中华人民共和国境内从事下列活动，均应当遵守《中华人民共和国食品安全法》：

（1）食品生产和加工（以下称食品生产），食品销售和餐饮服务（以下称食品经营）。

食品，指各种供人食用或者饮用的成品和原料以及按照传统既是食品又是中药材的物品，但是不包括以治疗为目的的物品。

（2）食品添加剂的生产经营。

食品添加剂，指为改善食品品质和色、香、味以及为防腐、保鲜和加工工艺的需要而加入食品中的人工合成或者天然物质，包括营养强化剂。

（3）用于食品的包装材料、容器、洗涤剂、消毒剂和用于食品生产经营的工具、设备（以下称食品相关产品）的生产经营。

用于食品的包装材料和容器，指包装、盛放食品或者食品添加剂用的纸、竹、木、金属、搪瓷、陶瓷、塑料、橡胶、天然纤维、化学纤维、玻璃等制品和直接接触食品或者食品添加剂的涂料。

用于食品的洗涤剂、消毒剂，指直接用于洗涤或者消毒食品、餐具、饮具以及直接接触食品的工具、设备或者食品包装材料和容器的物质。

用于食品生产经营的工具、设备，指在食品或者食品添加剂生产、销售、使用过程中直接接触食品或者食品添加剂的机械、管道、传送带、容器、用具、餐具等。

（4）食品生产经营者使用食品添加剂、食品相关产品。

（5）食品的贮存和运输。

（6）对食品、食品添加剂和食品相关产品的安全管理。

供食用的源于农业的初级产品（以下称食用农产品）的质量安全管理，遵守《中华人民共和国农产品质量安全法》的规定。但是，食用农产品的市场销售、有关质量安全标准的制定、有关安全信息的公布和本法对农业投入品作出规定的，应当遵守《中华人民共和国食品安全法》的规定。

三、《中华人民共和国食品安全法》与《中华人民共和国食品卫生法》的比较

与《中华人民共和国食品卫生法》相比，《中华人民共和国食品安全法》具有以下特点：

（1）调整范围更广

与食品安全相比，食品卫生无法涵盖作为食品源头的农产品种植、养殖等环节。《中华人民共和国食品安全法》涵盖了"从农田到餐桌"的全过程，对涉及食品安全的相关问题（如食品添加剂的生产经营）等都作出了全面规定。

（2）进一步明确和完善了食品安全的监管体制

《中华人民共和国食品卫生法》侧重于规范食品生产经营活动，《中华人民共和国食品安全法》则侧重于明确监管体制，加强对食品的内在安全因素的控制。

长期以来，我国食品安全实施的分段监管体制屡遭诟病。各部门重复监管、多头监管，并且由于职责不清，出现了监管的空白地带。《中华人民共和国食品安全法》进一步明确了食品安全的监管体制，划分了各部门具体的监管职责。2010年2月设立国务院食品安全委员会，作为国务院食品安全工作的高层次议事协调机构。2018年3月，根据第十三届全国人民代表大会第一次会议批准的国务院机构改革方案，国务院食品安全委员会具体工作由国家市场监督管理总局承担。2018年3月新组建的国家卫生健康委员会负责食品安全风险评估、监测工作，会同国家市场监督管理总局等部门制定、实施食品安全风险监测计划，制定并公布食品安全国家标准。国家市场监督管理总局负责对食品生产经营活动实施监督管理。国务院其他有关部门依照《中华人民共和国食品安全法》和国务院规定的职责，承担有关食品安全工作。

（3）强调了生产经营者对其生产经营食品的安全责任

《中华人民共和国食品安全法》规定，食品生产经营者应当依照法律、法规和食品安全标准从事生产经营活动，保证食品安全，诚信自律，对社会和公众负责，接受社会监督，承担社会责任。

（4）增加了消费者权益

消费者因不符合食品安全标准的食品受到损害的，可以向经营者要求赔偿损失，也可以向生产者要求赔偿损失。

生产不符合食品安全标准的食品或者经营明知是不符合食品安全标准的食品，消费者除要求赔偿损失外，还可以向生产者或者经营者要求支付赔偿金。

第三节　中华人民共和国产品质量法

《中华人民共和国产品质量法》1993 年 2 月 22 日第七届全国人民代表大会常务委员会第三十次会议通过，根据 2000 年 7 月 8 日第九届全国人民代表大会常务委员会第十六次会议《关于修改〈中华人民共和国产品质量法〉的决定》第一次修正；根据 2009 年 8 月 27 日第十一届全国人民代表大会常务委员会第十次会议《关于修改部分法律的决定》第二次修正；根据 2018 年 12 月 29 日第十三届全国人民代表大会常务委员会第七次会议《关于修改〈中华人民共和国产品质量法〉等五部法律的决定》第三次修正。

一、产品质量法的含义及调整对象

产品质量法是调整产品质量监督管理关系和产品质量责任关系的法律规范的总称，这是对产品质量法含义的基本界定。广义的产品质量法包括所有调整产品质量及产品责任关系的法律、法规。我们通常所说的产品质量法是指狭义的产品质量法，即《中华人民共和国产品质量法》。

产品质量法的调整对象：第一，产品质量监督管理关系。这一关系是发生在行政机关在履行产品监督管理职能的过程中与生产经营者之间的关系，是管理、监督与被管理、被监督的关系。第二，产品质量责任关系。这一关系是发生在生产经营者与消费者、用户及其相关第三人之间的，因产品质量问题引发的损害赔偿责任关系，是一种在商品交易关系中发生的平等主体间的经济关系。

二、产品质量法的适用范围

（一）产品质量法的主体适用范围

产品质量法的适用主体非常广泛，主要包括：

（1）市场监督管理部门。包括国务院市场监督管理部门和县级以上地方人民政府市场监督管理部门。

（2）保护消费者权益的社会组织。包括各级消费者协会、用户委员会等。

（3）用户。将产品用于集团性消费的企业、事业单位和其他社会组织。

（4）消费者。将产品用于生活性消费的社会个体成员。

（5）受害者。因产品存在缺陷而招致人身、财产损害，从而有权要求获得损害赔偿的人，包括自然人、法人与社会组织。

（6）产品责任主体。产品责任的承担者。

（二）产品质量法的客体适用范围

产品质量法的适用客体即产品。

1. 产品的含义

《中华人民共和国产品质量法》第二条第二款规定："本法所称产品是指经过加工、制作，用于销售的产品。"同时又规定："建设工程不适用本法规定；但是，建设工程使用的建筑材料、建筑构配件和设备，属于前款规定的产品范围的，适用本法规定。"第七十三条规定："军工产品质量监督管理办法，由国务院、中央军事委员会另行制定。"

由此可见，下列物品不适用《中华人民共和国产品质量法》：（1）天然物品，如煤、油、水等；（2）农副产品；（3）初级加工品；（4）建筑工程；（5）专门用于军事的物品；（6）人体的器官及其组织体。

2. 产品质量的含义与分类

产品质量是指产品满足需要的适用性、安全性、可用性、可靠性、维修性、经济性和环境等所具有的特征和特性的总和。在我国，产品质量可以界定为：国家有关法律、法规、质量标准规定的以及合同约定的对产品适用性、安全性和其他特性的要求。

根据"需要"是否符合法律的规定，是否满足用户、消费者的要求，以及符合、满足的程度，产品质量可分为合格与不合格两大类。其中，合格又分为符合国家质量标准、符合部级质量标准及行业质量标准、符合地方质量标准和符合企业自定质量标准四类。产品质量不合格包括：（1）瑕疵。指产品质量不符合用户、消费者所需的某些要求，但不存在危及人身、财产安全的不合理危险，或者未丧失原有的使用价值。产品瑕疵可分为表面瑕疵和隐蔽瑕疵两种。（2）缺陷。指产品存在危及人身、他人财产安全的不合理的危险；产品有保障人体健康和人身、财产安全的国家标准、行业标准的，是指不符合该标准。（3）劣质。指产品标明的成分的含量与法律规定的标准不符，或已超过有效使用期限。（4）假冒。指产品根本未含法律规定的标准的内容，以及非法生产、已经变质而根本不能作为某产品使用。

三、产品质量的监督管理体制

《中华人民共和国产品质量法》规定：国务院市场监督管理部门主管全国产品质量监督工作。国务院有关部门在各自的职责范围内负责产品质量监督工作。县级以上地方市场监督管理部门主管本行政区域内的产品质量监督工作。县级以上地方人民政府有关部门在各自的职责范围内负责产品质量监督工作。这就确立了统一管理与分工管理、层次管理与地域管理相结合的原则。

四、产品质量监督管理制度

（一）产品质量检验管理制度

产品质量检验是指按照特定的标准对产品质量进行检测，以判明产品是否合格的活动。

（二）标准化管理制度

产品标准化管理制度包括两个方面，即产品质量标准的制定和产品质量标准的实施。

（三）企业质量体系认证制度

国家根据国际通用的质量管理标准，推行企业质量体系认证制度。企业根据自愿原则可以向国务院市场监督管理部门认可的或者国务院市场监督管理部门授权的部门认可的认证机构申请企业质量体系认证。经认证合格的，由认证机构颁发企业质量体系认证证书。

（四）产品质量认证制度

国家参照国际先进的产品标准和技术要求，推行产品质量认证制度。企业根据自愿原则可以向国务院市场监督管理部门认可的或者国务院市场监督管理部门授权的部门认可的认证机构申请产品质量认证。经认证合格的，由认证机构颁发产品质量认证证书，准许企业在产品或者其包装上使用产品质量认证标志。

（五）产品质量监督检查制度

国家对产品质量实行以抽查为主要方式的监督检查制度，对可能危及人体健康和人身、财产安全的产品，影响国计民生的重要工业产品以及消费者、有关组织反映有质量问题的产品进行抽查。抽查的样品应当在市场上或者企业成品仓库内的待销产品中随机抽取。监督抽查工作由国务院市场监督管理部门规划和组织。县级以上地方市场监督管理部门在本行政区域内也可以组织监督抽查。法律对产品质量的监督检查另有规定的，依照有关法律的规定执行。

（六）奖惩制度

国家鼓励推行科学的质量管理方法，采用先进的科学技术，鼓励企业产品质量达到并且超过行业标准、国家标准和国际标准。对产品质量管理先进和产品质量达到国际先进水平、成绩显著的单位和个人，给予奖励。对违反《中华人民共和国产品质量法》的单位和个人，规定了民事责任、行政责任和刑事责任。

五、生产者、销售者的产品质量责任和义务

（一）生产者的产品质量责任和义务

生产者应当对其生产的产品质量负责。产品或者其包装上的标识必须真实，并符合要求。易碎、易燃、易爆、有毒、有腐蚀性、有放射性等危险物品以及储运中不能倒置和其他有特殊要求的产品，其包装质量必须符合相应要求，依照国家有关规定作出警示标志或者中文警示说明，标明储运注意事项。

生产者不得生产国家明令淘汰的产品。生产者不得伪造产地，不得伪造或者冒用他人的厂名、厂址。生产者不得伪造或者冒用认证标志等质量标志。生产者生产产品，不得掺杂、

掺假，不得以假充真、以次充好，不得以不合格产品冒充合格产品。

（二）销售者的产品质量责任和义务

销售者应当建立并执行进货检查验收制度，验明产品合格证明和其他标识。销售者应当采取措施，保持销售产品的质量。销售者销售的产品的标识应当符合《中华人民共和国产品质量法》第二十七条的规定。

销售者不得销售国家明令淘汰并停止销售的产品和失效、变质的产品。销售者不得伪造产地，不得伪造或者冒用他人的厂名、厂址。销售者不得伪造或者冒用认证标志等质量标志。销售者销售产品，不得掺杂、掺假，不得以假充真、以次充好，不得以不合格产品冒充合格产品。

六、产品质量法律责任

（一）产品质量法律责任的含义

产品质量法律责任指生产者、销售者以及对产品质量负有直接责任的责任者，因违反产品质量法规定的产品质量义务所应承担的法律责任主要包括行政责任、刑事责任及民事责任。民事责任包括合同责任和侵权责任。

1. 合同责任

合同责任，亦称瑕疵责任或瑕疵担保责任。它是指产品不具备产品应当具备的使用性能而事先未作说明，不符合在产品或者其包装上注明采用的产品标准或不符合以产品说明、实物样品等方式表明的质量状况而产生的法律责任。

合同责任的具体形式包括：销售者应当负责修理、更换、退货；给购买产品的消费者造成损失的，销售者应当赔偿损失。销售者依照前款规定负责修理、更换、退货、赔偿损失后，属于生产者的责任或者属于向销售者提供产品的其他销售者（以下简称供货者）的责任的，销售者有权向生产者、供货者追偿。销售者未按照第一款规定给予修理、更换、退货或者赔偿损失的，由市场监督管理部门责令改正。

2. 侵权责任

侵权责任也就是通常所说的产品责任，是基于产品存在缺陷并导致消费者、用户和相关第三人人身、财产遭受损害的前提而发生的法律责任。

（1）产品责任的构成要件

产品责任由3个要件构成：①产品有缺陷；②损害事实存在；③产品缺陷与损害事实之间有因果关系。

（2）产品责任的免除

生产者能够证明有下列情形之一的，不承担赔偿责任：①未将产品投入流通的；②产品投入流通时，引起损害的缺陷尚不存在的；③将产品投入流通时的科学技术水平尚不能发现缺陷的存在的。

（3）产品责任的诉讼时效

因产品存在缺陷造成损害要求赔偿的诉讼时效期间为二年，自当事人知道或者应当知道其权益受到损害时起计算。

因产品存在缺陷造成损害要求赔偿的请求权，在造成损害的缺陷产品交付最初消费者满十年丧失；但是，尚未超过明示的安全使用期的除外。

（二）产品质量争议处理

《中华人民共和国产品质量法》规定：因产品质量发生民事纠纷时，当事人可能通过协商或者调解解决。当事人不愿通过协商、调解解决或者协商、调解不成的，可以根据当事人各方的协议向仲裁机构申请仲裁；当事人各方没有达成仲裁协议或者仲裁协议无效的，可以直接向人民法院起诉。

第四节　我国与食品相关的其他法律法规

一、其他食品相关法律

（一）《中华人民共和国计量法》

《中华人民共和国计量法》1985 年 9 月 6 日第六届全国人民代表大会常务委员会第十二次会议通过。根据 2009 年 8 月 27 日第十一届全国人民代表大会常务委员会第十次会议《关于修改部分法律的决定》第一次修正；根据 2013 年 12 月 28 日第十二届全国人民代表大会常务委员会第六次会议《关于修改〈中华人民共和国海洋环境保护法〉等七部法律的决定》第二次修正；根据 2015 年 4 月 24 日第十二届全国人民代表大会常务委员会第十四次会议《关于修改〈中华人民共和国计量法〉等五部法律的决定》第三次修正；根据 2017 年 12 月 27 日第十二届全国人民代表大会常务委员会第三十一次会议《关于修改〈中华人民共和国招标投标法〉、〈中华人民共和国计量法〉的决定》第四次修正；根据 2018 年 10 月 26 日第十三届全国人民代表大会常务委员会第六次会议《关于修改〈中华人民共和国野生动物保护法〉等十五部法律的决定》第五次修正。

1. 调整范围

调整范围包括适用的地域和调整对象。

适用的地域：中华人民共和国境内。

调整对象：一是机关、团体、部队、企业、事业单位和个人之间，在建立计量基准器具、计量标准器具，进行计量检定，制造、修理、销售、使用计量器具等方面所发生的各种法律关系；二是使用计量单位，实施计量监督等方面发生的各种法律关系。

2. 计量监督管理

我国是按行政区划实施计量监督管理的。国务院计量行政部门对全国计量工作实施统一监督管理。县级以上地方人民政府计量行政部门对本行政区域内的计量工作实施监督管理。

3. 计量器具监督管理

县级以上人民政府计量行政部门，根据需要设置计量监督员。计量监督员管理办法，由国务院计量行政部门制定。

（二）《中华人民共和国进出口商品检验法》

《中华人民共和国进出口商品检验法》1989 年 2 月 21 日第七届全国人民代表大会常务委员会第六次会议通过。根据 2002 年 4 月 28 日第九届全国人民代表大会常务委员会第二十七次会议《关于修改〈中华人民共和国进出口商品检验法〉的决定》第一次修正；根据 2013 年 6 月 29 日第十二届全国人民代表大会常务委员会第三次会议《关于修改〈中华人民共和国文物保护法〉等十二部法律的决定》第二次修正；根据 2018 年 4 月 27 日第十三届全国人民代表大会常务委员会第二次会议《关于修改〈中华人民共和国国境卫生检疫法〉等六部法律的决定》第三次修正；根据 2018 年 12 月 29 日第十三届全国人民代表大会常务委员会第七次会议《关于修改〈中华人民共和国产品质量法〉等五部法律的决定》第四次修正。

1. 立法目的

为了加强进出口商品检验工作，规范进出口商品检验行为，维护社会公共利益和进出口贸易有关各方的合法权益，促进对外经济贸易关系的顺利发展。

2. 我国进出口商品检验工作管理体制

国务院设立进出口商品检验部门（以下简称国家商检部门），主管全国进出口商品检验工作。国家商检部门设在各地的进出口商品检验机构（以下简称商检机构）管理所辖地区的进出口商品检验工作。经国家商检部门许可的检验机构，可以接受对外贸易关系人或者外国检验机构的委托，办理进出口商品检验鉴定业务。

3. 进出口商品检验管理的内容

（1）进出口商品检验应当根据保护人类健康和安全、保护动物或者植物的生命和健康、保护环境、防止欺诈行为、维护国家安全的原则，由国家商检部门制定、调整必须实施检验的进出口商品目录（以下简称目录）并公布实施。

（2）必须经商检机构检验的进口商品的收货人或者其代理人，应当在商检机构规定的地点和期限内，接受商检机构对进口商品的检验。必须经商检机构检验的进口商品以外的进口商品的收货人，发现进口商品质量不合格或者残损短缺，需要由商检机构出证索赔的，应当向商检机构申请检验出证。对重要的进口商品和大型的成套设备，收货人应当依据对外贸易合同约定在出口国装运前进行预检验、监造或者监装，主管部门应当加强监督；商检机构根据需要可以派出检验人员参加。

（3）必须经商检机构检验的出口商品的发货人或者其代理人，应当在商检机构规定的地点和期限内，向商检机构报检。为出口危险货物生产包装容器的企业，必须申请商检机构进行包装容器的性能鉴定。生产出口危险货物的企业，必须申请商检机构进行包装容器的使用鉴定。使用未经鉴定合格的包装容器的危险货物，不准出口。对装运出口易腐烂变质食品的船舱和集装箱，承运人或者装箱单位必须在装货前申请检验。未经检验合格的，不准装运。

（4）商检机构对本法规定必须经商检机构检验的商品以外的进出口商品，根据国家规定实施抽查检验。国家商检部门可以公布抽查检验结果或者向有关部门通报抽查检验情况。商检机构根据便利对外贸易的需要，可以按照国家规定对列入目录的出口商品进行出厂前的质量监督管理和检验。国务院认证认可监督管理部门根据国家统一的认证制度，对有关的进出口商品实施认证管理。认证机构可以根据国务院认证认可监督管理部门同外国有关机构签订的协议或者接受外国有关机构的委托进行进出口商品质量认证工作，准许在认证合格的进出口商品上使用质量认证标志。商检机构根据需要，对检验合格的进出口商品，可以加施商检标志或者封识。进出口商品的报检人对商检机构作出的检验结果有异议的，可以向原商检机构或者其上级商检机构以至国家商检部门申请复检，由受理复检的商检机构或者国家商检部门及时作出复检结论。

（三）《中华人民共和国商标法》

《中华人民共和国商标法》1982 年 8 月 23 日第五届全国人民代表大会常务委员会第二十四次会议通过。根据 1993 年 2 月 22 日第七届全国人民代表大会常务委员会第三十次会议《关于修改〈中华人民共和国商标法〉的决定》第一次修正；根据 2001 年 10 月 27 日第九届全国人民代表大会常务委员会第二十四次会议《关于修改〈中华人民共和国商标法〉的决定》第二次修正；根据 2013 年 8 月 30 日第十二届全国人民代表大会常务委员会第四次会议《关于修改〈中华人民共和国商标法〉的决定》第三次修正；根据 2019 年 4 月 23 日第十三届全国人民代表大会常务委员会第十次会议《关于修改〈中华人民共和国商标法〉的决定》第四次修正。

《中华人民共和国商标法》共分八章七十三条，主要规定了商标注册的申请，商标注册的审查和核准，注册商标的续展、变更、转让和使用许可，注册商标的无效宣告，商标使用的管理，注册商标专用权的保护等。

（四）《中华人民共和国消费者权益保护法》

《中华人民共和国消费者权益保护法》1993 年 10 月 31 日第八届全国人民代表大会常务委员会第四次会议通过。根据 2009 年 8 月 27 日第十一届全国人民代表大会常务委员会第十次会议《关于修改部分法律的规定》第一次修正；根据 2013 年 10 月 25 日十二届全国人大常委会第五次会议《关于修改〈中华人民共和国消费者权益保护法〉的决定》第二次修正。

《消费者权益保护法》共分八章六十三条，主要内容包括总则、消费者的权利、经营者的义务、国家对消费者合法权益的保护、消费者组织、争议的解决、法律责任和附则。

1. 消费者的权利

消费者在购买、使用商品和接受服务时享有人身、财产安全不受损害的权利。消费者享有知悉其购买、使用的商品或者接受的服务的真实情况的权利；享有自主选择商品或者服务的权利；享有公平交易的权利。消费者因购买、使用商品或者接受服务受到人身、财产损害的，享有依法获得赔偿的权利。消费者享有依法成立维护自身合法权益的社会组织的权利，享有获得有关消费和消费者权益保护方面的知识的权利。消费者在购买、使用商品和接受服务时，享有人格尊严、民族风俗习惯得到尊重的权利，享有个人信息依法得到保护的权利。消费者享有对商品和服务以及保护消费者权益工作进行监督的权利。

2. 经营者的义务

经营者有听取消费者对其提供的商品或者服务的意见，接受消费者的监督的义务；保证其提供的商品或者服务符合保障人身、财产安全的要求的义务；向消费者提供有关商品或者服务的真实、全面信息的义务；标明其真实名称和标记的义务；出具发票等购货凭证或者服务单据的义务；质量担保义务；不得侵犯人身自由的义务等。

二、其他食品相关行政法规

（一）《乳品质量安全监督管理条例》

《乳品质量安全监督管理条例》2008 年 10 月 6 日国务院第 28 次常务会议通过。

《乳品质量安全监督管理条例》共分八章六十四条，主要内容包括总则、奶畜养殖、生鲜乳收购、乳制品生产、乳制品销售、监督检查、法律责任、附则。

（1）明确监管部门的职责分工并对监管部门的监督检查职责提出严格要求。县级以上地方人民政府对本行政区域内的乳品质量安全监督管理负总责。县级以上人民政府畜牧兽医主管部门负责奶畜饲养以及生鲜乳生产环节、收购环节的监督管理。县级以上质量监督检验检疫部门负责乳制品生产环节和乳品进出口环节的监督管理。县级以上工商行政管理部门负责乳制品销售环节的监督管理。县级以上食品药品监督部门负责乳制品餐饮服务环节的监督管理。县级以上人民政府卫生主管部门依照职权负责乳品质量安全监督管理的综合协调、组织查处食品安全重大事故。县级以上人民政府其他有关部门在各自职责范围内负责乳品质量安全监督管理的其他工作。

（2）追究领导责任。发生乳品质量安全事故，应当依照有关法律、行政法规的规定及时报告、处理；造成严重后果或者恶劣影响的，对有关人民政府、有关部门负有领导责任的负责人依法追究责任。

（3）明确监管部门不履行职责的法律责任。畜牧兽医、卫生、质量监督、工商行政管理等部门，不履行《乳品质量安全监督管理条例》规定职责、造成后果的，或者滥用职权、有其他渎职行为的，由监察机关或者任免机关对其主要负责人、直接负责的主管人员和其他直接责任人员给予记大过或者降级的处分；造成严重后果的，给予撤职或者开除的处分；构成犯罪的，依法追究刑事责任。

（4）对乳品质量安全国家标准作出规定。生鲜乳和乳制品应当符合乳品质量安全国家标准。乳品质量安全国家标准由国务院卫生主管部门组织制定，并根据风险监测和风险评估的结果及时组织修订。乳品质量安全国家标准应当包括乳品中的致病性微生物、农药残留、兽药残留、重金属以及其他危害人体健康物质的限量规定，乳品生产经营过程的卫生要求，通用的乳品检验方法与规程，与乳品安全有关的质量要求，以及其他需要制定为乳品质量安全国家标准的内容。制定婴幼儿奶粉的质量安全国家标准应当充分考虑婴幼儿身体特点和生长发育需要，保证婴幼儿生长发育所需的营养成分。国务院卫生主管部门应当根据疾病信息和监督管理部门的监督管理信息等，对发现添加或者可能添加到乳品中的非食品用化学物质和其他可能危害人体健康的物质，立即组织进行风险评估，采取相应的监测、检测和监督措施。

（二）《生猪屠宰管理条例》

《生猪屠宰管理条例》1997年12月19日中华人民共和国国务院令第238号公布，2007年12月19日国务院第201次常务会议修订通过。根据2011年1月8日《国务院关于废止和修改部分行政法规的决定》第一次修订；根据2016年2月6日《国务院关于修改部分行政法规的决定》第二次修订。

生猪定点屠宰是一项行之有效的重要制度。针对实践中存在的问题，《生猪屠宰管理条例》从4个方面对生猪定点屠宰制度做了进一步完善：一是完善了生猪定点屠宰厂（场）设置规划制度；二是适当上收了审查确定生猪定点屠宰厂（场）的权限；三是加强了监督；四是明确了生猪定点屠宰厂（场）的退出机制。

《生猪屠宰管理条例》规定，国家实行生猪定点屠宰、集中检疫制度。未经定点，任何单位和个人不得从事生猪屠宰活动。但是，农村地区个人自宰自食的除外。

国务院畜牧兽医行政主管部门负责全国生猪屠宰的行业管理工作。县级以上地方人民政府畜牧兽医行政主管部门负责本行政区域内生猪屠宰活动的监督管理。县级以上人民政府有关部门在各自职责范围内负责生猪屠宰活动的相关管理工作。

国家根据生猪定点屠宰厂（场）的规模、生产和技术条件以及质量安全管理状况，推行生猪定点屠宰厂（场）分级管理制度。

生猪定点屠宰厂（场）应当具备下列条件：有与屠宰规模相适应、水质符合国家规定标准的水源条件；有符合国家规定要求的待宰间、屠宰间、急宰间以及生猪屠宰设备和运载工具；有依法取得健康证明的屠宰技术人员；有经考核合格的肉品品质检验人员；有符合国家规定要求的检验设备、消毒设施以及符合环境保护要求的污染防治设施；有病害生猪及生猪产品无害化处理设施；依法取得动物防疫条件合格证。

生猪定点屠宰厂（场）对病害生猪及生猪产品进行无害化处理的费用和损失，按照国务院财政部门的规定，由国家财政予以适当补助。

任何单位和个人不得为未经定点违法从事生猪屠宰活动的单位或者个人提供生猪屠宰场所或者生猪产品储存设施，不得为对生猪或者生猪产品注水或者注入其他物质的单位或者个人提供场所。

（三）《中华人民共和国认证认可条例》

《中华人民共和国认证认可条例》2003年8月20日国务院第18次常务会议通过，2003年9月3日中华人民共和国国务院令第390号公布施行。根据2016年2月6日《国务院关于修改部分行政法规的决定》第一次修正。

《中华人民共和国认证认可条例》确立了以下基本制度：

（1）国家实行统一的认证认可监督管理制度。国家对认证认可工作实行在国务院认证认可监督管理部门统一管理、监督和综合协调下，各有关方面共同实施的工作机制。

（2）国家实行统一的认可制度。国务院认证认可监督管理部门确定的认可机构，独立开展认可活动。除国务院认证认可监督管理部门确定的认可机构外，其他任何单位不得直接或者变相从事认可活动。其他单位直接或者变相从事认可活动的，其认可结果无效。

（3）对认证机构的设立实行许可制度。取得认证机构资质，应当经国务院认证认可监督管理部门批准，并在批准范围内从事认证活动。未经批准，任何单位和个人不得从事认证活动。

（4）对实验室、检查机构能力的认定制度。向社会出具具有证明作用的数据和结果的检查机构、实验室，应当具备有关法律、行政法规规定的基本条件和能力，并依法经认定后，方可从事相应活动，认定结果由国务院认证认可监督管理部门公布。

（5）实行自愿性认证和一定范围内产品必须经过认证（强制性产品认证）相结合的制度。任何法人、组织和个人可以自愿委托依法设立的认证机构进行产品、服务、管理体系认证。为了保护国家安全、防止欺诈行为、保护人体健康或者安全、保护动植物生命或者健康、保护环境，国家规定相关产品必须经过认证的，应当经过认证并标注认证标志后，方可出厂、销售、进口或者在其他经营活动中使用。

（6）允许外资进入并加强监督管理的制度。外商投资企业取得认证机构资质，应当符合《中华人民共和国认证认可条例》规定的条件。

（7）对认证培训机构、认证咨询机构加强监督管理的制度。国务院认证认可监督管理部门应当依法对认证培训机构、认证咨询机构的活动加强监督管理。认证培训机构、认证咨询机构的管理办法由国务院认证认可监督管理部门制定。

第五节　进出口食品监督管理

一、进出口食品安全法律、法规

我国在稳步改进和完善进出口食品安全管理体制的同时，不断加快和完善相关法规体系建设，形成了一套以《中华人民共和国食品安全法》《中华人民共和国进出口商品检验法》《中华人民共和国进出境动植物检疫法》《中华人民共和国产品质量法》等为主体框架的完整的进出口食品安全法律体系。在此基础上，还制定了一系列规章，形成了完整的进出口食品检验检疫监管法规体系。

1. 法律

（1）《中华人民共和国进出口商品检验法》

（2）《中华人民共和国进出境动植物检疫法》

（3）《中华人民共和国动物防疫法》

（4）《中华人民共和国食品安全法》

（5）《中华人民共和国产品质量法》

（6）《中华人民共和国国境卫生检疫法》

2. 法规

（1）《中华人民共和国进出境动植物检疫法实施条例》

（2）《中华人民共和国进出口商品检验法实施条例》

（3）《兽药管理条例》

（4）《饲料和饲料添加剂管理条例》

（5）《农药管理条例》

二、组织管理体系

我国进出口食品监督管理涉及的主要工作包括动物健康与保护、植物保护以及食品安全等，涉及的政府机构主要有国家市场监督管理总局、海关总署、农业农村部和国家卫生健康委员会。

（一）国家市场监督管理总局

根据第十三届全国人民代表大会第一次会议关于国务院机构改革方案的决定，将国家工商行政管理总局的职责，国家质量监督检验检疫总局的职责，国家食品药品监督管理总局的职责，国家发展和改革委员会的价格监督检查与反垄断执法职责，商务部的经营者集中反垄断执法以及国务院反垄断委员会办公室等职责整合，组建国家市场监督管理总局，作为国务院直属机构。其主要职责包括：负责食品安全监督管理综合协调。组织制定食品安全重大政策并组织实施。负责食品安全应急体系建设，组织指导重大食品安全事件应急处置和调查处理工作。建立健全食品安全重要信息直报制度。承担国务院食品安全委员会日常工作。负责食品安全监督管理。建立覆盖食品生产、流通、消费全过程的监督检查制度和隐患排查治理机制并组织实施，防范区域性、系统性食品安全风险。推动建立食品生产经营者落实主体责任的机制，健全食品安全追溯体系。组织开展食品安全监督抽检、风险监测、核查处置和风险预警、风险交流工作。组织实施特殊食品注册、备案和监督管理。负责统一管理标准化工作。依法承担强制性国家标准的立项、编号、对外通报和授权批准发布工作。制定推荐性国家标准。依法协调指导和监督行业标准、地方标准、团体标准制定工作。组织开展标准化国际合作和参与制定、采用国际标准工作。负责统一管理检验检测工作。负责统一管理、监督和综合协调全国认证认可工作。建立并组织实施国家统一的认证认可和合格评定监督管理制度等。

（二）海关总署

海关总署主管全国进出口食品安全监督管理工作。进口的食品以及食品相关产品应当符合我国食品安全国家标准。境外发生的食品安全事件可能对我国境内造成影响，或者在进口食品中发现严重食品安全问题的，海关总署应当及时采取风险预警或者控制措施，并向国家市场监督管理总局通报，国家市场监督管理总局应当及时采取相应措施。其主要职责包括：负责出入境卫生检疫、出入境动植物及其产品检验检疫。负责进出口商品法定检验。监督管理进出口商品鉴定、验证、质量安全等。负责进口食品、化妆品检验检疫和监督管理，依据多双边协议实施出口食品相关工作。负责海关领域国际合作与交流。在国际合作方面，海关总署负责签署与实施政府间动植物检疫协议、协定有关的协议和议定书，以及动植物检疫部门间的协议等。

（三）农业农村部

农业农村部负责食用农产品从种植养殖环节到进入批发、零售市场或者生产加工企业前的质量安全监督管理；负责动植物疫病防控、畜禽屠宰环节、生鲜乳收购环节质量安全的监督管理。

农业农村部会同海关总署起草出入境动植物检疫法律法规草案；农业农村部、海关总署负责确定和调整禁止入境动植物名录并联合发布；农业农村部会同海关总署制定并发布动植物及产品出入境禁令、解禁令。在国际合作方面，农业农村部负责签署政府间动植物检疫协议、协定。

（四）国家卫生健康委员会

国家卫生健康委员会负责食品安全风险评估工作，会同国家市场监督管理总局等部门制定、实施食品安全风险监测计划。国家卫生健康委员会对通过食品安全风险监测或者接到举报发现食品可能存在安全隐患的，应当立即组织进行检验和食品安全风险评估，并及时向国家市场监督管理总局通报食品安全风险评估结果，对于得出不安全结论的食品，国家市场监督管理总局应当立即采取措施。国家市场监督管理总局在监督管理工作中发现需要进行食品安全风险评估的，应当及时向国家卫生健康委员会提出建议。

国家卫生健康委员会负责传染病总体防治和突发公共卫生事件应急工作，编制国境卫生检疫监测传染病目录。国家卫生健康委员会与海关总署建立健全应对口岸传染病疫情和公共卫生事件合作机制、传染病疫情和公共卫生事件通报交流机制、口岸输入性疫情通报和协作处理机制。

三、进出口食品安全管理办法

海关总署主管全国进出口食品安全监督管理工作。主管海关负责所辖区域进出口食品安全监督管理工作。

海关总署对进口食品境外生产企业实施注册管理，对向中国境内出口食品的出口商或者代理商实施备案管理，对进口食品实施检验，对出口食品生产企业实施备案管理，对出口食品原料种植、养殖场实施备案管理，对出口食品实施监督、抽检，对进出口食品实施分类管理，对进出口食品生产经营者实施诚信管理。

（一）进口食品安全管理

1. 安全管理的内容

（1）海关总署依据法律法规规定对向中国出口食品的国家或者地区的食品安全管理体系和食品安全状况进行评估，并根据进口食品安全监督管理需要进行回顾性审查。海关总署依据法律法规规定、食品安全国家标准要求、国内外疫情疫病和有毒有害物质风险分析结果，结合前款规定的评估和审查结果，确定相应的检验检疫要求。

（2）进口食品应当符合中国食品安全国家标准和相关检验检疫要求。食品安全国家标准公布前，按照现行食用农产品质量安全标准、食品卫生标准、食品质量标准和有关食品的行业标准中强制执行的标准实施检验。

（3）海关总署对向中国境内出口食品的境外食品生产企业实施注册制度，注册工作按照海关总署相关规定执行。向中国境内出口食品的出口商或者代理商应当向海关总署备案。申请备案的出口商或者代理商应当按照备案要求提供企业备案信息，并对信息的真实性负责。注册和备案名单应当在海关总署网站公布。

（4）对进口可能存在动植物疫情疫病或者有毒有害物质的高风险食品实行指定口岸入境。指定口岸条件及名录由海关总署制定并公布。

（5）进口食品的进口商或者其代理人应当按照规定向海关报检。报检时，进口商或者其代理人应当将所进口的食品按照品名、品牌、原产国（地区）、规格、数/重量、总值、生产日期（批号）及海关总署规定的其他内容逐一申报。海关对进口商或者其代理人提交的报检材料进行审核，符合要求的，受理报检。

（6）进口食品的包装和运输工具应当符合安全卫生要求。

（7）海关对进口食品的进口商实施备案管理。

（8）海关发现不符合法定要求的进口食品时，可以将不符合法定要求的进口食品境外生产企业和出口商、国内进口商、报检人、代理人列入不良记录名单；对有违法行为并受到行政处罚的，可以将其列入违法企业名单并对外公布。

2. 进口食品中文标签管理

进口预包装食品的中文标签、中文说明书应当符合中国法律法规的规定和食品安全国家标准的要求。海关应当对标签内容是否符合法律法规和食品安全国家标准要求以及与质量有关内容的真实性、准确性进行检验，包括格式版面检验和标签标注内容的符合性检测。进口食品标签、说明书中强调获奖、获证、产区及其他内容的，或者强调含有特殊成分的，应当提供相应证明材料。

（二）出口食品安全管理

（1）出口食品生产经营者应当保证其出口食品符合进口国家（地区）的标准或者合同要求。

（2）海关总署对出口食品生产企业实施备案制度，备案工作按照海关总署相关规定执行。

（3）海关总署对出口食品原料种植、养殖场实施备案管理。出口食品原料种植、养殖场应当向所在地海关办理备案手续。

（4）海关总署对出口食品安全实施风险监测制度，组织制定和实施年度出口食品安全风险监测计划。

（5）海关按照抽检方案和相应的工作规范、规程以及有关要求对出口食品实施抽检。

（6）出口食品符合出口要求的，由海关根据需要出具证书。出口食品进口国家（地区）对证书形式和内容有新要求的，经海关总署批准后，海关方可对证书进行变更。

（7）出口食品生产企业应当建立完善的质量安全管理体系。

（8）出口食品的出口商或者其代理人应当按照规定，凭合同、发票、装箱单、出厂合格证明、出口食品加工原料供货证明文件等必要的凭证和相关批准文件向出口食品生产企业所在地海关报检。报检时，应当将所出口的食品按照品名、规格、数/重量、生产日期逐一申报。

（9）出口食品的包装和运输方式应当符合安全卫生要求，并经检验检疫合格。

（10）出口食品生产企业应当在运输包装上注明生产企业名称、备案号、产品品名、生产批号和生产日期。海关应当在出具的证单中注明上述信息。

（11）海关发现不符合法定要求的出口食品时，可以将其生产经营者列入不良记录名单；对有违法行为并受到行政处罚的，可以将其列入违法企业名单并对外公布。

（三）风险管理

（1）海关总署对进出口食品实施风险预警制度。进出口食品中发现严重食品安全问题或者疫情的，以及境内外发生食品安全事件或者疫情可能影响到进出口食品安全的，海关当及时采取风险预警及控制措施。

（2）海关应当建立进出口食品安全信息收集网络，收集和整理食品安全信息。

（3）海关按照相关规定对收集到的食品安全信息进行风险分析研判，确定风险信息级别。

（4）海关应当根据食品安全风险信息的级别发布风险预警通报。

（5）进口食品存在安全问题，已经或者可能对人体健康和生命安全造成损害的，进口食品进口商应当主动召回并向所在地海关报告。进口食品进口商应当向社会公布有关信息，通知销售者停止销售，告知消费者停止使用，做好召回食品情况记录。

第五章 食品安全与质量管理体系

第一节 WTO 与食品安全

世界贸易组织（World Trade Organization，WTO）是一个独立于联合国的国际组织，其前身为关税及贸易总协定（GATT）。1994 年 4 月在摩洛哥马拉喀什举行的 GATT 部长级会议上正式决定成立世界贸易组织，1995 年 1 月 1 日世界贸易组织正式开始运作，总部设在日内瓦。WTO 由部长级会议、总理事会、部长会议下设的专门委员、理事会、专门委员会和秘书处等机构组成。WTO 的宗旨是促进经济和贸易发展，提高生活水平，保证充分就业，稳定而大幅度地增加实际收入和有效需求，按照可持续发展的目的，最优化世界贸易资源，保护和维护环境；以不同经济发展水平下各自需要的方式，加强采取各种相应的措施，积极努力确保发展中国家尤其是最不发达国家在国际贸易增长中的份额与其经济发展需要相适应。WTO 的目标是建立一个完整的包括继承 GATT 贸易自由化成果和乌拉圭回合多边贸易谈判所有成果在内的，在货物、服务、与贸易有关的投资及知识产权等方面更具活力和更具永久性的多边贸易体系。WTO 协议指出，"通过互惠互利安排，大量减少关税和其他贸易壁垒，消除国际贸易关系中的歧视性待遇"是实现上述宗旨和目标的主要途径。WTO 管辖的范围除传统的和乌拉圭回合确定的货物贸易外，还包括长期游离于 GATT 外的知识产权、投资措施和非货物贸易（服务贸易）等领域。WTO 具有法人地位，在调解成员争端方面具有更高的权威性和有效性，在促进贸易自由化和经济全球化方面起着巨大作用。

2001 年 12 月 11 日，中国正式加入 WTO。

一、WTO 贸易基本原则

（一）自由贸易原则

WTO 所制定的贸易规则内容强调贸易各方应以市场经济为基础，产品市场价格由市场供求关系来决定，最大限度地利用世界资源。通过限制和取消一切妨碍或阻止国际贸易开展的障碍，包括法律、法规、政策和措施等，促进贸易的自由发展。该原则主要是通过关税减让、取消非关税壁垒来实现的。

（二）最惠国待遇原则

WTO 要求实行多边无条件最惠国待遇，即 WTO 成员一方给予任何第三方的优惠和豁免，将自动地给予各成员方。该原则涉及一切与进出口有关的关税削减、规则和程序、国内税费、征收办法、数量限制、销售、储运及知识产权保护等领域。

（三）国民待遇原则

国民待遇原则指缔约方之间相互保证给予另一方的自然人、法人和商船在本国境内享有与本国自然人、法人和商船同等的待遇。该原则适用于与贸易有关的关税减让、国内税费征收、营销活动、政府采购、投资措施、知识产权保护、出入境以及公民法律地位等领域。

（四）对等互惠原则

对等互惠原则也称互惠原则，指两国在国际贸易中相互给予对方贸易上的优惠待遇。WTO 要求各成员方所实行的贸易减让要有给有取，互惠互利，做到总体减让对等。要大幅度降低关税及其他费用，对所有各类产品的贸易，有些优势产品可以减让多些，其他产品则减让少些或不减让，不强调某一单项产品对等，总体有利即可。该原则的适用随着 GATT 的历次谈判及其向 WTO 的演变而逐步扩大，现已涉及纺织品和服装、热带产品、自然资源产品、农产品、服务贸易以及知识产权保护等领域。

（五）市场准入原则

市场准入原则表现为一国允许外国的货物、劳务与资本参与国内市场的程度。该原则在 WTO 现在达成的有关协议中，主要涉及关税减让、纺织品和服装、农产品贸易、热带产品和自然资源产品、服务贸易以及非关税壁垒的消除等领域。

（六）非歧视原则

非歧视原则又称不歧视原则或无差别待遇原则。WTO 规定，各成员方之间在实行贸易往来过程中，必须以非歧视原则为根本行为原则，即国家相互之间的贸易，其贸易各方不得实行歧视待遇，要一视同仁，无特殊理由禁止对进口方采取高关税、实施技术性壁垒、实行配额等。该原则涉及关税削减、非关税壁垒的消除、进口配额限制、许可证颁发、输出入手续、原产地标记、国内税负、出口补贴、与贸易有关的投资措施等领域。非歧视原则通过最惠国待遇、国民待遇和关税减让表等来体现。

（七）透明度原则

透明度原则指缔约方有效实施的法令、条例以及缔约方政府或政府机构与另一缔约方政府或政府机构之间缔结的影响国际贸易的政策，必须迅速公布，其中包括关于影响进出口货物的销售、分配、运输、保险、仓储、检验、展览、加工、混合或使用的法令、条例、一般援引的司法判决及行政决定。该原则适用于各成员方之间的货物贸易、技术贸易、服务贸易，以及与贸易有关的投资措施，知识产权保护，法律规范和贸易投资政策的公布程序等领域。

（八）对发展中国家和最不发达国家优惠待遇原则

为促进不发达国家，特别是贫困国家的经济发展，WTO 规定，在进出口贸易中，可以对发展中国家产品的进出口给予关税、市场准入、配额等各方面优惠待遇，即申明在关税上给予发展中国家普遍优惠，对于非关税壁垒（配额、准入、质量、环境等）中的各种措施根据"东京回合"中协商制定的有关导则办理，对最不发达国家制定特殊优惠。对发展中国家的主要待遇包括：只承担较低水平的义务；更灵活的实施时间表（较长的过渡期安排），发达国家尽最大努力开放其货物和服务市场、技术援助和培训人力资本等。这是 WTO 考虑到发展中国家经济发展水平和经济利益，而给予的差别和更加优惠的待遇，是对 WTO 无差别待遇原则的一种例外。

（九）公正、平等、公开处理贸易争端原则

WTO 要求按公正、平等、公开处理的准则解决国际贸易争端和纠纷，促使国际贸易更为法律化和规范化。在调解争端时，要以成员方之间在地位上对等的协议为前提，调解人通常由总干事来担任。乌拉圭回合谈判所产生的《关于争端解决规则和程序的谅解书》及有关实施与审查争端处理规则与程序的决议，体现了 WTO 公正、平等、公开处理贸易争端的基本原则。

二、WTO 的例外条款

由于国情不同，生产产品的环境与资源付出不同，生产水平与经济发展层次不同等，国际贸易的公平原则是不能绝对化的，而应是有条件的。为照顾到不同贸易方的利益，WTO 特制定了一些例外条款。

（一）国际收支平衡的例外

当一个国家遇到国际收支困难时，针对不同国家的具体情况可以实行进口限制，特别是对发展中国家可以更宽容一些。WTO 允许发展中国家保持足够的外汇储备，以满足经济发展和维持金融地位以确保社会稳定，不过这种例外的进口限制需经过 WTO 成立工作组进行定期审查与准许。工作组审查一个国家的国际收支情况时要听取国际货币基金组织对该国国际收支状况的报告。

（二）幼稚产业保护的例外

一个国家要建立一个新的产业，或者一个新产业建立不久，缺少国际竞争的能力，如果不加保护与支持，新的产业将夭折或面临破产，此时可以实行进口限制。这里存在"幼稚产

业"的界定标准问题，目前 WTO 并没有规定具体的方案。一般是由"幼稚产业"所在国提出申请，成员方审议批准后予以确认。经确认的幼稚产业可以对国外进口的相对应产品实施高关税、许可证或临时征收附加税等限制进口措施。

（三）紧急保障产业的例外

当一个国家的某一具体产业受到突然大量增加的进口低价优质产品的冲击，并且造成企业严重开工不足、工人失业、利润率大幅度下降、企业亏损面增大等严重损害情况时，允许该国实行临时性的紧急进口限制以保护本国的产业。此外，为保护某项产业，缔约方可经过缔约国的批准免除 GATT 规定的某项义务，这称为豁免。

（四）关税同盟和自由贸易区的例外

由两个或多个国家组成的关税同盟或自由贸易区成员互相给予的贸易优惠可以不必同时给予非成员方。不过这种区域贸易安排必须遵守 GATT 的规则，成员方之间的优惠待遇不得导致对非成员方的贸易壁垒增加。

（五）保护国家安全的例外

WTO 允许各成员方出于维护国家安全与社会稳定的需要，禁止火药、武器、毒品、淫秽出版物等的进口。

（六）对发展中国家优待的例外

允许发展中国家在制定关税制度时有更大的弹性。发展中国家可以不必对发达国家给予对等的贸易减让，可以实行一定程度的出口补贴，可以享受普遍优惠制度。

三、国内外食品安全状况

食品安全无小事，食品安全无国界。随着经济和贸易的全球化，食品的生产、运输、销售、消费早已超越了国界，这意味着我们餐桌上的食品可能来自全球的任何角落，一个国家食品出现问题，马上就会波及另外一个国家。近年来世界各地接连发生一系列重大食品安全事件，凸显了这一问题的严重性。

1. 二噁英（Dioxin）事件

1999 年 2 月，比利时养鸡业从业人员发现饲养母鸡产蛋率下降，蛋壳坚硬，肉鸡出现病态反应。经过调查，发现生产鸡饲料的原料受到二噁英污染。检测结果表明，饲料中二噁英成分超过允许限量 200 倍左右，而鸡体内二噁英含量高于允许限量的 1 000 倍。

据初步调查，发现荷兰三家饲料原料供应厂商提供了含二噁英成分的脂肪给比利时的韦尔克斯特（Verkest）饲料厂，该饲料厂自 1999 年 1 月 15 日以来，误把上述含二噁英的脂肪混在饲料中出售给超过 1 500 家养殖场，其中包括比利时的 400 多家养鸡场和 500 余家养猪场，并已输往德国、法国、荷兰等国。1999年6月1日，比利时政府宣布停售和收回市场上所有该国制造的蛋禽食品。1999年6月3日，比利时政府再次宣布，由于不少养猪和养牛场也使用了受到污染的饲料，全国的屠宰场一律停止屠宰，等待对可疑饲养场进行甄别，并决定销毁1999年1月15日—1999年6月1日生产的蛋禽及其加工制成品。

比利时二噁英污染事件在世界上掀起了轩然大波。欧盟委员会指责比利时"知情不报，拖延处理"，并决定在欧盟15国停止出售、收回和销毁比利时生产的肉鸡、鸡蛋和蛋禽制品。美国决定全面封杀欧盟15国的肉品。法国决定全面禁止比利时肉类、乳制品和相关加工产品进口。迫于强大的国际和国内压力，比利时卫生部和农业部部长相继被迫辞职，并最终导致内阁的集体辞职。仅比利时一国，1999年当年上半年直接损失就达3.55亿欧元，间接损失超过10亿欧元。

2. 肠出血性大肠杆菌（EHEC）O157:H7事件

肠出血性大肠杆菌（EHEC）是能引起人类出血性腹泻和肠炎的一群大肠埃希氏菌，以O157:H7血清型为代表菌株。1982年美国首次报道了由EHEC O157:H7引起的出血性肠炎。此后，世界各地陆续报道了该菌引起的感染，并有上升趋势。1996年在日本发生的EHEC O157:H7暴发流行，感染近万人，并造成12人死亡，引起了全世界的关注。此外，美国、加拿大、瑞典、澳大利亚、英国的苏格兰和威尔士等国家和地区也相继报道了O157:H7的散发性感染和暴发流行。日本、加拿大及瑞士等国已将O157:H7列为必须报告的传染病，予以高度重视。我国于1988年首次分离到EHEC O157:H7菌株，1999—2000年，在江苏、安徽发生大规模暴发和流行，有近2万人中毒，177人死亡。

1997年，WHO将EHEC O157:H7列为新的食源性疾病。

3. 疯牛病（BSE）事件

疯牛病，学名为牛海绵状脑病（bovine spongiform encephalopathy，BSE），是一种发生在牛身上的进行性中枢神经系统病变，病原体是一种朊病毒。病牛脑组织呈海绵状病变，并出现步态不稳、平衡失调、搔痒、烦躁不安等症状，通常在14～90天内死亡。疯牛病的潜伏期长短不同，一般在2～30年之间。

1986年11月，疯牛病在英国萨里郡韦布里奇（Weybridge，Surrey）发现。此后10年，该病迅速蔓延，英国每年有成千上万头牛因患这种病导致神经错乱、痴呆，不久死亡。1996年3月20日，英国政府官方承认出现疯牛病病例，并证实和人类的感染性海绵状脑病（transmissible spongiform encephalopathies，TSE），即新型克雅氏病（variant Creutzfeldt – Jakob disease，vCJD）有关，旋即造成全球恐慌。至2003年年底，不到20年的时间内，疯牛病就已扩散到了欧洲、美洲和亚洲的几十个国家，造成至少137人死亡，1100多万头病牛在英国被屠宰，经济损失达数百亿英镑。

20世纪70年代，英国政府执行极端自由化的农业政策，允许农民将病羊的骨骼磨成骨粉，添加在配合饲料中。"牛吃牛、牛吃羊"，造成了疯牛病泛滥。

4. 禽流感（AIV）事件

禽流感（avian influenza，AI）是由 A 型流感病毒引起的。A 型流感病毒可引起广泛的动物感染，特别是禽流感病毒（avian influenza virus，AIV）能引起禽类以急性致死性为主要特征的烈性传染病，常导致全群覆灭，给养禽业造成毁灭性打击。AIV 原本只感染禽类（家禽和水禽），随着病毒的变异，自 1997 年中国香港发现人感染 H5N1 亚型禽流感病毒以来，AIV 已传播十多个国家逾 300 例患者，病死率高达 60% 左右。人感染高致病性 H5N1 禽流感病毒后常表现为高热等呼吸道症状，往往很快发展成肺炎，甚至急性呼吸窘迫综合征和全身器官衰竭，直至死亡。WHO 已警告，AIV 病毒能够通过基因重配或突变产生感染人类细胞能力的新病毒，导致人群间传播的可能性。我国卫生部 2005 年已提出应对禽流感的方案，其他有条件的国家都在研究应对方案，研制疫苗和防治措施，进行检测方法研究及药物储备。

5. 苏丹红事件

苏丹红是一种人工合成的偶氮类色素，属于工业染料，苏丹红主要分为 Ⅰ、Ⅱ、Ⅲ、Ⅳ 四类。国际癌症研究机构将其归为三类致癌物，即动物致癌物，目前尚无对人类致癌的证据，但其对人类健康具有潜在的威胁。

2005 年 2 月 18 日，英国食品标准署（Food Standard Agency，FSA）就食用含有添加苏丹红色素的食品向消费者发出警告，并在其网站上公布了亨氏、联合利华、麦当劳等 30 家企业生产的可能含有苏丹红（Ⅰ类）的产品清单。截至 2005 年 2 月 21 日，清单上的产品增加到了 419 种，这些产品包括虾色拉、泡面、熟肉、馅饼、辣椒粉、调味酱等。随后，一场声势浩大的查禁苏丹红的行动席卷全球，仅英国就有几百万件食品被撤下货架，损失超过 1 亿英镑，成为英国历史上最大一次问题食品召回行动。

以上仅仅是从众多化学毒物、致病细菌、变异病毒中略举几例，就涉及几国甚至几十个国家，而且造成重大经济损失，并影响社会乃至政局的稳定。实际上，由于经济全球化、贸易一体化的加速，使得一些食品不安全因素迅速传播。城市化及人们生活方式改变，旅游、移民、民工潮形成的人口大量流动，使食源性疾病容易传播、扩散，增加了食品安全控制的难度和复杂性。全球环境污染、生态恶化、气候变暖，使食品不安全因素大大增加。1974—1999 年，20 几年间出现近 40 多种新人类传染病（艾滋病、戊、丙型肝炎），预计今后还将出现多种新传染病。新的化学、物理污染物，新的化合物通过各种途径进入食品链，加上灾变频发，天灾人祸引起食源性病症扩散，使食品安全问题突破国界成为全球性问题。

WHO 2002 年 3 月公布的信息表明，全球每年发生食源性疾病达到数十亿例，全球每年因食源性致病菌污染引起的腹泻而死亡的 0~15 岁儿童约 170 万人（主要在不发达国家）。2015 年，WHO 出版的《全球食源性疾病负担估算报告》显示，每年有多达 6 亿人或近 1/10 的人口因为食用受污染食品而致病，42 万人因此丧生，而且低收入地区所受影响最为严重。5 岁以下儿童尤其面临高风险，尽管其在总人口中只占 9%，但在死亡病例中却占到 1/3。食源性疾病的公众健康负担在程度上堪比肺结核、疟疾和艾滋病。

食品安全问题不仅涉及公众的生命安全与健康，还涉及生产经营企业乃至整个行业，甚至一个国家的声誉，经济利益的损失自不待言。同时，这些事件引起的波澜还会直接影响社会的稳定和经济的发展。统计数字只是其造成的有形损失，而无形的损失则无法统计并永远留在消费者心头。食品安全问题已经成为世界性话题，发展中国家受此困扰，发达国家也难以幸免。

食品安全已成为世界范围的公共卫生问题，由食品安全引起的国际贸易争端接连不断，如美国、加拿大诉澳大利亚禁止进口鲑鱼案，欧盟抵制美国转基因食品输入案，美国、加拿大诉欧盟禁止激素牛肉案，等等。

为促进世界贸易自由化，解决成员之间的贸易争端，WTO 达成两个与食品安全相关的协议，即《技术性贸易壁垒协议》（WTO/TBT）和《实施卫生与植物卫生措施协议》（WTO/SPS）。WTO/TBT 和 WTO/SPS 允许各成员制定和实施与协议原则相一致的技术法规、标准、合格评定程序、卫生与植物卫生措施等技术性贸易措施，但明确规定，这些措施不得对国际贸易产生不必要的障碍，或变成对国际贸易进行变相限制的手段。WTO/SPS 和 WTO/TBT 以安全、健康及环保、生态、反欺诈为由，有其形式上的合法性，内涵上的合理性，不仅隐蔽地回避了一些歧视性条款，而且各种技术标准极为复杂，把一些不合理条款隐蔽在合理协议之中，成为贸易保护手段，而与食品安全相关的 TBT/SPS 措施更是不断增多。据统计，全球 TBT/SPS 争端案件中，农产品、食品约占 60% ~ 70%，农产品和食品已成为国际贸易摩擦焦点和各国 TBT/SPS 通报重点。

四、我国加入 WTO 后的食品安全措施

（一）制定完善的食品安全法律体系

我国高度重视食品安全，早在 1995 年就颁布了《中华人民共和国食品卫生法》。在此基础上，2009 年 2 月 28 日，第十一届全国人民代表大会常务委员会第七次会议通过了《中华人民共和国食品安全法》。2015 年 4 月 24 日，第十二届全国人民代表大会常务委员会第十四次会议修订《中华人民共和国食品安全法》，2015 年 10 月 1 日起施行。2018 年 12 月 29 日第十三届全国人民代表大会常务委员会第七次会议对《中华人民共和国食品安全法》进行了修正。

《中华人民共和国食品安全法》从制度上解决了现实生活中存在的食品安全问题，更好地保证了食品安全，确立了以食品安全风险监测和评估为基础的科学管理制度，明确了以食品安全风险评估结果作为制定、修订食品安全标准和对食品安全实施监督管理的科学依据。

《中华人民共和国食品安全法》主要从以下几个方面强化了制度构建：第一，建立最严格的全过程的监管制度，对食品生产、流通、餐饮服务和食用农产品销售等各个环节都进行了细化和完善。第二，更加突出预防为主、风险管理，进一步完善了食品安全风险监测、风险评估等食品安全中最基础的制度。第三，实行食品安全社会共治，充分发挥各个方面，包

括媒体、广大消费者在食品安全治理中的作用。第四，突出对特殊食品的严格监管，明确规定对保健食品、特殊医学用途配方食品、婴幼儿配方食品实行注册或备案制度。第五，对农药的使用实行严格的管理制度，加快淘汰剧毒、高毒、高残留农药，推动替代产品的研发和应用，鼓励使用高效低毒低残留农药。第六，加强对食用农产品的管理，将食用农产品的市场销售纳入食品安全法的调整范围。第七，建立最严格的法律责任制度，进一步加大违法者的违法成本。

《中华人民共和国食品安全法》的颁布实施，对规范食品生产经营活动，防范食品安全事故发生，强化食品安全监管，落实食品安全责任，保障公众身体健康和生命安全，具有重要意义。

（二）完善食品安全相关标准技术法规、合格评定程序体系建设

我国食品标准体系始建于 20 世纪 60 年代，与国际标准和国外先进标准有较大差异，主要存在标准体系与国际不接轨、内容不完善、技术内容落后、可操作性不强、缺少科学依据等问题。特别是在有毒有害物质限量标准方面缺乏基础性研究，在创新方面有明显差距。

早在 20 世纪 80 年代初，英国、法国、德国等国家采用国际标准的比例已达 80%，日本有 90% 以上的国家标准采用国际标准。我国国家标准采标率偏低，至 2011 年，采标率为 44.2%，其中食品标准采标率仅为 23%。

为了缩短和消除这种差距，要做到以下两点：一是要健全食品安全标准体系，尽快弥补我国食品安全标准不规范、不够严密的缺陷，加速建立食品安全标准体系，并参照 CAC 标准，从食品安全的全程监控着手，把标准和规程落实在食品产业链的每一个环节，完善食品质量标准体系，及时清理和修订过时的食品标准，抓紧制定急需的食品质量标准，积极采用国际标准，加快与国际标准接轨。二是要加快认证体系建设，将无公害农产品、绿色食品、有机食品的认证工作纳入法制轨道，明确各类认证的法律地位，理顺相互之间的关系，在此基础上，在重点食品企业推行 ISO 9000 认证，良好生产规范（GMP）和危害分析与关键控制点（HACCP）管理体系，并逐步在各食品企业推开。HACCP 是目前公认的有效识别产品危害因素和有效预防食品安全风险的科学管理体系，要在实施 GMP 管理的基础上，建立和实施 HACCP 管理体系，确保食品安全。

（三）加强食品安全有关技术的研究和投入

在出口食品的监督检验和食品安全质量保证工作中，需要强大的技术支撑。我国在技术方面明显落后于先进国家，面对新出现的世界性的食源性疾病问题，尚缺乏快速准确鉴定食源性危害因子的技术和能力，甚至在食品中无法进行检测。因此，必须加大资金投入，积极引进和研制先进的检测设备，努力缩小与发达国家在检验检疫硬件方面的差距。同时，要提高检测能力，尽快建立独立的、公正的、权威的食品安全公共实验室，为食品安全管理提供科学的、严谨的技术支撑。要提高食品安全领域的科技水平，重点在关键检测技术、危险性

评估技术、关键控制技术和食品安全标准等方面组织科技攻关研究。

（四）建立和完善食品安全预警预报机制

一是要建立食品安全风险评估机制，与发达国家加强交流风险评估技术及有关数据资料，及时获取来自其他国家的危险性评价资料，对我国一些具有特色的食品加工技术、影响因素开展前瞻性的食品安全风险评价，以便对可能出现的食品安全事故进行及时有效的预报和处置。二是要建立统一协调的食品安全信息平台，实现互联互通和资源共享，逐步形成统一、科学的食品安全信息评估和预警预报指标体系，及时研究分析食品安全形势，对食品安全事故和隐患早发现、早预防、早整治、早解决，把突发的、潜在的食品安全风险降到最小，全面提升我国食品安全监管的效率。

（五）建立健全食品安全社会信用体系

社会诚信体系建设的核心在于构建新的诚信秩序，而构建新的诚信秩序应着力于顶层制度设计。我国食品安全的社会信用体系的建立是大势所趋。食品安全社会信用体系是以完善的食品安全社会信用制度为保障，以真实的食品安全信用信息为基础，以科学的食品安全信用风险分析为依据，以公正的食品安全信用服务机构为依托，以食品安全问题记录为重要参考而形成的信用评估评级、信用报告、信用披露等企业外部食品安全信用管理体系。我国应当加紧建立起以企业质量档案为基础的较为完善的质量信用监管体系，以及包括查询系统、评价系统和反馈系统等科学的服务系统，以促进我国食品市场的繁荣和经济的发展。

（六）熟悉 WTO 规则中与食品相关的条款

熟悉 WTO 规则中与食品相关的条款，一方面，可使我国免受"先行者"或"游戏规则制定者"的制约；另一方面，可利用 WTO 规则中的条款保护自己的权益，特别是利用 WTO 规则中对发展中国家的优惠例外条款保护自己的权益。当涉及食品安全问题时，应该积极利用 WTO 规则，以科学和风险评估为依据，争取最大利益。

第二节　GMP 及 HACCP 管理体系

目前，食品安全问题已引起社会公众的空前关注。确保食品安全，最大限度地降低风险，已成为食品行业追求的核心管理目标，也是各国政府食品安全监管的重要方向。

要保证食品安全必须从源头开始，从原料的生态环境、种植、饲养过程着手。现代食品安全控制体系就是建立在这种思想基础之上的，它以良好生产规范（GMP）、卫生标准操作程序（SSOP）为基础，通过危害分析与关键控制点（HACCP）体系的有效实施，最终实现全程质量控制，确保产品的安全性。

一、良好生产规范（GMP）

良好生产规范（good manufacturing practice，GMP）是为保障产品安全而制定的贯穿产品生产全过程的一系列措施、方法和技术要求，也是一种注重制造过程中产品质量和安全卫生的自主管理制度。良好生产规范在食品中的应用，即食品 GMP，主要针对食品生产中的质量问题和安全卫生问题。它要求食品生产企业应具有良好的生产设备、合理的生产过程、正确的生产知识、完善的质量控制和严格的管理体系，以确保食品的安全和质量符合标准。

（一）GMP 的发展和应用

早在第一次世界大战期间，美国食品工业的不良状况和药品生产的欺骗行径被媒体披露，促使美国制定了《食品、药品和化妆品法》，开始以法律形式来保证食品、药品的质量，由此还建立了世界上第一个国家级的食品药品管理机构——美国食品药品管理局（Food and Drug Administration，FDA）。

美国是最早将 GMP 用于食品工业生产的国家，在食品 GMP 的执行和实施方面做了大量的工作。1963 年 FDA 制定了药品 GMP，并于 1964 年开始实施。1969 年，FDA 制定了食品 GMP（CGMP）。

我国食品企业质量管理规范的制定工作起步于 20 世纪 80 年代中期，从 1988 年起，先后颁布了 19 个食品企业卫生规范。这些卫生规范主要是针对当时我国大多数食品企业卫生条件和卫生管理比较落后的情况，重点规定了厂房、设备、设施的卫生要求和企业的自身卫生管理等内容，促进了我国食品企业卫生状况的改善。这些规范制定的指导思想与 GMP 的原则类似，将保证食品卫生质量的重点放在成品出厂前的整个生产过程的各个环节上，而不仅仅着眼于最终产品，针对食品生产全过程提出相应技术要求和质量控制措施，以确保最终产品卫生质量合格。自上述规范发布以来，我国食品企业的整体生产条件和管理水平有了较大幅度的提高，食品工业得到了长足发展。由于营养型、保健型和特殊人群专用食品的生产企业迅速增加，食品种类日益增多，单纯控制卫生质量的措施已不适应企业品质管理的需要，鉴于制定我国食品企业 GMP 的时机已经成熟，1998 年卫生部发布了《保健食品良好生产规范》（GB 17405—1998）和《膨化食品良好生产规范》（GB 17404—1998），这是我国首批颁布的食品 GMP 标准，标志着我国食品企业管理向高层次的发展。

（二）GMP 的原则与内容

1. GMP 的原则

GMP 是对生产企业及管理人员的行为实行有效约束的措施，它体现如下基本原则：

（1）食品生产企业必须有足够的、资历合格的、与生产食品相适应的技术人员承担食品生产和质量管理，并清楚地了解自己的职责。

（2）操作者应进行培训，以便正确地按照规程操作。

（3）应保证产品按照规范化工艺规程进行生产。

（4）确保生产厂房、环境、生产设备符合卫生要求，并保持良好的生产状态。

（5）符合规定的物料、包装容器和标签。

（6）具备合适的贮存、运输等设备条件。

（7）全生产过程严密有效的控制和管理。

（8）合格的质量检验人员、设备和实验室。

（9）应对生产加工的关键步骤和发生的重要变化进行验证。

（10）生产中使用手工或记录仪进行生产记录，以证明所有生产步骤是按确定的规程和指令要求进行的。产品达到预期的数量和质量要求，出现的任何偏差都应记录和调查。

（11）保存生产记录及销售记录，根据这些记录可追溯各批产品的全部历史。

（12）将产品贮存和销售中影响质量的危险性降至最低限度。

（13）建立由销售和供应渠道收回任何一批产品的有效系统。

（14）了解市场销售产品的用户意见，调查出现质量问题的原因，提出处理意见。

2. GMP 的内容

食品 GMP 的主要内容包括：①原料采购、运输、贮存的卫生；②工厂设计与设施的卫生；③企业的卫生管理；④生产过程的卫生；⑤卫生和质量的检验；⑥成品贮存和运输的卫生；⑦个人卫生与健康的要求；⑧成品的销售管理。GMP 适用于所有食品企业，是常识性的生产卫生要求，GMP 基本上涉及的是与食品卫生质量有关的硬件设施的维护和人员卫生管理。符合 GMP 的要求是控制食品安全的第一步，其强调食品的生产和贮运过程应避免微生物、化学性和物理性污染。我国食品生产通用卫生规范（GB 14881）是在 GMP 的基础上建立起来的，并以强制性国家标准形式来实施。

GMP 实际上是一种包括 4M 管理要素，即选用规定要求的原料（material），以合乎标准的厂房设备（machines），由胜任的人员（man），按照既定的方法（methods），制造出品质既稳定又安全卫生的产品的质量保证制度。实施 GMP 的主要目的包括三方面：①降低食品制造过程中人为的错误；②防止食品在制造过程中遭受污染或品质劣变；③建立完善的质量管理体系。GMP 的重点是：①确认食品生产过程的安全性；②防止物理、化学、生物性危害污染食品；③实施双重检验制度；④针对标签的管理、生产记录、报告的存档建立和实施完整的管理制度。

二、危害分析与关键控制点（HACCP）

（一）HACCP 的概念

危害分析与关键控制点（hazard analysis and critical control point，HACCP）是对可能发生在食品加工环节中的危害进行评估，进而采取控制的一种预防性的食品安全控制体系。有别于传统的质量控制方法，HACCP 是对原料、各生产工序中影响产品安全的各种因素进行分析，确定加工过程中的关键环节，建立并完善监控程序和监控标准，采取有效的纠正措施，将危害消除或降低到消费者可接受水平，以确保食品加工者能为消费者提供更安全的食品。

（二）HACCP 的特点

（1）针对性。HACCP 针对性强，主要针对食品的安全卫生，是为了保证食品生产系统中任何可能出现的危害或有危害风险的地方得到控制。

（2）预防性。HACCP 是一种用于保护食品免于生物、化学和物理的危害的管理工具，它强调企业自身在生产全过程的控制作用，而不是最终的产品检测或者是政府部门的监管作用。

（3）经济性。设立关键控制点控制食品的安全卫生，降低了食品安全卫生的检测成本，同以往的食品安全控制体系相比较，具有较高的经济效益和社会效益。

（4）实用性。HACCP 已在许多国家得到了广泛的应用和发展。

（5）强制性。HACCP 已为许多国家的官方所接受，并用于强制执行。同时，也被 CAC 认同。

（6）动态性。HACCP 中的关键控制点随产品、生产条件等因素的改变而改变，企业如果出现设备、检测仪器、人员等的变化，都可能导致 HACCP 计划的改变。

HACCP 是一个预防体系，绝不是一个零风险体系，它只能将危害降低到一个可接受的水平。

（三）HACCP 的 7 个基本原理

HACCP 对食品加工、运输以至销售整个过程中的各种危害进行分析和控制，从而保证食品达到安全水平。它是一种系统的、连续性的食品卫生预防和控制方法。CAC《食品卫生通则》附录《危害分析与关键控制点（HACCP）体系应用准则》中，将 HACCP 的 7 个原理确定为：

原理 1：危害分析（hazard analysis，HA）

危害分析与预防控制措施是 HACCP 原理的基础，也是建立 HACCP 计划的第一步。企业应根据所掌握的食品中存在的危害以及控制方法，结合工艺特点进行详细分析。

原理 2：确定关键控制点（critical control point，CCP）

CCP 是能进行有效危害控制的加工点、步骤或程序。CCP 是由产品或加工过程的特异性决定的，如果出现工厂位置、配合、加工过程、仪器设备、卫生控制和其他支持性计划，以及用户的改变，CCP 都可能改变。

原理 3：确定与各 CCP 相关的关键限值（critical limitc，CL）

CL 是非常重要的，而且应该合理、适宜、可操作性强、符合实际。如果 CL 过严，即使没有发生影响到食品安全的危害，也会被要求采取纠偏措施；如果过松，又会造成产品不安全。

原理4：确立CCP的监控程序，应用监控结果来调整及保持生产处于受控

企业应制定监控程序并执行，以确定产品的性质或加工过程是否符合CL。

原理5：CCP失控时，应采取纠正措施（corrective actions，CA）

CA是指当监控表明偏离CL或不符合CL时采取的程序或行动。如有可能，纠正措施一般是在HACCP计划中提前决定的。CA一般包括两步：第一步：纠正或消除发生偏离CL的原因，重新加工控制；第二步：确定在偏离期间生产的产品，并决定如何处理。采取纠正措施，包括产品的处理情况应加以记录。

原理6：验证程序（verification procedures，VP）

VP用来确定HACCP体系是否按照计划执行，或者计划是否需要修改，以及再次确认生效使用的方法、程序、检测及审核手段。

原理7：记录保持程序（pecord - keeping procedures，RP）

企业在实行HACCP体系的全过程中，须有大量的技术文件和日常的监测记录，这些记录应是全面的，记录应包括：体系文件；HACCP体系的记录；HACCP小组的活动记录；HACCP前提条件的执行、监控、检查和纠正记录。

（四）实施HACCP的一般步骤

步骤1：成立HACCP小组

（1）HACCP小组的职责。负责编写HACCP体系文件，监督HACCP体系的实施，执行HACCP体系建立与实施过程中的关键职责。

（2）HACCP小组的组成。其成员应由多学科、各相关专业的技术人员与HACCP体系相关的部门及企业管理层的管理人员组成，应包括管理、技术、生产、检验、质量控制、维护、仓储、采购、运输方面的人员。必要时，可从外部聘请兼职专家。

（3）HACCP小组成员的素质。需经过系统的HACCP体系建立与实施理论的培训，拥有较丰富的食品生产领域的知识和经验。

步骤2：描述产品

产品描述包括：产品名称、产品成分、物理化学结构、加工方式（如热处理、冷冻等）、包装形式、保质期、贮存条件和销售方法。

步骤3：识别、确定产品用途和消费对象

基于最终用户或消费对象对产品的使用期望，识别和确定产品用途，如直接食用、加热熟制后食用、再加工食用等。

步骤4：编制工艺流程图

流程图是产品加工工序的图形表达形式，用方框和箭头线清晰、准确地表示各个加工步骤。流程图表明了产品加工过程的起点、终点和中间各加工步骤，确定了进行危害分析和制定HACCP计划的范围，是建立和实施HACCP体系的基础。当企业生产多种产品时，如果不

同产品的加工工序存在明显差别，应分别制定流程图，分别进行危害分析和制定 HACCP 计划。

步骤5：现场验证工艺流程图

HACCP 小组对于已制作的工艺流程图进行现场验证，验证流程图表达的各加工步骤与实际加工工序是否一致。发现不一致或存在遗漏时，对流程图进行相应修改或补充。

步骤6：进行危害分析和确定 CCP

危害是指会对食品产生潜在的健康危害的生物、化学或物理因素或状态。

危害分析是评估导致危害和危害条件的过程，以便决定哪些过程对食品安全有显著意义，从而应被列入 HACCP 计划中。

步骤7：确定 CL

应基于法规限量、科学文献、危害控制指南、试验结论、专家指导和危害控制原理确定 CL。有效、简捷、经济是确定 CL 的三项原则。有效是指在此限值内，显著危害能够被防止、消除或降低到可接受水平；简捷是指简便快捷，易于操作，可在生产线不停顿的情况下快速监控；经济是指较少的人力、物力、财力的投入。

CL 的确定步骤包括：（1）确认在本 CCP 上要控制的显著危害与预防控制措施的对应关系；（2）分析明确每个预防控制措施针对相应显著危害的控制原理；（3）根据 CL 的确定原则和危害控制原理，分析确定 CL 的最佳种类和载体，可考虑的种类包括：温度、时间、厚度、纯度、pH、水分活度、体积等；（4）确定 CL 的数值。

工艺简单、操作简便的生产企业，可设立操作限值。针对每个 CL，适当选取更严格的数值作为操作限值。

步骤8：建立对各 CL 的监控程序

确定每个 CL 的监控对象；确定每个 CL 的监控方法；确定每个 CL 的监控频率；确定每个 CL 的监控人员。

步骤9：建立纠偏措施

预先制定每个 CCP 偏离每个关键限值时的书面纠正措施，形成《纠正措施技术报告》，纳入 HACCP 支持文件。书面纠正措施的内容包括：（1）列出每个 CCP 对应的每个 CL；（2）查找偏离每个 CL 的原因的方法或途径；（3）纠正或消除偏离每个 CL 的原因的措施；（4）评估和处理在偏离每个 CL 期间生产的产品的措施，以确保进入市场的产品对公众健康无害，或不会因偏离 CL 而产生掺假。

步骤10：建立验证程序

验证程序的正确制定和执行是 HACCP 计划成功实施的重要基础。验证原理的核心是"验证才足以置信"。HACCP 的宗旨是防止食品安全危害的发生，验证的目的一是证明 HACCP 计划是建立在严谨、科学的基础上的，它足以控制产品本身和工艺过程中出现的安全危害；二是证明 HACCP 计划所规定的控制措施能被有效实施，整个 HACCP 体系在按规定有效运转。

验证时要复查整个 HACCP 体系及其记录档案。验证内容包括：（1）要求供货（如原辅料、半成品）方提供产品合格证明；（2）检测仪器标准，并对仪器仪表校正的记录进行审查；（3）复查 HACCP 研究及其记录和有关文件；（4）审查 HACCP 内容体系及工作日记与记录；（5）复查偏差情况和产品处理情况；（6）CCP 记录及其控制是否正常检查；（7）对中间产品和最终产品的微生物检验；（8）评价所制定的目标限值和容差，检查不合格产品淘汰记录；（9）调查市场供应中与产品有关的意想不到的卫生和腐败问题；（10）复查消费者对产品的使用情况及反应记录。

验证报告内容主要包括：（1）HACCP 计划表；（2）CCP 直接监测资料；（3）监测仪器校正；（4）偏离与矫正措施；（5）CCP 样品分析资料；（6）HACCP 计划修正后的再确认，包括各限值可靠性的证实；（7）控制点监测操作人员的培训。对验证过程，食品企业可自行实施，也可委托第三方实施，官方机构作为 HACCP 体系强制性实施的管理者，也可组织人员进行验证。验证以 HACCP 是否有效实施、体系是否符合法规规定为主要内容。重要的是验证的频率、手段和方法应可靠，可证实 HACCP 计划运行的有效性。

步骤 11：建立记录保存和文件归档制度

完整准确的过程记录有助于及时发现问题和准确分析与解决问题，使 HACCP 原理得到正确应用。因此，认真及时和精确的记录保存不可或缺。HACCP 程序应文件化，文件和记录的保存应合乎操作种类和规范。记录的内容包括：（1）表格名称、公司名称与地址；（2）原料的性质、来源和质量；（3）监控时间、日期；（4）完整的加工记录，包括存储和发售记录；（5）清洁和消毒记录；（6）与产品安全有关的所有决定；（7）CCP 监控过程限值、监控方法及偏差与纠偏记录档案；（8）HACCP 方案修改、补充档案与审定报告；（9）产品型式、包装规格、流水线操作偏差和产品偏差；（10）操作者签名和检查日期，审核者签名和审核日期；（11）验证数据和复查数据，HACCP 小组报告及总结。

各项记录在归档前要经严格审核，包括 CCP 监控记录、限值偏差与纠正记录、验证记录、卫生管理记录等所有记录内容，要在规定的时间内（一般在下、交班前）及时由工厂管理代表审核，如通过审核，审核员要在记录上签字并写上当时时间。所有的 HACCP 记录都要归档和妥善保管。

步骤 12：检查 HACCP 计划

HACCP 体系在经过一段时间的运行，或者做了完整的验证时，都有必要对整个实施过程进行回顾与总结，HACCP 体系需要并要求建立这种检查制度。一般来说，在对整个HACCP 体系或某一点进行调整前，应对 HACCP 的过去进行检查，特别是发生以下变化时：

（1）原料、产品配方发生变化；

（2）加工体系发生变化；

（3）工厂布局和环境发生变化；

（4）加工设备有所改进；

（5）清洁和消毒方案发生变化；

（6）重复出现偏差，或出现新危害，或有新的控制方法；

（7）包装贮存和发售体系发生变化；

（8）人员等级或职责发生变化；

（9）消费者使用发生变化；

（10）从市场上获得的信息表明产品有卫生或腐败风险。

对 HACCP 所做的检查形成的资料与数据，应形成文件并成为 HACCP 记录档案的一部分，还应将检查工作所形成的一些正确的改进措施编入 HACCP 体系中，包括对某些 CCP 控制措施的调整或附加新的 CCP 及其监控措施。

在完成整个 HACCP 方案后，要尽快以草案形式成文，并在 HACCP 小组成员中传阅修改，或寄给有关专家征求意见，吸纳对草案有益的修改意见并编入草案中。经 HACCP 小组成员最后一次审核修改后成为最终版本，上报有关部门审批或在企业质量管理中应用。

第三节　食品安全风险分析

一、食品安全风险分析的发展过程

20 世纪 90 年代以来，一些危害人类生命健康的重大食品安全事件不断发生，食品安全已成为全球性问题。

随着经济全球化进程的加快和世界食品贸易量的持续增长，食源性疾病呈现出流行速度快、影响范围广等新特点。为此，各国政府和有关国际组织都在采取措施，以保障食品安全。为了保证各种措施的科学性和有效性，以及最大限度地利用现有的食品安全管理资源，迫切需要建立一种新的国际食品安全宏观管理模式，以便在全球范围内科学地建立各种管理措施和制度，并对其实施的有效性进行评价。

食品风险分析是一种宏观管理模式，现已被公认为是制定食品安全卫生标准的基础。食品安全风险分析旨在通过风险评估选择适合的风险管理措施以降低风险，同时通过风险交流达到社会各界认同或使得风险管理措施更加完善。风险分析的目标在于保护消费者的健康和促进公平的食品贸易。

1991 年，联合国粮食与农业组织（FAO）/世界卫生组织（WHO）召开了关于食品标准、食品中的化学物质及食品贸易的联合会议，提出了风险评估原则的重要性。随后，FAO 和 WHO 召集了一系列的专家磋商会议，提出了风险分析的 3 个组成部分：风险评估、风险管理和风险交流。1995 年 3 月，FAO/WHO 联合专家咨询会议最终形成了一份题为《风险分析在食品标准问题上的应用》的报告，同时对风险评估的方法以及风险评估过程中的不确定性和变异性进行了交流。该报告一经问世就立即受到各方面的高度重视。CAC 要求下属所有有关的食品法典分委员会对这一报告进行研究，并且将风险分析的概念应用到具体的工作程序中去。另外，FAO 与 WHO 要求就风险管理和风险交流问题继续进行咨询。1997 年 1 月，

FAO/WHO 联合专家咨询会议提交了《风险管理与食品安全》报告，规定了风险管理的框架和基本原理。1998 年 2 月，FAO/WHO 联合专家咨询会议提交了题为《风险交流在食品标准和安全问题上的应用》的报告，对风险交流的要求和原则进行了规定，同时对进行有效风险交流的障碍和策略进行了讨论。至此，食品风险分析的基本理论框架已经形成。

二、风险分析的基本原则和内容

食品风险分析是包含风险评估、风险管理和风险信息交流 3 个组成部分的科学框架，见图 5-1，其中，风险评估是整个体系的核心和基础。风险评估确保以完善的科学知识建立起有关食品安全的标准、指南和建议，以加强对消费者的保护，为国际贸易创造便利。WTO/SPS 规定，各国政府可以采取强制性卫生措施保护该国人民健康免受进口食品带来的危害，不过采取的卫生措施必须建立在风险评估的基础上。

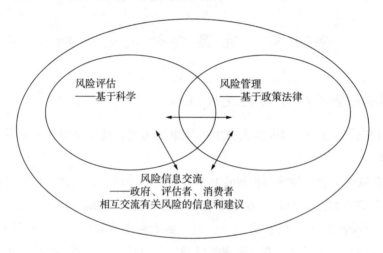

图 5-1　风险分析框架

（一）风险评估

风险评估是利用现有的科学资料，对食品中某种生物、化学或物理因素的暴露对人体健康产生的不良后果进行识别、确认和定量。它分为 4 个阶段：危害识别、危害特征描述、暴露评估以及风险描述。

1. 危害识别

危害识别是指根据流行病学、动物试验、体外试验、结构-活性关系等科学数据和文献信息，来确定人体暴露于某种危害后是否会对健康造成不良影响，造成不良影响的可能性，以及可能处于风险之中的人群和范围。

危害识别是根据现有数据进行定性描述的过程。对于大多数有权威数据的危害因素，可以直接在综合分析 WHO、FAO/WHO 食品添加剂联合专家委员会（JECFA）、美国食品药品管理局（FDA）、美国环境保护署（EPA）、欧洲食品安全局（EFSA）等国际权威机构最新的技术报告或述评的基础上进行描述。对于缺乏上述权威技术资料的危害因素，可根据在严格试验条件（如良好实验室操作规范等）下所获得的科学数据进行描述。但对于资料严重缺乏的少数危害因素，可以根据国际组织推荐的指南或各国相应标准开展毒理学研究工作。若危害因素是化学物质，危害识别应从危害因素的理化特性、吸收、分布、代谢、排泄、毒理学特性等方面进行描述。若是微生物，需要特别关注微生物在食物链中的生长、繁殖和死亡的动力学过程及其传播/扩散的潜力。

2. 危害特征描述

危害特征描述是指对与危害相关的不良健康作用进行定性或定量描述。可以利用动物试验、临床研究以及流行病学研究确定危害与各种不良健康作用之间的剂量、反应关系、作用机制等。如果可能，对于毒性作用有阈值的危害应建立人体安全摄入量水平。

危害特征描述应从危害因素与不同健康效应（毒性终点）的关系、作用机制等方面进行定性或定量描述。对于微生物，需要考虑环境变化对微生物感染率和致病力的影响、宿主的易感性、免疫力、既往暴露史等。对于大多数危害因素，通过直接采用国内外权威评估报告及数据，可以确定化学物的膳食健康指导值或微生物的剂量－反应关系。对于少数尚未建立膳食健康指导值的化学物，可利用文献资料或试验获得的未观察到有害作用水平（NOAEL）、观察到有害作用的最低水平（LOAEL）或基准剂量低限值（BMDL）等毒理学剂量参数，根据上述风险评估关键点中所确定的不确定系数推算出膳食健康指导值。对于无法获得剂量－反应关系资料的微生物，可根据专家意见确定危害特征描述需要考虑的重要因素（如感染力等），也可利用风险排序获得微生物或其所致疾病严重程度的特征描述。

3. 暴露评估

暴露评估是指描述危害进入人体的途径，估算不同人群摄入危害的水平。根据危害在膳食中的水平和人群膳食消费量，初步估算危害的膳食总摄入量，同时考虑其他非膳食进入人体的途径，估算人体总摄入量并与安全摄入量进行比较。

膳食暴露评估以食物消费量与食物中危害因素含量等有效数据为基础，根据所关注的目标人群，选择能满足评估目的的最佳统计值计算膳食暴露量，同时可根据需要对不同暴露情景进行合理的假设。在化学物的急性（短期）暴露评估中，食物消费量和物质含量通常分别选用高端值或最大值；而在慢性（长期）暴露评估中，食物消费量和物质含量（浓度）可以分别选用平均值、中位数等的不同组合。营养素的膳食暴露评估应同时关注低端值。在概率性暴露评估中，需要利用食物消费量和食物中物质含量的所有个体数据，通过相关软件的模拟运算，计算人群危害因素膳食暴露水平的分布。在进行微生物的暴露评估时，还需要考虑从生产到消费过程中微生物的生长变化，可通过构建有效模型预测不同环节、不同环境条件以及不同处理方法对微生物暴露水平的影响。

4. 风险描述

风险描述是指在危害识别、危害特征描述和暴露评估的基础上，综合分析危害对人群健康产生不良作用的风险及其程度，同时描述和解释风险评估过程中的不确定性。

风险描述有定性描述和（半）定量描述两种。定性描述通常将风险表示为高、中、低等不同程度；（半）定量描述以数值形式表示风险和不确定性的大小。化学物的风险描述通常是将膳食暴露水平与健康指导值（如 ADI、TDI、ARFD 等）相比较，并对结果进行解释。微生物的风险描述，通常是根据膳食暴露水平估计风险发生的人群概率，并根据剂量－反应关系估计危害对健康的影响程度。风险描述的对象一般包括个体和人群。对于个体的风险描述，可分别根据高端（或低端）估计和集中趋势估计结果，描述处于高风险的个体以及大部分个体的平均风险。人群的风险描述依评估目的和现有数据不同而异，可描述危害对总人群、亚人群（如将人群按地区、性别或年龄别分层）、特殊人群（如高暴露人群和潜在易感人群）或风险管理所针对的特定目标人群可能造成某种健康损害的人数或处于风险的人群比例。

风险评估应从物质的毒理学特性、暴露数据的可靠性、评估模型和假设情形的可信度等方面，全面描述评估过程中的不确定性及其对评估结果的影响，必要时可提出降低不确定性的技术措施。

（二）风险管理

风险管理是指根据风险评估的结果，同时考虑社会、经济等方面的有关因素，对各种管理措施的方案进行权衡，并且在需要时加以选择和实施。风险管理的首要目标是通过选择和实施适当的措施，尽可能有效地控制食品风险，从而保障公众健康。措施包括制定最高限量，制定食品标签标准，实施公众教育计划，通过使用其他物质或者改善农业或生产规范以减少某些化学物质的使用。

风险管理可以分为 4 个部分：风险评价、风险管理选择评估、执行管理决定、监控和审查。

1. 风险评价

风险评价的基本内容包括：确认食品安全问题，确定风险概况，对危害的风险评估和风险管理优先性进行排序，为进行风险评估确立风险评估政策，进行风险评估，以及风险评估结果的审议。

2. 风险管理选择评估

其程序包括确定有效的管理方案，对各种方案进行选择，以及最终的管理决定。

3. 执行管理决定

通过对各种方案进行选择，作出最终管理决定，并按照管理决定实施。

4. 监控和审查

对实施措施的有效性进行评估，在必要时对风险管理和风险评估进行审查。

（三）风险信息交流

风险信息交流是指在风险评估人员、风险管理人员、消费者和其他有关的团体之间就与风险有关的信息和意见进行交流。风险信息交流参与者应当包括国际组织、政府机构、企业、消费者和消费者组织、学术界和研究机构以及媒体。其中一个特别重要的方面，就是将专家进行风险评估的结果以及政府采取的有关管理措施告知公众或某些特定人群（如老人、儿童，以及免疫缺陷症、过敏症、营养缺乏症患者），以及建议消费者可以自愿采取的保护措施等。

三、风险分析与 HACCP 的关系

风险分析与 HACCP 是近年来国际食品安全领域经常使用的两个概念。

风险分析是通过对影响食品安全质量的各种生物、物理和化学危害进行评估，定性或定量地描述风险的特征，在参考有关因素的前提下，提出和实施风险管理措施，并对有关情况进行交流，它是制定食品安全标准的基础。HACCP 则是一种在食品生产、加工过程中保证食品安全的体系，它可以使食品质量管理部门预测损害食品安全的因素，并在危害发生之前加以防止。HACCP 是一种预防性的风险管理措施，它可以在食品加工过程中识别、评价和控制食品生产卫生方面的危害，主要是食品中的微生物危害。HACCP 体系的建立，需要有一个危害分析的步骤，通常是进行定性的观察和评估，用来确定从最初的生产、加工、流通直到消费的每一阶段可能发生的所有危害。在 HACCP 框架下，危害分析的结论用来确定食品加工或操作过程是否得到控制。

风险分析研究通常会得出明确的结论，即食品的某一特征是否构成了食品安全危害，以及危害的风险程度。政府通常由此实施管理和其他行政措施，向食品生产者指出某种食品危害的类型和性质，帮助其在 HACCP 体系下进行危害分析。食品企业无论规模大小，都不需要进行风险评估，风险评估一般是由政府部门和有关科研机构完成的。

风险评估技术有助于在 HACCP 体系中进行危害分析、确定关键控制点和设定关键限值，同时可用来对 HACCP 的实施效果进行评价。研究食品中生物性危害风险评估的定量方法，将会促进和改善 HACCP 的应用。

此外，风险分析在更多的情况下是对各种食品的个别危害进行研究，而 HACCP 却主要是对单一食品中的多种危害进行研究。可以说，风险分析是对 HACCP 管理体系的进一步补充和完善，也是实行 HACCP 管理体系的基础。

第四节　WTO/TBT 和 WTO/SPS

WTO 为促进世界贸易自由化，解决成员之间的贸易争端，达成了一系列协议，其中与食品安全相关的协议有两个：《技术性贸易壁垒协议》（WTO/TBT）和《实施卫生与植物卫生措施协议》（WTO/SPS）。

一、WTO/TBT

WTO/TBT 包括正文和 3 个附件，正文共分 6 大部分 15 条，主要内容包括：制定、采用

和实施技术性措施应遵守的规则；技术法规、标准和合格评定程序；通报、评议、咨询和审议制度等。WTO/TBT 对成员在标准、技术法规和合格评定程序三方面的措施加以规范，其管辖范围主要是工业品和农产品的技术性贸易壁垒，不适用政府采购和 WTO/SPS 的有关措施。

（一）WTO/TBT 对技术法规、标准、合格评定的定义

1. 技术法规

技术法规是指强制执行的规定产品特性或相应的加工和生产方法（包括可适用的行政或管理规定在内）的文件。技术法规也可以包括或专门规定用于产品、加工或生产方法的术语、符号、包装、标志或标签要求。

WTO/TBT 要求成员应尽可能按照产品的性能，而不是按照设计或描述特征来制定技术法规。技术法规一般涉及国家安全、产品安全、环境保护、劳动保护、节能等方面。

2. 标准

标准是指为了通用或反复使用的目的，由公认机构批准的非强制性的文件。标准规定了产品或相关加工和生产方法的规则、指南或特性。标准也可包括术语、符号、包装、标志或标签要求。

3. 合格评定程序

合格评定程序是指任何直接或间接用以确定产品是否满足技术法规或标准要求的程序，主要包括抽样、检验和检查程序，评估、验证和合格保证程序，注册、认可和批准程序，以及上述各项程序的组合。合格评定程序可分为认证、认可和相互承认三种形式。

（二）WTO/TBT 主要原则

1. 国际标准原则

成员国在制定本国技术法规、标准和合格评定程序时，要以国际标准（或即将发布的国际标准草案）和国际导则为基础，尽可能地采用国际标准，并且鼓励发展中国家积极参与国际标准的制定活动。WTO/TBT 规定的国际标准主要是指国际标准化组织（ISO）、国际电工委员会（IEC）、国际电信联盟（ITU）三大国际标准组织发布的标准。

2. 国民待遇原则

在技术法规、标准和合格评定方面，各成员方给予来自 WTO 其他任何成员方境内产品的待遇应不低于本国同类产品的待遇。

3. 透明度原则

各成员国在制定技术法规、标准、合格评定程序时，只要是与贸易有关的，在发布前必须向成员国事先通报，并要留出足够的时间给成员方的有关团体提意见用。对所提意见，应作出合理的解释，或根据成员方提的意见进行修改。与国际标准不一致的，应作出说明，阐述理由。

4. 良好行为规范原则

各成员方保证不制定、不采用、不实施在目的上或效果上给国际贸易制造不必要障碍的

技术法规、标准和合格评定程序。但是为了实现正当目标，基于气候或地理因素、基本技术或基础设施问题，各国可以制定与国际标准不一致的技术法规和标准，来保证正当目标的实现。WTO/TBT 规定的正当目标是指保障国家安全、反欺诈、保护人类健康和安全、保护动植物的生命和健康、保护环境。各国可以利用这一点，"合法地"制造技术壁垒。

5. 统一原则

各成员方中央政府机构不但要保证实施 WTO/TBT 的各条款，而且要确保地方政府和有关非政府机构都遵守 WTO/TBT 的规定。

二、WTO/SPS

WTO/SPS 包括正文和 3 个附件，正文共 14 条，主要内容包括：各成员方在实施卫生与植物卫生措施方面的权利和义务；各成员方之间采取有关措施的协调；风险评估制度的建立和适当的卫生与植物卫生保护水平的确定；适应地区条件，包括适应病虫害非疫区和低度流行区的条件；透明度；对发展中国家成员方的特殊和差别待遇；管理机构及争端解决等。附件主要规定了卫生与植物卫生措施的定义，透明度具体要求，以及控制、检查和批准程序等内容。

WTO/SPS 的宗旨是建立一个多边的规则，来指导各成员方制定、采纳和实施卫生和植物卫生措施，最大限度地降低其对国际贸易的不良影响，同时又能达到各成员方保护人类、动植物的生命和健康的目的。

（一）WTO/SPS 有关定义

1. 卫生或植物卫生措施

卫生与植物卫生措施是指用于下列目的的任何措施：

（1）保护成员方境内动植物生命或健康免于虫害、疾病、带病微生物或致病微生物的侵入、定居或传播所产生的风险；

（2）保护成员方境内人类和动物生命或健康免于食品、饮料或饲料中的添加剂、污染物、毒素或致病微生物所产生的风险；

（3）保护成员方境内人类生命或健康免于动物、植物或其产品中携带的疾病以及害虫的侵入、定居或传播所产生的风险；

（4）防止或限制成员方境内因害虫的侵入、定居或传播所产生的其他损害。

卫生或植物检疫措施包括所有相关的法律、法令、条例、规定和程序，包括最终产品标准，加工和生产方法，测试，检验，认证和认可程序，与动植物运输或在运输途中动植物生存所需物质有关的要求在内的检疫处理，有关统计方法、取样程序和危险评估方法的规定，以及与食品安全直接相关的包装和贴标签要求。

2. 危险性评估

危险评估是指根据可能被适用的卫生或植物检疫措施评估虫害或疾病在进口成员方境内侵入、定居或传播的可能性，以及相关的潜在的生物方面和经济方面的后果；或评估食品、饮料或饲料中添加剂、污染物、毒素或致病微生物的存在对人类或动物健康产生不良影响的可能性。

3. 适当的卫生和植物卫生保护程度

适当的卫生或植物检疫保护程度是指成员方在制定保护其境内的人类、动物或植物生命或健康的卫生或植物检疫措施时认为合适的保护程度。很多成员方称这个概念为"可接受的危险程度"。

（二）WTO/SPS 主要原则

1. 协调一致、共同采用国际标准原则

成员方采取卫生和植物卫生措施时，应将本国的措施建立在已有的国际标准、准则或建议的基础上。WTO/SPS 规定的国际标准，主要是指国际食品法典委员会（CAC）、世界动物卫生组织（OIE）、国际植物保护条约（IPPC）的标准、准则。

2. 相互承认的等同性原则

这实质上就是国民待遇原则的延伸。只要出口方向进口方客观地表明了其卫生和植物卫生措施符合进口方相应措施的保护水平，即使这些措施与本国的措施存在着差别，进口方都应承认出口方的卫生和植物卫生措施与其具有等同性。成员方之间可以就某项或某些卫生和植物卫生措施的等同性达成双边或多边互认协议。

3. 在危险性评估（风险分析）的基础上确定适当保护水平的原则

成员方在根据本国的条件、按照国际组织制定的危险性评估方法进行科学评估的基础上，为了保护本国的人类以及动植物的生命和健康安全，制定必要的卫生和植物卫生措施，以保障适当的保护水平。采取这些措施时，应考虑到危害带来的经济损失、限制危害的成本和对贸易的负面影响等因素，零风险是不现实的。

4. 确认疫病（疫情）的区域化原则

由于疫病、疫情的发生、流行、控制和消除有其自身的规律，成员方应认同"无虫害区""无疫病区""低虫害区""低疫病流行区"的概念。对这些地区的认定，应根据地理、生态系统、流行病监测以及卫生和植物卫生措施实施的有效性来确定。

5. 透明度原则

成员方在采取任何卫生和植物卫生措施以及这些措施有任何变化时，都应及时公布和通报，并要在从公布到正式生效实施之间有一段适当的时间间隔，以便使出口方按进口方要求调整其产品和生产方法。同时，要求成员方设立 WTO/SPS 咨询点，以便负责及时回答成员方对有关措施、法规、实施办法等问题的咨询。

WTO/TBT 和 WTO/SPS 的技术法规、标准、合格评定程序和卫生与植物卫生措施是各成员方实行的主要技术性贸易措施，在这方面的苛刻的要求就构成了国际贸易中的技术壁垒。协议允许每个成员方有实现正当目标的权利和提出对人类和动植物进行适当保护的措施的权利，这就使得技术壁垒成了合理合法的事情，在国际贸易中产生了很大的影响。

　　发达国家利用其科技水平高、经济实力强和法律法规健全的优势，通过制定大量技术法规和标准，设置复杂且费用昂贵的合格评定程序，不断修订法律法规，不断增加入境产品的检验检疫项目要求，来限制其他国家的产品进口。这些国际贸易中的技术措施绝大部分是通过标准化手段来实现的。在国际贸易中的技术壁垒可以分为两类：一类是一些国家为了保护本国利益，没有科学根据、不讲法理设立的技术壁垒。对这种技术壁垒，应该积极交涉，甚至针锋相对，通过贸易斗争去破除它。另一类技术壁垒则符合 WTO 的规则，这类壁垒是破除不了的，只能提高我国的生产技术水平去跨越它。

第六章　国际食品法律法规与标准

第一节　国际食品法典委员会标准

一、国际食品法典委员会（CAC）简介

国际食品法典委员会（Codex Alimentarius Commission，CAC）由联合国粮食与农业组织（FAO）和世界卫生组织（WHO）于 1963 年共同建立。CAC 是一个制定国际食品标准的政府间组织，致力于保护消费者健康并确保食品贸易公平，以及促进国际组织和非政府组织所开展的所有食品标准工作的协调统一。

我国于 1984 年正式加入 CAC，1986 年成立了中国食品法典委员会，由与食品安全相关的多个部门组成。2006 年，我国成功申请成为国际食品添加剂法典委员会（CCFA）和国际食品法典农药残留委员会（CCPR）主持国。2011 年当选为国际食品法典委员会执行委员，代表亚洲区域参加执行委员会的工作。

作为发展中国家的重要代表，我国承担了多项国际食品法典标准的制定工作。2002 年，首次牵头《预防和降低树果中黄曲霉毒素污染的生产规范》的制定工作，并于 2005 年发布该标准。2004—2008 年，积极参与了《婴幼儿配方粉卫生操作规范》的制定工作，为合理制定婴儿及较大婴儿配方粉中阪崎肠杆菌的限量标准做出了贡献。2005 年，主动提出制定亚洲区域标准《非发酵豆制品》，用于协调豆腐等豆类食品的区域贸易。2007 年和 2009 年，分别提出修订茶叶中的硫丹、氯氰菊酯和稻米中乙酰甲胺磷及其代谢产物甲胺磷的农药残留限量标准，并已上升为国际食品法典标准。2010 年，与澳大利亚共同牵头农药残留分析方法电子工作组，制定了《农药残留测定结果不确定度评估导则》。2011 年，牵头《预防和降低大米中砷污染操作规范》的制定工作。作为 CAC 执委，我国全程参加了《国际食品法典战略规划（2014—2019）》的讨论，并在发展中国家的参与、法典标准的科学基础、提高法典标准管理的效率等方面提出了很多建设性意见。

我国作为唯一担任 CCFA 和 CCPR 两个委员会主持国的发展中国家，连续 11 年成功举办国际食品法典年会，在强化人才培养和专业技术储备，促成我国标准与国际接轨，提升国际食品安全标准制定过程中的话语权，提升国际影响力等方面发挥了重要作用。

二、《食品法典》的起源

针对食品质量与安全的法律法规最早可以追溯到古代。考古研究发现，早期历史上的统

治者就已经开始注意制定规章以保护消费者免受不诚实食品销售的侵害。亚述人的泥板中就有对粮食准确称量和度量标准的描述；古埃及人的卷册中也有规定某种食品标识的记载；古雅典人已经开始对啤酒和葡萄酒的纯度和质量进行检查；古罗马人也有食品控制体系和保护消费者免受欺骗的措施。在中世纪的欧洲，一些国家颁布了有关鸡蛋、香肠、奶酪、啤酒、葡萄酒和面包质量和安全的法律法规。1897—1911 年奥匈帝国时期按照食品的种类不同制定了一大批相关的标准和产品说明，即当时的《奥地利食品法典》。虽然这一法典还缺乏法律的强制性，但在当时已经被法院用来作为判定特定食品特性的参考，成为历史上第一部具有现代意义的食品法典，现在的《食品法典》名称就是取自这一法典。

20 世纪初期，各国纷纷建立了自己国家的相关食品法规，而不同国家制定的食品法规和标准的差异不可避免地导致了 20 世纪早期的国际贸易障碍，使得食品贸易商开始关注如何统一各国间的食品标准问题。他们成立了贸易协会来解决出现的贸易争端，同时经过共同协商来统一食品标准以推动食品的贸易。成立于 1903 年的国际乳业联合会（IDF）就是这样的一个协会，它为后来的食品法典委员会在乳及乳制品方面标准的建立奠定了基础。

20 世纪 40 年代后期，FAO 和 WHO 成立以后，人们更加关注国际上对食品规章的制定。特别是 20 世纪 50 年代以后，随着食品科学与技术的迅速发展，各种分析仪器和分析方法的出现，人们对有关食品特性的知识和食品质量问题以及与之有关的健康危害的认识也迅速提高，各国政府面临保护本国消费者免于劣质和有害食品危害的压力，纷纷采取相应的对策。1949 年，阿根廷提出了拉丁美洲区域性的食品法典；1954—1958 年，奥地利积极寻求创立区域性的食品法典，即《欧洲食品法典》。

1950 年第一次 FAO/WHO 营养专家委员会的报告中这样提道：不同国家的食品规章通常是相互冲突和矛盾的，国与国之间的立法机构在保存、命名和接受食品标准方面存在着很大的差别，而且在制定规章时也很少考虑营养原则。

1953 年的世界卫生大会指出：在食品工业中广泛使用化学物质所出现的新的公共卫生问题应引起重视。FAO 和 WHO 在 1955 年召开了食品添加剂会议，之后成立了 FAO/WHO 食品添加剂联合专家委员会（JECFA），该委员会负责对食品中的添加剂、污染物和兽药残留制定标准和准则，并提出指导性的建议。在 FAO 和 WHO 进一步增加对食品相关问题参与的同时，由国际非政府组织建立的多个委员会也开始在食品标准方面展开工作。1960 年 10 月，FAO 欧洲区域会议指出：制定国际统一的食品标准是保护消费者健康，确保食品质量安全，减少贸易壁垒，尤其是迅速整合欧洲市场的重要手段。1961 年 11 月，FAO 第十一届大会通过建立食品法典委员会（Codex Alimentarius Commission，CAC）的决议。1963 年 5 月，WHO 第十六届大会批准建立 FAO/WHO 食品标准规划，并通过了《食品法典委员会章程》。从此，CAC 开始致力于《食品法典》（Codex Alimentarius）的制定，同时积极关注世界范围内的食品质量和安全问题，审核和监督有关保护消费者健康和保证食品公平贸易的所有重要领域。

三、《食品法典》的内容

CAC 是一个政府间协调食品标准的国际组织，其宗旨是保护消费者健康和维护公平的国际食品贸易。《食品法典》汇集了全球通过的、以统一方式呈现的食品标准及相关文本。发行《食品法典》的目的是指导并促进食品定义与要求的制定，推动其协调统一，并借以推进国际贸易。CAC 按照一定的程序制定与食品安全质量相关的标准、准则和建议，并提出各国采纳《食品法典》标准的程序。《食品法典》虽然是推荐性的，但它是国际组织解决食品国际贸易争端的重要参考依据。《食品法典》包括所有面向消费者的食品的标准，无论是加工、半加工还是未加工食品。《食品法典》包括食品卫生、食品添加剂、农药和兽药残留、污染物、标签及其描述、分析与采样方法以及进出口检验和认证方面的规定。

《食品法典》中的标准有的很笼统，有的则具体到特定的食品。如对食品中农药或兽药残留只制定了最大残留限量（MRLs），而食品添加剂和食品中污染物及毒素的标准既有对一般食品的规定也有对具体食品的规定。包装食品标签的通用标准涵盖了这一类别中的所有食品。由于标准与产品的特点有关，凡产品用于贸易时均可适用这些标准。《食品法典》中涉及的分析和取样方法，包括了食品中污染物和农药及兽药残留的分析和取样方法。《食品法典》中的各种规范包括卫生操作规范，规定了特定食品或食品类别的生产、加工、制作、运输和贮存方法。而对食品卫生而言，《食品法典》的基本文件是《食品卫生通则》。

《食品法典》的准则包括规定某些关键领域必须遵守的原则，如在食品中添加必要营养素的原则、食品进口和出口检查及验证原则、制定和应用食品微生物标准的原则、进行微生物风险分析的原则和现代生物技术食品风险分析原则等。另一类准则是解释这些原则或解释《食品法典》通用标准规定的准则，如对食品标签，尤其是特殊食品标签的解释的准则，以及《食品进口和出口检查及验证原则》的解释，以及关于对 DNA 已改变的植物和微生物食品进行安全评估的准则等。

《食品法典》中类别最多、数量最大的是那些被称为"食品标准"的具体标准。2011 年更新后的食品法典委员会官方文件中将食品分为 16 个类别，它们分别是：

01.0　乳制品及类似产品，不包括 02.0 类中的产品；

02.0　脂肪、油及脂肪乳化物；

03.0　食用冰，包括冰冻果子露和果汁冰糕；

04.0　水果和蔬菜（包括蘑菇和食用真菌、块根类、豆类、芦荟）、海藻、坚果和籽类；

05.0　糖果；

06.0　谷物及谷物制品，来源于谷物、块根类、豆类，不包括 07.0 类焙烤制品；

07.0　焙烤制品；

08.0　肉及肉制品，包括禽肉和野味；

09.0　鱼和鱼制品，包括软体动物、甲壳类和棘皮类动物；

10.0　蛋和蛋制品；

11.0　甜味料，包括蜂蜜；

12.0　盐，香辛料，汤，沙司，沙拉，蛋白制品；

13.0　特殊营养用食品；

14.0　饮料，不包括乳制品；

15.0　即食小食品；

16.0　01.0~15.0类中未包括的复合食品种类。

以上的大类中又包含有二级和三级小类。

《食品法典》中涉及的食品标准都有统一的格式，标准的要素包括：

标准名称：名称中的食品尽量采用人们所熟知的名字，如果标准中涉及的食品不止一种，则在标准名称中用某类食品的名字概括。

范围：标准适用的食品的名称，在大多数情况下也包括这一食品的用途。

描述：包括所涉及的一种产品或多种产品的定义，并指出制作这些产品的原料。

基本成分：包括关于产品组成和辨认特点的信息以及任何强制性和自选性成分。

食品添加剂：含有添加剂的名称和允许在食品中添加的最高含量。食品添加剂必须由FAO和WHO对其安全性予以批准，使用食品添加剂必须符合食品添加剂的通用标准。

污染物：在标准所涉及的产品中可能出现的污染物的限量。这些限量以FAO和WHO的科学建议为基础，且必须符合食品中污染物和毒素的通用标准。适当时，还应提及食品中农药残留和兽药残留的最高限量。

卫生：涉及有关食品的相关卫生操作规范，无论在什么情况下都要求食品无致病微生物或任何毒素，或其数量对健康造成危害的任何其他有毒或潜伏物质。

重量和容量：包含诸如填充容器和食品净含量等规定。

标签：包括关于食品名称和确保消费者对食品质量不会误解或被误导的任何特殊要求的规定。这些规定必须与《预包装食品标识通用标准》一致。

分析和取样方法：包含一系列确保食品符合标准要求所需的测试方法，这些方法应符合食品法典委员会所规定的关于准确性和精确度的原则。

四、CAC 的标准体系

截至2016年7月，《食品法典》中包括191项食品产品标准、76项与食品生产有关的准则和规范、50项操作守则、105项涵盖18种污染物的最高限量标准、4 037项涵盖303种食品添加剂的最高限量标准、4 846项涵盖294种农药在食品中的残留最高限量标准和610项涵盖75种兽药在食品中的残留最高限量标准。

《食品法典》的主要内容包括：

第1A卷　一般要求

第1B卷　食品卫生一般要求

第2A卷　食品中农药残留

第2B卷　食品中农药残留（最大残留限量）

第3卷　食品中兽药残留

第4卷　特殊膳食用食品（包括婴幼儿食品）

第5A卷　加工和速冻水果和蔬菜

第5B卷　新鲜水果和蔬菜

第6卷　果汁及相关产品

第7卷　谷物、豆类及其制品，植物蛋白

第8卷　油脂及其制品

第9卷　鱼及鱼制品

第10卷　肉及肉制品，浓汤和清汤

第11卷　糖、可可制品、巧克力及其他

第12卷　乳及乳制品

第13卷　分析和采样方法

《食品法典》还包括《预包装食品标识通用标准》《营养标签准则》《食品微生物指标的制定和应用以及意外核污染之后国际贸易中使用的食品中放射性核素水平》等守则。制定《营养标签准则》是确保营养标签的有效性，也即以"为消费者提供有关食品的信息以便他们能作出明智的选择"为目的。而20世纪90年代初牛海绵状脑病（BSE）出现以后，CAC开始注意食品用动物的饲料安全问题，制定了《良好动物饲养规范》，以便尽量减少来源于动物的食品对消费者健康的危害。这一规范适用于各种动物饲料和饲料成分的生产和使用。随着科学技术的发展，新的食品资源和新资源食品不断出现，有鉴于此，《现代生物技术食品风险分析原则》应运而生，其对转基因的植物食品和转基因的微生物食品的安全性评估作出了详细的规定，对基因修饰引起的可能过敏性进行了评估。

五、CAC的组织体系

CAC的组织机构包括秘书处、执行委员会、地区协调委员会、一般专题委员会、商品委员会和政府间特别工作组。CAC的秘书处负责日常事务，执行委员会负责全面协调。

《食品法典委员会章程》和《食品法典委员会议事规则》是CAC的一切工作的法律基础，CAC对所有FAO和WHO的成员国和准成员国开放。截至2018年10月，CAC已拥有188个成员国和1个成员组织（欧盟），代表了全球99%的人口。我国于1984年成为食品法典委员会的成员国。

CAC通常每两年举行一次会议，在意大利罗马的FAO总部和瑞士日内瓦的WHO总部轮流举行。会议代表以国家为单位，代表团通常由会员国政府所任命的高级官员率领，成员通常由工业、消费者组织和学术机构的代表组成。还没有成为CAC成员国的国家有时派代表以观察员的身份列席大会。许多国际政府间组织和国际非政府组织也以观察员身份出席会议。尽管只是观察员，但是按CAC的惯例，允许这些机构在除由成员国政府享有特权的最后决议以外的每一阶段充分表达其观点。为推进与成员国之间的持续联系，委员会与成员国政府合作建立联络点，而许多成员国则建立了国家食品法典委员会以协调国内的工作。

CAC的一项主要任务是食品标准的编制以及《食品法典》的出版。《食品法典委员会程序手册》是委员会必须遵循的程序基础和运作的法律基础。CAC 标准制定的程序是：由国家政府或委员会下设的附属委员会制定并提交一个标准的议案，在这份议案中概述拟议标准的时限及其相关要点。由委员会或执行委员会决定拟议标准的制定，以及选择或创建附属机构负责指导标准的制定，必要时，可建立一个新的附属机构。委员会秘书处准备拟议的标准草案，并提交给成员国政府征求意见。草案还可提交负责食品标签、食品卫生、添加剂、污染物或分析方法的规范委员会征求意见。附属机构对标准草案的反馈意见进行评价，对草案进行修改，最终形成一个完整的食品标准并提交委员会通过。一个标准的制定大约需要几年的时间，而随着科学技术的进步和国际间食品贸易的发展，CAC 及其附属机构也极其重视《食品法典》中食品标准的更新。

《食品法典》的标准和准则都是建立在科学的风险分析的原则基础上制定的。CAC 1995 年通过了《关于科学在食品法典决策过程中的作用以及考虑其他因素的程度的原则声明》，1997 年通过了《关于食品安全风险评估作用的原则声明》，2001 年通过了《第二个原则声明中提及的考虑其他因素的标准》，2003 年通过了《食品法典框架下实施风险分析的工作原则》，并将其纳入《食品法典委员会程序手册》。这些文件成为食品法典委员会制定食品标准的原则和依据。

FAO 和 WHO 的 3 个专家委员会，即：FAO/WHO 食品添加剂联合专家委员会（JECFA），FAO/WHO 农药残留联席会议（JMPR），FAO/WHO 微生物风险评估联席会议（JEMRA）对 CAC 的工作给予了重要的支撑，向 CAC 及其各法典委员会提供独立科学的专家建议。

六、《食品法典》与国际贸易

食品标准的一致性有利于保护消费者的健康和促进国际间的贸易，1985 年联合国大会制定的《保护消费者准则》中指出：各国政府在制定国家食品政策和计划时，应考虑所有消费者对粮食安全的需要，并应支持和最大限度地采用 FAO 和 WHO 的《食品法典》的标准。2000 年第 53 届世界卫生大会指出了 CAC 的标准、准则及其他建议对保护消费者健康和确保公平贸易的重要性，并敦促成员国积极参与正在出现的食品安全风险分析领域的活动。2002 年世界粮食首脑会议指出：我们重申《食品法典》对提供有效的以科学为依据的国际上接受的食品安全标准，以及对促进国际食品和农产品贸易的重要作用。2004 年第二次FAO/WHO 全球食品安全管理论坛提出：《食品法典》体系为各国一起努力以代表性方式制定食品的国际标准提供了重要机遇，也为发展中国家建立其食品控制体系提供了帮助。

WTO《实施卫生与植物卫生措施协议》（SPS 协议）和《技术性贸易壁垒协议》（TBT 协议）也明确主张食品标准的国际一致性。

乌拉圭回合谈判协议在可操作和有效的规则下首次对农业和食品进行规范。参加谈判的国家认识到，各国政府为保护本国消费者和动植物的健康所采取的措施有可能构成贸易壁垒及贸易歧视。因此，将 SPS 协议和 TBT 协议纳入多边商品贸易协议，作为《建立世界贸易组织的马拉喀什协议》的附件。SPS 协议承认各国政府有权采取必要的卫生和动植物检验检疫措施，以保护人类健康。但是，该协议要求各国政府只能将这些措施用于保护人类健康。如果没有足够的科学依据，不允许成员国政府对条件相同或相似的国家实行不同的贸易要求。TBT 协议旨在确保包括包装、商标、标识要求在内的技术规则和标准以及符合技术规则和标准的评估分析程序不会造成不必要的贸易障碍。SPS 协议和 TBT 协议均认识到制定统一的国际标准的重要性，以便最大限度地减少乃至排除卫生、动植检验检疫以及其他技术标准方面的可构成贸易壁垒的风险。SPS 协议承认 CAC 制定的关于食品添加剂、兽药、农药残留、污染物、分析和抽样检查方法、卫生作业准则方面的标准和准则，并建议将其作为食品安全方面的国际统一标准。

乌拉圭回合谈判协议也允许成员国集团之间为贸易自由化目的达成协议。加拿大、墨西哥和美国三国间签署的《北美自由贸易协议》（NAFTA）就是这样的协议。这个协议中包含了两个用以处理卫生和动植物检验检疫以及技术性贸易壁垒问题的附加协议，在食品安全措施方面，它们都引用了《食品法典》的标准，并将其作为 3 个成员国在健康和食品安全方面均应遵守的基本要求。阿根廷、巴西、乌拉圭和巴拉圭通过签署《亚松森条约》建立了南方共同市场（MERCOSUR），共同市场食品委员会建议其成员国采用一系列《食品法典》的标准。在亚洲和太平洋地区，亚太经济合作组织（APEC）也形成了经济合作管理模式，该组织已经起草了一份《共同评估食物及食物产品的相互承认协议》，这一协议要求各成员国一致执行 SPS 协议和 TBT 协议的要求及《食品法典》标准，包括 CAC 在食品进出口检查认证系统方面所提出的各种建议。这些区域性的措施与乌拉圭回合谈判协议所包含的原则不相违背，也符合《食品法典》的标准。

除此以外，在许多双边和多边贸易协定中也都提到《食品法典》。欧盟亦经常将《食品法典》作为欧盟法令的基础。

七、《食品法典》的作用

《食品法典》的主要作用体现在以下 4 个方面：

（1）更迅速地提供《食品法典》标准和专家的科学建议；

（2）更多地容纳发展中成员国参与《食品法典》标准的制定进程，包括风险评估；

（3）依据成员国的需要，及时制定更为实用的食品安全标准；

（4）为发展国家食品控制系统提供更为有效的帮助。

为了鼓励采用《食品法典》的标准，多年来，FAO 和 WHO 一直在向发展中国家提供援助，使其能够在 CAC 的指导下开展工作，这些援助包括：

（1）建立和加强国家食品控制系统，包括按照《食品法典》标准制定和修订各国的食品法律和法规，以及食品标准；

（2）帮助发展中国家建立和加强食品安全控制机构，对技术和管理能力进行培训，以确保它们能够有效运作；

（3）提高实验室的分析和检验水平；

（4）举办研讨会和培训班，不仅用于交流与食品控制有关的信息、知识和技能，而且用于提高对《食品法典》标准以及 CAC 作用的认识；

（5）对保护消费者健康和确保食品的诚信营销进行培训；

（6）其他与《食品法典》直接有关的活动，如对利用生物技术生产的食品的安全性评估等给予指导；

（7）制定和出版与食品质量控制有关的手册；

（8）制定和出版关于食品检验和质量控制的培训手册，尤其是有关在食品加工业中应用 HACCP 管理体系的培训手册。

FAO 和 WHO 还通过标准和贸易发展基金的形式协助发展中国家采用《食品法典》以及为了食品安全而采取适当的措施。该基金为那些努力遵守 SPS 协议的标准期望获取或保持市场准入的发展中国家提供资助。成立于 2003 年的法典信托基金也在积极扶持和帮助发展中国家和经济转型期国家更多地参与食品法典委员会的重要工作。除此以外，CAC 还与有关的国际组织联合，努力为各国政府和公众方便获取关于食品标准和相关事项的权威信息。

第二节　国际标准化组织标准

一、国际标准化组织（ISO）简介

国际标准化组织（International Organization for Standardization，ISO）是世界上最大的国际标准化机构，其前身是国家标准化协会国际联合会（ISA）和联合国标准协调委员会（UNSCC）。1946 年 10 月，来自中国、英国、法国、美国等 25 个国家的 64 名代表在伦敦召开会议，决定成立一个新的国际标准化机构——国际标准化组织（ISO）。会议讨论了 ISO 组织章程和议事规则，并经 10 月 24 日召开的有 15 个国家参加的临时全体大会一致通过。1947 年 2 月 23 日，ISO 宣告正式成立。总部设在瑞士日内瓦。

ISO 的宗旨是：在全世界促进标准化及其有关活动的发展，以便于国际物资交流和服务，并扩大在知识、科学、技术和经济领域中的合作。其主要任务是：制定、发布和推广国际标准；协调世界范围内的标准化工作；组织各成员国和技术委员会进行信息交流；与其他国际组织共同研究有关标准化问题。

ISO 成员分为 3 类：成员团体（正式成员）、通讯成员和注册成员。一个国家只能有一个具有广泛代表性的国家标准化机构参与 ISO，成为正式成员。正式成员可以参加 ISO 各项活动，有投票权。通讯成员通常是没有完全开展标准化活动的国家或组织，没有投票权，但可以作为观察员参加 ISO 会议并得到其感兴趣的信息。注册成员来自尚未建立国家标准化机构、经济不发达的国家，只需交纳少量会费，即可参加 ISO 活动。目前，ISO 共有 164 个成员。

ISO 是非政府性国际组织，不属于联合国，但它是联合国经济和社会理事会的综合性咨询机构，是 WTO/TBT 委员会的观察员，并与联合国许多组织和专业机构保持密切联系。它还与很多国际组织就标准化问题进行合作，其中，同国际电工委员会（IEC）的关系最为密切。1947 年 ISO 成立时，IEC 即与 ISO 签订协议：IEC 作为电工部门并入 ISO，但在技术和财政上仍保持其独立性。1976 年 ISO 与 IEC 达成新的协议：两组织都是法律上独立的团体并自愿合作，协议分工，IEC 负责电工电子领域的国际标准化工作，其他领域则由 ISO 负责。

二、ISO 的组成

ISO 的主要机构有全体大会、理事会、技术管理局和中央秘书处。

（一）全体大会

全体大会是 ISO 的最高权力机构，属非常设机构，1994 年以前每 3 年召开一次。1994 年起，根据 ISO 新章程，每年召开一次。ISO 所有成员团体、通讯成员、注册成员以及与 ISO 有联络关系的国际组织均可派代表与会，但只有成员团体有表决权。全体大会的主要议程包括：年度报告中有关项目的行动情况，ISO 的战略计划以及财政情况等。全体大会的工作会议只限于 ISO 成员参加，专题公共研讨会任何与会人员均可参加。

我国承办过两届国际标准化组织大会，分别是 1999 年 10 月 20 日—22 日的第 22 届和 2016 年 9 月 9 日—14 日的第 39 届。

（二）理事会

理事会是 ISO 全体大会闭会期间的常设管理机构，由 ISO 官员（主席、副主席、司库、秘书长）、根据议事规则指定的 6 个成员团体（对本组织贡献最大的 6 个成员团体被自动指定为理事会的常任成员）和全体大会选出的 14 个成员团体组成。

理事会下设政策制定委员会、理事会常设委员会和特别咨询组。

1. 政策制定委员会

ISO 设有 3 个政策制定委员会，即：合格评定委员会、消费者政策委员会、发展中国家事务委员会。

（1）合格评定委员会（CASCO）

CASCO 的主要任务是：研究制定合格评定方法；制定产品和服务的测试、检验、认证指南和国际标准，以及机构认可指南和国际标准；促进合格评定体系的相互承认和认可；促进国际标准的应用。

（2）消费者政策委员会（COPOLCO）

COPOLCO 的主要任务是：研究消费者从标准化中取得收益的方法，帮助消费者积极参加国家和国际标准化活动；为消费者提供标准信息服务和人员培训；为消费者提供论坛；代表消费者与 ISO 其他有关机构保持联系；在本职范围内开展研究活动。

（3）发展中国家事务委员会（DEVCO）

DEVCO 的主要任务是：了解发展中国家在标准化及有关领域（如，质量控制、计量和认证等）的需求，并提出满足这些要求的办法；为发展中国家提供论坛；与联合国、IEC 和 ISO 其他机构密切合作；就上述事务向全体大会提出咨询。

2. 理事会常设委员会

理事会常设委员会负责处理理事会交办的日常工作，下设财务委员会（CSC/FIN）和战略委员会（CSC/STRAT）。

3. 特别咨询组

为了推动 ISO 实现其战略目标，ISO 主席经理事会同意可以成立特别咨询组。咨询组由对国际标准化感兴趣的其他组织的执行官组成。咨询组成员应以个人身份而不是成员团体代表身份参加。咨询组提出的建议提交理事会并由其采取相应措施。

（三）技术管理局（TMB）

TMB 是 ISO 技术工作的最高管理和协调机构。TMB 由 1 名主席和 14 个理事会任命或选举的成员团体组成。TMB 每年召开 3 次会议，一般安排在 2 月、6 月和 9 月。

TMB 的日常工作由 ISO 中央秘书处承担。

TMB 的专门机构有标准物质委员会、技术咨询组和技术委员会。

1. 标准样品委员会（REMCO）

REMCO 是一个非常重要的专门委员会，它以实物标样的形式向客户提供参考标准，是检验和验证工作不可缺少的手段。REMCO 的工作领域涉及物理及化学的各个行业。

2. 技术咨询组（TAG）

TAG 的日常工作由 ISO 中央秘书处承担。各 TAG 的任务完成后即行解散，新成立的 TAG 不使用原 TAG 编号。

3. 技术委员会（TC）

ISO 的技术工作是通过 TC 和分委员会（SC）来开展的。成立一个 TC 或 SC 需由 TMB 批准。根据工作需要，每个 TC 可以设立若干 SC，TC 和 SC 下面还可设立若干工作组（WG）。

每个 TC 和 SC 都设有秘书处，由 ISO 成员团体担任。TC 的秘书处由 TMB 指定，SC 的秘书处由 TC 指定。WG 不设秘书处，但由上级 TC 或 SC 指定一名召集人。

TC 和 SC 的成员分为两类：积极成员（P 成员）和观察员（O 成员）。P 成员必须积极参加 TC 或 SC 的活动，有进行投票的义务，并且要尽可能出席会议。O 成员也可参加会议并获得有关资料。

ISO 的技术工作是高度分散的，分别由多个 TC、SC 和 WG 承担。在这些委员会中，世界范围内的产业界代表、研究机构、政府权威、消费团体和国际组织都作为对等合作者共同讨论全球的标准化问题。管理一个 TC 的主要责任由一个 ISO 成员团体（诸如 AFNOR、ANSI、BSI、DIN、SIS 等）承担，该成员团体负责日常工作。与 ISO 有联系的国际组织、政府或非政府组织都可参与工作。

（四） 中央秘书处（ISO/CS）

ISO/CS 负责 ISO 日常行政事务，编辑出版 ISO 标准及各种出版物，代表 ISO 与其他国际组织联系。

三、ISO 标准文件

ISO 标准文件主要有：国际标准、可公开获取的规范、技术规范和技术报告等。

（一） 国际标准（International Standard）

国际标准是指 ISO 成员团体和技术委员会 P 成员依照《ISO/IEC 导则　第 1 部分：技术工作程序》，对国际标准草案（DIS）或最终国际标准草案（FDIS）进行投票，予以批准的标准文件。国际标准由 ISO 中央秘书处出版。

国际标准的形成过程要经过 6 个阶段，即申请阶段、预备阶段、委员会阶段、审查阶段、批准阶段和发布阶段。若在开始阶段得到的文件比较成熟，则可省略其中的一些阶段。

（二） 可公开获取的规范（ISO/PAS）

ISO/PAS 是在 WG 内达成一致的标准文件，具有和 ISO 国际标准同样的权威性。ISO 的 TC 和 SC 决定将一个特定的工作项目制定为 ISO/PAS，并且往往是同时批准其为新的工作项目（NP）。ISO/PAS 必须得到 TC 和 SC 中大多数 P 成员的赞成，并不得与现行国际标准有抵触。

（三） 技术规范（ISO/TS）

ISO/TS 是在 ISO 的技术委员会内达成一致的标准文件。TC 和 SC 决定将一个特定工作项目制定为 ISO/TS，并且往往同时批准其为新的工作项目，但 TC 和 SC 须得到 2/3 P 成员的支持。当委员会决定制定一项国际标准的支持票不够多时，可启动有关程序批准其作为 ISO/TS 出版。

（四） 技术报告（ISO/TR）

ISO/TR 只是提供信息的文件，包含了通常与标准文件不同类型的信息。当委员会收集信息以支持某工作项目时，可以通过大多数 P 成员投票决定是否以技术报告的形式出版该信息。ISO/TR 主要有三类：

第一类：原定作为标准但未获通过的文件；

第二类：用来表述特定领域的标准化方向，或者在某些情况下作为试行标准的文件；

第三类：仅用于提供信息的文件。

第一类和第二类技术报告在出版后 3 年内应提交复审，以决定是否将它们改成国际标准。第三类技术报告不是一定要进行复审，除非它们提供的数据已被认为不再有效或已经没有用。1999 年中期以前，它们统称为技术报告。1999 年中期以后，将第一类和第二类技术报告改称为技术规范，只有第三类仍称为技术报告。

此外，ISO 标准文件还包括国际专题研讨会协议（IWA）。IWA 是一种技术文件。它是在 ISO 技术组织之外，由指定的 ISO 成员团体管理支持的专题研讨会制定的技术文件。其实质是通过一个开放的专题研讨会形式，使市场运作者（与探讨的技术内容相关的企业、团体等）能够就专题研讨会指定的特定技术内容进行磋商。这种专题研讨会的结果就是 IWA。现有的 IWA 涉及质量管理体系、安全等方面。

新类型标准文件的推出，不但保证了 ISO 标准能够满足现有市场的需求，而且使新技术领域的信息和知识得以广泛传播。

四、ISO 食品标准

ISO 食品标准主要是由食品技术委员会（ISO/TC 34）制定。

IOS/TC 34 下设 16 个 SC，它们分别是：

ISO/TC 34/SC 2　油料种子和果实；

ISO/TC 34/SC 3　水果、蔬菜及其制品；

ISO/TC 34/SC 4　谷物和豆类；

ISO/TC 34/SC 5　乳和乳制品；

ISO/TC 34/SC 6　肉、禽、蛋、鱼及其制品；

ISO/TC 34/SC 7　香料和调味品；

ISO/TC 34/SC 8　茶；

ISO/TC 34/SC 9　微生物学分析方法；

ISO/TC 34/SC 10　动物饲料；

ISO/TC 34/SC 11　动物和植物油脂；

ISO/TC 34/SC 12　感官分析；

ISO/TC 34/SC 15　咖啡；

ISO/TC 34/SC 16　分子生物标志物水平分析方法；

ISO/TC 34/SC 17　食品安全管理系统；

ISO/TC 34/SC 18　可可粉；

ISO/TC 34/SC 19　蜂产品。

ISO 编制了国际标准分类法（international classification for standards，ICS），主要用于国际标准、区域性标准和国家标准以及其他标准文献的分类。ICS 有利于标准文献分类的协调统一，促进国际、区域和国家间标准文献的交换和传播。ICS 由三级类目构成：第一级由 41 个大类组成，第二级为 387 个类目，第三级为 789 个类目。ICS 采用数字编号。第一级采用两位阿拉伯数字，第二级采用三位阿拉伯数字，第三级采用两位阿拉伯数字，各级类目之间以下脚点相隔。ICS 将食品领域分为以下类目：

67　食品技术

67.020　食品工艺

67.040　食品综合

67.050　食品试验和分析通用方法

67.060　谷类、豆类及其制品

67.080　水果、蔬菜，包括罐装、干制和速冻的水果和蔬菜（水果、蔬菜汁和露见67.160.20）

67.080.01　水果、蔬菜及其制品综合

67.080.10　水果及其制品（包括坚果）

67.080.20　蔬菜及其制品

67.100　乳和乳制品

67.100.01　乳和乳制品综合

67.100.10　乳和加工乳制品

67.100.20　奶油

67.100.30　乳酪

67.100.40　冰淇淋和冰淇淋糖果（包括果酒、冰水）

67.100.99　其他乳制品

67.120　肉、肉制品和其他畜产品

67.120.01　畜产品综合

67.120.10　肉和肉制品

67.120.30　鱼和水产品（包括水产软体动物和其他海产品）

67.120.99　其他畜产品

67.140　茶、咖啡、可可

67.140.10　茶

67.140.20　咖啡和咖啡代用品

67.140.30　可可

67.160　饮料

67.160.01　饮料综合

67.160.10　含醇饮料

67.160.20　无醇饮料（包括果汁，露，矿泉水，柠檬水，以黄樟油、冬青油为香料的无醇饮料，可乐饮料等）

67.180　糖、糖制品、淀粉

67.180.10　糖和糖制品（包括糖蜜、甜味剂、糖果、蜂蜜等）

67.180.20　淀粉及其制品（包括葡萄糖浆）

67.190　巧克力

67.200　食用油脂、油籽

67.200.10　动植物油和脂肪

67.200.20　油籽

67.220　香辛料和调味品、食品添加剂

67.220.10　香辛料和调味品

67.220.20　食品添加剂（包括盐、醋、食品防腐剂等）

67.230　预包装食品和方便食品（包括婴儿食品）

67.240　感官分析

67.250　与食物接触的材料和制品（包括盛放食物的容器，与饮用水接触的材料和制品）

67.260　食品工厂和设备

07.100　微生物学

07.100.01　微生物综合

07.100.30　食品微生物（包括动物饲料微生物）

71.100.60　精油

五、ISO 9000 族标准

ISO 9000 族标准是指由 ISO/TC 176（质量管理和质量保证技术委员会）制定的所有国际标准。ISO 9000 族标准是质量管理体系通用的要求或指南，可以帮助组织建立、实施并有效运行质量管理体系。ISO 9000 族标准不受具体的行业或经济部门的限制，广泛适用于包括食品制造企业和食品流通企业在内的各种类型和规模的组织，在国内和国际贸易中可促进贸易双方的相互理解和信任。

第二次世界大战期间，一些国家的政府在采购军需品时，不但向供应商提出对产品特性的要求，还提出一些质量保证的要求。20 世纪 50 年代末美国发布的《质量大纲要求》（MIL - Q - 9858A）是世界上最早的有关质量保证方面的标准。20 世纪 70 年代初，借鉴军品质量保证标准的成功经验，美国标准化协会（ANSI）和美国机械工程师协会（ASME）分别发布了一系列有关原子能发电和压力容器生产方面的质量保证标准。美国军品生产方面的质量保证活动的成功经验在世界范围内产生了很大的影响。一些工业发达国家，如英国、法国和加拿大等在 20 世纪 70 年代末先后制定和发布了用于民品生产的质量管理和质量保证标准。制定国际化的质量管理和质量保证标准成为一种迫切需求，从而导致了质量管理体系标准的产生，并以其作为对产品技术规范或标准中有关产品要求的补充。

ISO 于 1979 年成立了"质量保证技术委员会"（ISO/TC 176），1987 年更名为"质量管理和质量保证技术委员会"。ISO/TC 176 负责制定质量管理和质量保证领域的国际标准及相关文件，下设 3 个分技术委员会：SC 1　概念和术语；SC 2　质量体系；SC 3　支持技术。

1986 年，ISO 发布了第一个质量管理体系标准——ISO 8402《质量词汇》。1987 年发布了如下系列标准：ISO 9000《质量管理和质量保证标准　选择和使用指南》、ISO 9001《质量体系　设计、开发、生产、安装和服务的质量保证模式》、ISO 9002《质量体系　生产和安装的质量保证模式》、ISO 9003《质量体系　最终检验和试验的质量保证模式》和 ISO 9004《质量管理和质量体系要素　指南》。

ISO 9000 族标准总结了工业发达国家先进企业质量管理的实践经验，统一了质量管理和质量保证的术语和概念，推动了组织质量管理的国际化，在消除贸易壁垒和提高产品质量和顾客满意程度等方面产生了积极和深远的影响，得到了世界各国的普遍关注和广泛采用。

由于 20 世纪 80 年代在全球经济中占主导地位的是制造业，使得 1987 年发布的第一版 ISO 9000 族标准突出体现了制造业的特点，这给标准的广泛适用造成一定的局限，为此，ISO 分别在 1994 年、2000 年、2008 年和 2015 年修订了 ISO 9000 族标准。2000 年，ISO/TC 176 对之前的 ISO 9000 族标准进行了重大改进，确立了以《质量管理体系　基础和术语》《质量管理体系　要求》《质量管理体系　绩效改进指南》《质量管理体系　审核指南》这 4 个核心标准为框架的 ISO 9000 族标准体系架构，并一直延续至今。现行的 4 个核心标准分别为：

ISO 9000：2015　质量管理体系　基础和术语

ISO 9001：2015　质量管理体系　要求

ISO 9004：2018　质量管理体系　绩效改进指南

ISO 19011：2018　质量管理体系　审核指南

此外，ISO 9000 族标准还包括一些支持性标准文件，主要有：

ISO/TS 9002：2016　质量管理体系　ISO 9001：2015 应用指南

ISO 10001：2018　质量管理　顾客满意　组织行为规范指南

ISO 10002：2018　质量管理　顾客满意　组织处理投诉处理指南

ISO 10003：2018　质量管理　顾客满意　组织外部争议解决指南

ISO 10004：2018　质量管理　顾客满意　监视和测量指南

ISO 10005：2018　质量管理　质量计划指南

ISO 10006：2017　质量管理　项目管理质量指南

ISO 10007：2017　质量管理　技术状态管理指南

ISO 10008：2013　质量管理　顾客满意度　企业-消费者电子商务交易指南

ISO 10012：2003　测量管理体系　测量过程和测量设备的要求

ISO/TR 10013：2001　质量管理体系文件指南

ISO 10014：2006　质量管理　实现财务与经济效益的指南

ISO 10015：1999　质量管理　培训指南

ISO/TR 10017：2003　ISO 9001：2000 统计技术指南

ISO 10018：2012　质量管理　人员参与和能力指南

ISO 10019：2005　质量管理体系咨询师的选择及其服务使用指南

1987 年 ISO 9000 族标准正式发布以后，我国在原国家标准局部署下组成了"全国质量保证标准化特别工作组"。1988 年 12 月，我国正式发布了等效采用 ISO 9000 的 GB/T 10300 系列国家标准。1992 年 5 月，我国决定等同采用 ISO 9000 系列标准，发布了 GB/T 19000 系列标准。1994 年我国发布了等同采用 1994 版 ISO 9000 族标准的 GB/T 19000 系列标准。2000—2003 年我国陆续发布了等同采用 2000 版 ISO 9000 族标准的国家标准，包括：GB/T 19000、GB/T 19001、GB/T 19004 和 GB/T 19011。2008 年，我国根据 ISO 9000：2005、ISO 9001：2008 修订了 GB/T 19000 和 GB/T 19001。此后经过历次修订，目前等同采用 ISO 9000 族标准的国家标准主要有：

GB/T 19000—2016/ISO 9000：2015　质量管理体系　基础和术语

GB/T 19001—2016/ISO 9001：2015　质量管理体系　要求

GB/T 19002—2018/ISO/TS 9002：2016　质量管理体系 GB/T 19001—2016 应用指南

GB/T 19004—2011/ISO 9004：2009　追求组织的持续成功　质量管理方法

GB/T 19010—2009/ISO 10001：2007　质量管理　顾客满意　组织行为规范指南

GB/T 19011—2013/ISO 19011：2011　管理体系审核指南

GB/T 19013—2009/ISO 10003：2007　质量管理　顾客满意　组织外部争议解决指南

GB/T 19015—2008/ISO 10005：2005　质量管理体系　质量计划指南

GB/T 19016—2005/ISO 10006：2003　质量管理体系　项目质量管理指南

GB/T 19017—2008/ISO 10007：2003　质量管理体系　技术状态管理指南

GB/T 19018—2017/ISO 10008：2013　质量管理　顾客满意度　企业 – 消费者电子商务交易指南

GB/T 19022—2003/ISO 10012：2003　测量管理体系　测量过程和测量设备的要求

GB/T 19023—2003/ISO/TR 10013：2001　质量管理体系文件指南

GB/T 19024—2008/ISO 10014：2006　质量管理　实现财务和经济效益的指南

GB/T 19025—2001/ISO 10015：1999　质量管理　培训指南

GB/T 19028—2018/ISO 10018：2012　质量管理　人员参与和能力指南

GB/T 19029—2009/ISO 10019：2005　质量管理体系咨询师的选择及其服务使用的指南

GB/Z 27907—2011/ISO/TS 10004：2010　质量管理　顾客满意　监视和测量指南

我国与 ISO/TC 176 对口的全国质量管理和质量保证标准化技术委员会（SAC/TC 151）成立于 1989 年，主要负责质量管理和质量保证领域的标准化工作，包括 ISO 9000 族质量管理体系国际标准转化以及自主标准的制修订等工作。

六、ISO 22000 族标准

ISO 22000 族标准是由 ISO TC 34（食品技术委员会）制定的一套食品安全管理体系。ISO 于 2005 年 9 月正式发布了 ISO 22000：2005《食品安全管理体系　食品链中各类组织的要求》，同年 11 月又发布了 ISO/TS 22004：2005《食品安全管理体系　ISO 22000 应用指南》。2018 年 6 月发布了 ISO 22000：2018，该版本是自 2005 年以来该标准的第一次修订。

目前，ISO 2200 族标准主要有：

ISO 22000：2018　食品安全管理体系　食品链中各类组织的要求

ISO/TS 22003：2013　食品安全管理体系　食品安全管理体系审核和认证机构要求

ISO 22004：2014　食品安全管理体系　ISO 22000 应用指南

ISO 22005：2007　饲料和食品链的可追溯性　体系设计与开发的通用原则和指南

ISO 22000 可以作为技术性标准对企业建立有效的食品安全管理体系进行指导。这一标准可以单独用于认证、内审或合同评审，也可与其他管理体系，如 ISO 9001 组合实施。ISO 22000 采用了 ISO 9000 的标准体系结构，在食品危害风险识别、确认以及系统管理方面，参照了 CAC 颁布的《食品卫生通则》中有关 HACCP 体系和应用指南部分。ISO 22000 的使用范围覆盖了食品链全过程，即从种植、养殖、初级加工、生产制造、分销、零售，一直到消费者使用，其中也包括餐饮。另外，与食品生产密切相关的行业也可以采用这个标准建立食品安全管理体系，如配料、食品添加剂、食品设备、食品包装材料、食品清洁服务、清洁剂、贮藏、运输、杀虫剂、兽药等。ISO 22000 通过对食品链中任何组织在生产和经营过程中可能出现的危害进行分析，确定控制措施，将危害降低到消费者可接受的水平。

ISO 22000 是在 HACCP、GMP 和 SSOP 的基础上，整合了 ISO 9001 的部分要求而形成的。作为管理体系标准，ISO 22000 要求组织应确定各种产品和（或）过程的使用者和消费者，并应考虑消费群体中的易感人群，应识别非预期但可能出现的和产品不正确的使用和操作方法。一方面，通过事先对生产和经营全过程的分析，运用风险评估方式对确认的关键控制点进行有效的管理；另一方面，将"应急预案及响应"和"产品召回程序"作为系统失效的后续补救手段，以减少食品安全事件对消费者造成的不良影响。同时，ISO 22000 也要求组织与对可能影响其产品安全的上、下游组织进行有效的沟通，将食品安全保证的概念传递到食品链中的各个环节，通过体系的不断改进，系统性地降低整个食品链的安全风险。

我国等同采用 ISO 22000 的国家标准主要有：GB/T 22000—2006/ISO 22000：2005《食品安全管理体系 食品链中各类组织的要求》和 GB/T 22004—2007/ISO/TS 22004：2005《食品安全管理体系　GB/T 22000—2006 的应用指南》。2009 年 5 月，我国发布了 GB/Z 23738—2009《GB/T 22000—2006 在饲料加工企业的应用指南》。

第三节　其他国际组织法律法规及标准

一、国际有机农业运动联盟（IFOAM）

（一）IFOAM 简介

国际有机农业运动联盟（International Federation of Organic Agriculture Movements,

IFOAM）1972 年 11 月 5 日在法国成立，成立初期只有英国、瑞典、南非、美国和法国 5 个国家的 5 个单位的代表。目前，IFOAM 已成为当今世界上最广泛、最庞大、最权威的一个拥有来自 100 多个国家 800 多个集体会员的国际有机农业组织。IFOAM 是一个民间组织，其主要活动是由 IFOAM 理事会、各委员会和一些特别工作组来开展。IFOAM 主张在世界范围内倡导开展有机农业运动，在世界范围建立一个发展有机农业运动的协作网，提供全球范围内的学术交流与合作的舞台，在会员之间交流知识和专业技能，并向人们宣传有机农业运动。

IFOAM 有严谨的组织结构，包括国际大会、世界董事会和执行董事会。世界董事会必须制定世界和执行董事会及国际大会的规则方案，并提交国际大会批准。总裁、副总裁和财政总监组成执行董事会。执行董事会代表 IFOAM 执行国际大会和世界董事会的决定，对未经国际大会或世界董事会决定的事宜作临时决定，对各机构的行为进行审核，对存在的不足之处采取补救措施。国际大会每 3 年召开一次，会上从新的董事会成员中分别选出一位主席、一位副主席和一位财政主管，并提交国际大会批准。

IFOAM 通过发展有机农业保护自然和环境，联合各成员致力于发展集生态、社会和经济为一体的合理的、可持续发展的农业体系，在全世界促进优质食品的生产，同时保护土壤、增加土壤肥力，并尽量减小环境污染及不可更新的自然资源的消耗。IFOAM 是世界性的国际组织，为全球有机农业的发展规划决策，为资金短缺和技术落后的成员提供帮助。

IFOAM 是发达国家发起组织的，随着有机农业的开发推广，发展中国家对有机食品的认识和接受也促使 IFOAM 向发展中国家发展更多的联络会员，共同发展国际和地区农业。IFOAM 支持全球和跨国、跨地区合作，制定 IFOAM 认证机构使用的公共标识，并建立有机农业运动仲裁院。

无论是发达国家还是发展中国家，只要条件符合，都有机会参加董事会成员的公开投票选举，而且 IFOAM 同样会为第三世界国家提供及时全面的信息和必要的帮助。这种无偏见、无歧视的特点为发展中国家的有机食品市场发展提供了巨大的发展空间。

IFOAM 的活动范围主要包括：农村发展、公共关系、授权认证、认证协调、社团支持、公平贸易、协助第三世界发展、环境事业、教育、培训、扩建等。

（二）IFOAM 的标准体系

IFOAM 的基本标准反映了目前有机农业生产和加工方法的发展水平，这些标准为在世界范围内进行有机食品认证提供了一个标准框架。IFOAM 规定，当标有有机农业标签的产品在市场上出售时，其生产者必须按照该国家或地区所制定的标准操作，而且应当得到认证机构的认证。IFOAM 的基本标准同时也是 IFOAM 授权体系（IFOAM Accreditation Programme）运作的基础。IFOAM 授权体系对各认证体系进行评估和授权。尽管 IFOAM 的基本标准属于非政府组织制定的有机农业标准，但其影响却很大，许多国家在制定有机农业标准时都参考了这个基本标准，甚至 FAO 在制定标准时也专门邀请 IFOAM 参与。

IFOAM 的基本标准包括 3 个部分，它们分别是：

1. 引言

2. 标准的主体

（1）有机农业和加工的原则性目标

（2）基因工程

（3）作物生产和畜牧养殖的基本要求

（4）作物生产

（5）畜牧养殖

（6）水产品养殖（草案）

（7）食品加工和操作

（8）纺织品加工（草案）

（9）森林管理（草案）

（10）标签

（11）社会公平

3. 附件

（1）肥料和土壤调节中的产品使用

（2）植物病虫害控制使用和生产调节的产品

（3）有机生产中外部材料投入的评价程序

（4）批准使用的非农业源成分和加工辅料名单

（5）有机农业中添加剂和加工助剂的评价程序

（三）有机农业和加工的原则性目标

IFOAM 的基本标准对有机农业和加工确定了一些基本的原则，明确了开展有机农业的目标是"生产足量的高营养、优质食品""减少所有形式的污染""维持和提高土壤的长期肥力""维持农业系统及其周围环境的遗传多样性（包括植物和野生动物栖息地的保护）""开发有价值的、持续的水产系统""促进健康地使用和正确地保护水、水资源和其中相关的所有生物""创造作物生产和畜牧生产之间的协调平衡"，使农业"向社会公正、生态负责的全方位的有机农业生产、加工和营销体系迈进"。

要实现这样的目标，必须"考虑农业生产的社会和生态影响""在农业生产中尽量使用可再生资源"，并且"用可再生资源来生产可完全生物降解的有机产品"，同时"鼓励和加强生物循环（包括微生物、土壤动植物区系、植物和动物）"，使得"参与有机农业的生产者都能够拥有满足其基本需求的高质量的生活和工作环境，并从中获得足够的收益"。

IFOAM 还制定了基因工程、种植业、养殖业和林业的总原则和相关的标准，以及有机产品标签方面的标准。

（四）食品加工和操作的基本标准

1. 总规定

任何涉及有机产品的操作和加工都应该保持产品的质量和完整性，尽量减少病虫害的发生，这是有机食品加工和操作的总原则。有机产品和非有机产品的加工和操作应该在时间和空间上予以区分。污染源应该可以辨别且避免。各种添加剂应该采用物理的方法从食品（最好是有机食品）中获得。

（1）应该防止有机食品和非有机食品的混合。

（2）所有产品的全过程都应该明确标识。

（3）认证机构应该制定标准来防止和控制污染。

（4）除非进行标识或者物理意义上分开，否则有机产品和非有机产品不能在一起贮藏和运输。

（5）在有机食品保存、操作、加工和贮藏的过程中，认证机构应该规定可使用的清洗和消毒方法。

（6）除了通过设置贮藏设施的环境温度以外，允许采取气调、冷却、干燥和湿度调节的方法来处理食品。

（7）允许使用乙烯气体对果蔬进行催熟。

2. 病虫害控制

应该采用有效的生产措施避免病虫害。尽量减少使用化学物质。建议使用物理障碍、声音、超声波、光和紫外光、陷阱、温度控制、大气控制、硅藻土等。应该制定病虫害的防治计划。

（1）为了控制病虫害，下列措施应该按照先后顺序予以使用：防治措施，如破坏、取消生存环境等；机械、物理和生物方法；杀虫剂、其他陷阱中使用的材料。禁止使用辐射。

（2）有机产品和禁用产品（如杀虫剂）之间不应该有直接或间接的接触，如果怀疑可能有接触应该保证产品中不会有残留。

（3）不允许使用持久性或致癌性农药或消毒剂。认证机构应该规定可使用的保护试剂和消毒剂。

3. 配料、添加剂和加工助剂

加工中使用的配料应该是有机产品。建议生产酶和其他微生物产品时，其基质应该是有机配料。

（1）如果有机配料的数量和质量不能满足要求，认证机构可以允许使用非有机配料，而且定期接受检查和评估。原料不能是基因工程产品。

（2）同一产品内的相同配料不能既是有机的，又是非有机的。

（3）水和盐可以用于有机食品。

（4）不允许使用矿物质（包括微量元素）、维生素或其他的外来添加成分。

（5）在食品加工过程中，可以使用微生物或常规酶制剂，但不允许使用基因工程生物及其产品。

（6）限制使用添加剂和加工助剂。

4. 加工方法

加工方法应该主要是机械、物理和生物过程。加工的每个过程中都应该保持有机配料的原有质量。建议所选择的加工方法应该尽量少地使用添加剂和加工助剂。

（1）以下加工方法允许使用：机械和物理、生物、熏蒸、提取、沉淀、过滤。

（2）提取只能够用水、乙醇、植物和动物油、醋、二氧化碳、氮和羧酸。这些材料应该都是食品级的。

（3）不允许使用辐射。

（4）过滤材料不能够含有石棉，或者其他对产品有影响的物质。

5. 包装

包装的环境影响应该尽可能降低。应避免过度包装。在可能的情况下应该使用循环和可再生系统。应该使用可以生物降解的材料。

（1）使用的包装材料不应该污染食品。

（2）认证机构应该制定政策，减少包装材料对环境的影响。

二、欧盟

欧洲联盟（European Union，EU），简称欧盟，是由欧洲共同体（简称欧共体，European Communities）发展而来的。1991 年 12 月，欧洲共同体马斯特里赫特首脑会议通过《欧洲联盟条约》。1993 年 11 月 1 日，条约正式生效，欧盟正式诞生。

欧盟是集政治实体和经济实体于一身、在世界上具有重要影响的区域一体化组织。欧盟的三大主要机构为：欧洲理事会、欧盟委员会和欧洲议会。欧洲理事会（European Council），即首脑会议，由成员国国家元首或政府首脑及欧盟委员会主席组成；欧盟委员会（Commission of European Union），是欧盟的常设执行机构；欧洲议会（European Parliament），是欧洲联盟的监督、咨询机构，在某些领域有立法职能，并有部分预算决定权。

欧盟的食品标准和食品安全法律法规是欧盟食品安全体系的两个重要组成部分。欧盟的技术法规以欧盟指令的形式体现。欧共体 1985 年发布的《关于技术协调和标准化的新方法》中规定，凡涉及产品安全、工作安全、人体健康、消费者权益保护等内容的就要制定相关的指令，即 EEC 指令。指令中只列出基本的要求，而具体要求则由技术标准来规定。由此形成了上层为欧盟指令，下层为包含具体要求内容、厂商可自愿选择的技术标准组成的二层结构体系，该体系有效消除了欧盟内部市场的贸易障碍。但欧盟同时规定，属于指令范围内的产品必须满足指令的要求才能在欧盟市场上销售，达不到要求的产品不允许流通，这一规定为欧盟以外的国家设置了贸易障碍。另外，在上述体系中，依照《关于技术协调和标准化的新方法》规定的具体要求制定的标准被称为协调标准，协调标准被给予与其他欧盟标准统一的标准编号。因此，从标准的编号等表面特征上看，协调标准与欧盟标准中的其他标准没有区别，没有单独列为一类，均为自愿执行的欧盟标准。但协调标准的特殊之处在于，凡是符合协调标准要求的产品均可被视为符合欧盟技术法规的基本要求，从而可以在欧盟市场内自由流通。

（一）欧盟食品安全法律法规的制定机构

欧盟委员会和欧洲理事会是欧盟有关食品安全和卫生的政府立法机构。欧盟委员会负责起草和制定与食品质量安全相应的法律法规，如有关食品化学污染和残留的委员会法规（EC）No 221/2002，还有食品安全卫生标准，如体现欧盟食品最高标准的《食品安全白皮书》，以及各项委员会指令，如关于农药残留立法相关的委员会指令 2002/63/EC 和 2000/24/EC 等。欧洲理事会负责制定食品卫生规范要求，在欧盟的官方公报上以欧盟指令或决议的形式发布，如有关食品卫生的理事会指令 93/43/EEC。以上两个部门在控制食品链的安全方面只负责立法，而不介入具体的执行工作。

（二）欧盟食品标准的制定机构

欧洲标准（Europalsche Norm，EN）和欧盟各成员国的国家标准是欧盟标准体系中的两级标准。欧洲标准是欧盟各成员国统一使用的区域级标准。欧洲标准由 3 个欧洲标准化组织制定的，它们分别是欧洲标准化委员会（CEN）、欧洲电工标准化委员会（CENELEC）、欧洲电信标准学会（ETSI）。这 3 个组织都是被欧洲委员会按照 83/189/EEC 指令正式认可的标准化组织，它们分别负责不同领域的标准化工作。CENELEC 负责制定电工、电子领域的标准；ETSI 负责制定电信领域的标准；CEN 负责制定除 CENELEC 和 ETSI 负责领域外所有领域的标准。

CEN 致力于食品领域的分析检测方法标准的制定，为产业界、消费者和欧盟法规制定者提供有价值的经验。CEN 的技术委员会（CEN/TC）具体负责标准的制定和修订工作，各技术委员会的秘书处工作由 CEN 各成员国分别承担。CEN 共设有 200 多个技术委员会。此外，CEN 研讨会提供了在一致基础上制定相关规范的新环境，如 CEN 研讨会协议、暂行标准、指南或其他资料。目前，CEN 已经发布了上百个欧洲食品标准，主要是取样和分析方法。CEN 还与 ISO 有着密切的合作关系，二者于 1991 年签订了维也纳协议，达成了技术合作意向，这一协议的主要内容是 CEN 采用 ISO 标准（当某一领域的国际标准存在时，CEN 即将其直接采用为欧洲标准），ISO 参与 CEN 的草案阶段工作（如果某一领域还没有国际标准，则 CEN 先向 ISO 提出制定标准的计划）等，其目的是尽可能使欧洲标准成为国际标准，以使欧洲标准有更广阔的市场。

（三）欧盟的食品安全法规

2000 年，欧盟公布了《食品安全白皮书》（White Paper on Food Safety），作为适用于食品和动物饲料生产及食品安全监控的新的法律基础。《食品安全白皮书》中含有将要纳入欧盟法律的 84 个行动要点，以加强各成员国的食品安全体系。2002 年 1 月，欧洲议会和理事会发布（EC）No 178/2002《食品法通则》（General Principles and Requirements of Food Law），规定了食品安全的一般性原则和食品安全程序。同年，欧洲食品安全局（European Food Safety Authority，EFSA）也宣告成立，该组织侧重于食品安全问题方面的风险评估和科学建议。

《食品安全白皮书》指出，作为一种一般性原则，对食品生产链的所有部分必须进行官方的监控，操作者、国家主管部门和欧盟分担食品安全生产和监控的责任。操作者负责遵守法律规定并将其本身行动的风险减至最低程度。国家主管部门负责确保操作者遵守食品安全标准，建立监控体系，以确保欧盟的规则得到尊重，并在需要时强制执行。《食品安全白皮书》中提出的一个重要行动点就是制定欧盟统一的食品和饲料安全监控法规，这一任务在 2004 年得以完成，即（EC）No 882/2004《为保证遵守饲料和食品法律、动物卫生和动物福利规则而进行的官方监控法规》。

《食品法通则》包含 3 个部分：第一部分确定了食品立法的一般原则和要求；第二部分规定了建立欧洲食品安全局；第三部分规定了食品安全方面的程序。该通则指出，食品立法的一般原则是食品和饲料企业的操作者对食品安全负有首要责任。成员国的主管部门负责监测和监控食品和饲料生产、加工和销售的各个环节，同时还必须制定行之有效的对违反食品和饲料法的处罚规则。《食品法通则》还有一个重要的要求就是必须制定食品和饲料及其成分的可追溯性政策，包括食品和饲料的生产企业确保制定适当的追溯程序，以及召回对健康可能造成危害的产品等。

（EC）No 882/2004 为官方监控从第三国进口产品提供了规则，该法规要求欧盟能够及时地对第三国进行监控，以便核实是否与欧盟食品和饲料法相符或等同，还可要求第三国对其出口的食品和饲料制定类似于针对成员国的监控计划。这些计划必须根据欧盟的准则制定，并应作为以后欧盟理事会监控的基础，应在涵盖向成员国出口的主要领域的多学科框架内进行监控。为了帮助发展中国家制定与欧盟监控体系相当的官方食品和饲料监控体系，欧盟根据该法规承诺在饲料和食品安全方面支持发展中国家。

（四）欧盟的食品标准和引用标准

CEN 重要的食品采样和分析方法标准包括：

TC 174　水果和蔬菜汁；

TC 194　与食品接触的器具；

TC 275　食品分析——水平方法；

TC 302　乳和乳制品——取样和分析方法；

TC 307　动植物油脂及其副产品——取样和分析方法；

TC 327　动物饲料——取样和分析方法；

TC 338　谷物及其产品

此外，CEN 还规定了两个有关食醋的标准，即 EN 13188 和 EN 13189。由于其他机构制定的一些有关食品的标准已能够全面涵盖食品安全的各个方面，因此，CEN 同时也引用了这些标准，如转基因食品标准（EN ISO 21571：2005）引用了 ISO 21571：2005。

值得注意的是，2003 年 CEN 分别颁布了《水产品溯源计划　饲养鱼配送链中的信息记录规范》（CWA 14659：2003）和《水产品溯源计划　捕捞鱼配送链中的信息记录规范》（CWA 14660：2003）。制定规范的研究组由挪威渔业研究所牵头，由来自欧盟等国家的各个相关领域的企业和机构团体自愿组成，主要目标是调查研究水产品的全链可追溯性，建立水产品可追溯体系的执行标准，即人工养殖水产品或捕捞水产品直至消费者的整个流通链所需要记录的信息以及信息记录和传递的方法等标准。对于以养殖鱼为原料的水产品（主要是鱼产品），其可追溯性是通过记录发生在养殖鱼产品的生产流通链中的信息实现的。每一个参与者都应该建立养殖鱼产品的相关信息，保存和传递这些信息，以便于在整个流通分配链中进行追溯。当产品到达终端的消费者手中时，产品从原料育种到销售的所有信息都应该可以被查询。该标准分别对育种、孵化、养殖、活鱼运输、加工、储运、贸易、零售、饲料等各个环节的参与者制定了细则，明确了各个环节参与者的职责和任务。在发生食品安全事故时，为权威部门或商家对产品提出撤销或召回提供法律依据。

食品溯源制度是食品安全管理的一项重要手段，它能够给予消费者知情权，通过向消费者提供生产商和加工商的全面信息，使消费者了解食品的真实情况。另外，该制度强化了产业链中各企业的责任，有安全隐患的企业将被迫退出市场，而产品质量好的企业则可以建立信誉。从发展的趋势来看，为了确保食品的质量安全，必须加强源头监管，明确责任主体，逐步推行食品溯源制度势在必行。

（五）欧盟食品法规对我国食品出口的影响

欧盟从 2006 年 1 月 1 日起开始实施三部有关食品卫生的新法规，即（EC）No 852/2004《食品卫生条例》、（EC）No 853/2004《动物源性食品特殊卫生规范》和（EC）No 854/2004《人类消费用动物源性食品官方控制组织特殊规则》。

1.（EC）No 852/2004

规定了食品企业经营者确保食品卫生的通用规则，其主要内容包括：

（1）企业经营者承担食品安全的主要责任。

（2）从食品的初级生产开始确保食品生产、加工和分销的整体安全。

（3）全面推行危险分析与关键控制点（HACCP）。

（4）建立微生物准则和温度控制要求。

（5）确保进口食品符合欧洲标准或与之等效的标准。

2.（EC）No 853/2004

规定了动物源性食品的卫生准则，其主要内容包括：

（1）只能用饮用水对动物源性食品进行清洗。

（2）食品生产加工设施必须在欧盟获得批准和注册。

（3）动物源性食品必须加贴识别标识。

（4）只允许从欧盟许可清单所列国家进口动物源性食品。

3.（EC）No 854/2004

规定了对动物源性食品实施官方控制的规则，其主要内容包括：

（1）欧盟成员国官方机构实施食品控制的一般原则。

（2）食品企业注册的批准；对违法行为的惩罚，如限制或禁止其产品投放市场、限制或禁止其产品的进口等处罚。

（3）对肉、软体动物、水产品、原乳和乳制品的专用控制措施。

（4）进口程序，如允许进口的第三国或企业清单。

这些食品安全法规强化了食品安全的检查手段，大大提高了食品市场准入的要求，增加了对食品经营者的食品安全问责。另外，欧盟更为注意食品生产过程的安全，不仅要求进入欧盟市场的食品本身符合食品安全标准，而且从食品生产的初始阶段就必须符合食品生产安全标准，特别是动物源性食品，不仅最终产品要符合标准，在整个生产过程中的每一个环节也要符合标准。因此，我国的食品出口企业应该不断增强质量意识，建立符合欧盟要求的管理体系，提高自身的技术实力。要密切关注欧盟食品法规和标准的制定和修订，尽快了解和熟悉欧盟进口国的有关要求，严格根据要求组织生产，及早采取措施应对新的变化。根据欧盟食品法律法规，所有食品业经营者必须全面推行 HACCP 管理，建立食品溯源制度，确保食品生产、加工和分销的整体安全并符合相应的欧洲标准。

第四节　部分发达国家的法律法规及标准

一、美国

（一）美国的食品安全体系

美国食品安全体系是以联邦和各州法律及行业生产安全食品的法定职责为基础的，联邦和各州法律的共同特点是严格、灵活和以科学为基础。通过联邦政府授权机构的通力合作，在各州及地方政府的积极参与下，形成了一个互为补充、相互独立，复杂而有效的食品安全体系。食品安全体系法令的有效实施使美国食品安全具有很高的公众信任度。

美国关于食品安全的法律法规包括两个方面的内容：一是议会通过的法案，称为法令（ACT）。美国将建国两百多年以来国会制定的所有立法加以整理编纂，按 50 个项目系统地分类编排，命名为《美国法典》（US Code，USC），按照主题的字母顺序排列，食品和药品被编排在第 21 部（Title）。二是由权力机构根据议会的授权制定的具有法律效力的规则和命令，如政府行政当局颁布的有关食品安全的法规。

在美国，至少有 12 个部门来管理食品安全。制定美国食品安全法规、条例和政策一直是以危险性分析为基础，并拥有切实可行的预防措施作保障。

承担保护消费者健康首要职责的联邦组织是卫生与公众服务部（HHS）下设的食品药品管理局（FDA）、美国农业部（USDA）所属的食品安全检验局（FSIS）、动植物卫生检验局（APHIS）和环境保护署（EPA）等。

（二）美国主要的食品安全管理机构

1. 食品药品管理局（FDA）

FDA 隶属于美国卫生部，在食品安全方面负责管理除畜肉和禽肉以外的国内生产的食品和进口食品。FDA 的主要职责：通过对食品加工厂和仓库的检查，收集和分析样品，检验其物理、化学和微生物污染情况；产品销售前的食品添加剂的安全性检测和监督；兽药对所用动物的安全性以及对食用该动物食品的人的安全性检测；食用动物的饲料安全性监测；制定美国食品法典、条令、指南和说明，并与各州合作，应用这些法典、条令、指南和说明；管理牛奶、贝类和食品零售企业，如餐馆和杂货商店；建立良好的食品加工操作规程和其他的相关生产标准，如食品工厂卫生、食品包装要求、HACCP 计划；与外国政府合作确保进口食品的安全；要求食品生产商召回不安全的食品并监督其召回行动，并且采取相应的执法行动；对食品安全开展研究；对行业和消费者进行食品安全知识方面的培训。

2. 食品安全检验局（FSIS）

FSIS 隶属于美国农业部。FSIS 的主要职责：管理国内的和进口的畜禽肉及其制品；对用作食品的动物进行屠宰前和屠宰后检验；检验畜禽屠宰厂和畜禽肉加工厂；与美国农业部市场销售局（AMS）合作监测和检验加工的蛋制品；收集和分析食品样品，进行微生物和化学污染物、感染物和毒素监测和检验；制定包装畜禽肉产品、食品在热加工和其他处理时所使用添加剂和其他食品配料的标准；建立食品工厂卫生标准，确保所有进口到美国的畜禽肉的加工过程符合美国的标准；督促畜禽肉的加工者对其加工的不符合安全要求的产品进行召回；资助有关畜禽肉制品加工的安全性研究；对行业和消费者进行食品安全知识的培训。

3. 环境保护署（EPA）

EPA 在食品安全方面的职责包括：建立安全饮用水的标准；管理有毒物质和废弃物，预防其进入环境和食物链；帮助各州监测饮用水的质量，探求预防饮用水污染的途径；对新的杀虫剂进行安全性评价，确定杀虫剂在食品中残留的限量水平，发布杀虫剂安全使用指南。

4. 疾病预防和控制中心（CDC）

CDC 隶属于美国卫生部，在食品安全方面的职责包括：调查食源性疾病的爆发情况；维护国家范围的食源性疾病调查体系；对食源性感染进行监测并作出快速反应；与其他机构合作，监测食源性疾病暴发的速率和趋势；开发快速检验病原菌的技术；制定预防食源性疾病的公众健康方针；开展预防食源性疾病的研究；培训州和地方的食品安全人员。

除以上机构外，还有许多机构通过其研究、教育、监测、预防等工作协助政府开展食品安全工作，这些机构主要包括进行食品安全研究的美国国立卫生研究院（NIH）、开展农产品方面研究的美国农业科学研究院（ARS）和负责对农场主和消费者进行有关食品安全教育的美国农业部联合研究教育服务局（CSREES）等。

（三）美国食品安全主要法律法规

1. 《联邦食品、药品和化妆品法》

该法是美国食品安全法律的核心，它为美国食品安全的管理提供了基本原则和框架。该法要求 FDA 管辖除畜禽肉和部分蛋类以外的国产和进口食品的生产、加工、包装、贮存，对新型动物药品、加药饲料和所有可能成为食品成分的食品添加剂的销售进行监督。该法禁止销售那些须经 FDA 批准而未获得批准的食品、未获得相应报告的食品和拒绝对规定设施进行检查的厂家生产的食品。该法还对食品的贮藏卫生条件和食品生产车间的卫生条件作出了规定。该法中与食品有关的规定主要包括食品的定义与标准、食品中有毒成分的法定剂量、农产品中杀虫剂和其他化学品的残留量和食品的进出口管理规定。

2. 《联邦肉类检查法》《禽类产品检验法》《蛋类产品检验法》

这三部法律用来规范畜禽肉制品和蛋制品的生产，确保销售给消费者的畜肉类、禽类和蛋类产品是卫生安全的，并对产品进行正确的标记、标识和包装。畜肉类、禽类和蛋类产品只有在盖有美国农业部的检验合格标记后，才允许销售和运输。这三部法律还要求向美国出口畜肉类、禽类和蛋类产品的国家必须具有等同于美国检验项目的检验能力，这种等同性要求不仅仅针对各国的检验体系，而且也包括在该体系中生产的产品质量的等同性。

3. 《联邦杀虫剂、杀真菌剂和灭鼠剂法》

该法与《联邦食品、药品和化妆品法》联合赋予 EPA 对用于特定作物的杀虫剂的审批权，并要求 EPA 规定食品中最高残留限量（容许量）；保证人们在工作中使用或接触杀虫剂、食品清洁剂和消毒杀菌剂时是安全的，避免环境中的其他化学物质，包括空气和水中的细菌污染物混入食品中，以及那些可能威胁食品供应链安全性的其他物质。

4. 《食品质量保护法》

该法对应用于所有食品的全部杀虫剂制定了一个单一的、以健康为基础的标准；为婴儿和儿童提供了特殊的保护。该法规定对安全性较高的杀虫剂可以进行快速批准。该法要求定期对杀虫剂的注册和容许量进行重新评估，以确保杀虫剂的相关注册数据是最新的。

5. 《公共卫生服务法》

该法又称《美国检疫法》，是美国关于防范传染病的联邦法律。该法明确了严重传染病的界定程序，制定了传染病控制条例，规定了检疫官员的职责，同时对来自特定地区的人员、货物、有关检疫站、检疫场所与港口、民航与民航飞机的检疫等均作出了详尽规定，此外还对战争时期的特殊检疫进行了规范。该法要求 FDA 负责制定防止传染病传播方面的法规，并向州和地方政府的相应机构提供有关传染病的流行信息。

6.《联邦畜禽屠宰加工厂食品安全管理新法规》

该法颁布于 1996 年，规定将 HACCP 为基础的食品加工控制系统与微生物检测规范、致病菌减少操作规范及卫生标准操作规范等法规有效组合应用，以减少畜禽肉制品的致病菌污染，预防食物中毒事件的发生。法规强调预防为主，实行生产全过程的监控。这是对美国使用了近百年之久的以感官检查加终端产品检测为手段的旧的食品安全管理体系的全面改革。

7. 总统食品安全行动计划

1997 年 1 月，美国总统克林顿宣布启动总统食品安全计划（President's National Food Safety Initiative）。1997 年 5 月，作为总统食品安全计划的一部分，美国卫生部、农业部和环境保护署向时任美国总统克林顿提交了一份报告，要求加强食品生产中的安全控制。1997 年 10 月，克林顿总统宣布"确保进口和国产水果和蔬菜的安全"计划，以保证水果和蔬菜符合最高的健康安全标准。作为此计划的一部分，发布了新鲜果蔬的"良好农业操作规范"（GAPs）和"良好加工操作规范"（GMPs）指南。FDA 和 USDA 联合发布了"行业指南——最大限度地降低果蔬食品中的微生物对安全危害的指南"，该指南列出了大多数未加工或初级加工的新鲜果蔬在食品安全、微生物危害，以及生长、收获、清洗、整理、包装和运输方面的 GAPs 和 GMPs。该指南不是强制性法规，没有法律效力，只是从农场到餐桌提高新鲜果蔬安全的第一步，重点强调生产和包装。食品安全不仅仅限于农场，而且包括从农场到餐桌整个食物链的各阶段。

总统食品安全计划关注的另一问题就是大力资助和扶持相关的食品安全研究领域，提高美国食品安全研究领域的水平。该计划还将长期对新鲜产品进行风险评价和安全性研究，干预和预防是研究的总体目标，以此减少食源性疾病的发生，同时也开展对污染源检验检测方法的研究。

8.《生物反恐法》

出于对来自生物恐怖主义威胁的担心，美国国会于 2002 年提交了《2002 年公共卫生安全与生物恐怖主义预防应对法》，布什总统于 2002 年 6 月 12 日签署了该法案。该法案授权 FDA 针对国际或意外事件造成的污染和其他与食品相关的公共卫生突发事件造成的威胁采取行动以维护美国食品供应安全，这一法案简称为《生物反恐法》。FDA 于 2003 年 5 月 6 日草拟出所有的配套法规，这些法规于 2003 年 12 月 12 日起开始施行。

《生物反恐法》中对食品出口企业有直接影响的 4 个条款是：第三章的第 303 节"行政扣留"——授权 FDA 的执行人员可以扣留任何可疑的食品；第 305 节"注册"——规定所有制造、加工、包装及贮存食品及动物饲料的美国及外国企业均须于 2003 年 12 月 12 日前向 FDA 完成注册；第 306 节"记录保存"——规定经注册的食品企业要建立管理维护记录，以便追溯食品来源；第 307 节"预先通报"——规定对美出口的食品必须在出口前办理事先通知。

（四）美国食品标准体系

美国涉及食品安全和卫生的标准主要包括检验检测方法标准和食品质量标准两大类，制定标准的机构主要包括：

1. 行业协会

（1）美国官方分析化学师协会（AOAC）。其前身是美国官方农业化学师协会，1884 年成立，1965 年改用现名。从事各种检验和分析方法标准的制定工作，内容包括：肥料、食品、饲料、农药、药材、化妆品、危险物质和其他与农业及公共卫生有关的材料等。

（2）美国谷物化学师协会（AACCH）。1915 年成立，旨在促进谷物科学的研究，保持相关科学和技术工作者间的合作，协调各技术委员会的标准化工作，制定谷物化学分析方法和谷物加工工艺的标准，如 AACCH Corn Chemistry and Technology（谷物化学方法与工艺）。

（3）美国官方饲料管理协会（AAFCO）。1909 年成立，制定各种动物饲料术语、官方管理及饲料生产的法规及标准。

（4）美国乳制品学会（ADPI）。1923 年成立，进行乳制品的研究和标准化工作，制定产品定义、产品规格、产品分类等标准，如 Recommended Sanitary/Quality Standards Code for the Dry Milk Industry（牛奶加工卫生/质量推荐标准代码）。

（5）美国饲料工业协会（AFIA）。1909 年成立，主要从事与饲料有关的研究工作，并负责制定联邦与州的有关动物饲料的标准，包括饲料材料专用术语和饲料材料筛选精度的测定等，如 Feed Ingredient Guide Ⅱ（饲料成分指南）。

（6）美国油脂化学家协会（AOCS）。1909 年成立，原名为棉织品分析师协会，主要从事动物、海洋生物和植物油脂的研究，油脂的提取、精炼和在消费与工业产品中的使用，以及有关油脂的安全包装、质量控制等方面的研究。

（7）美国公共卫生协会（APHA）。APHA 成立于 1812 年，主要制定卫生工作程序标准、人员条件要求及操作规程等，包括食物微生物检验方法、大气检测方法、水与废水检验方法、住宅卫生标准及乳制品检验方法等。

2. 标准化技术委员会

（1）牛奶工业基金会（MIF）、乳制品工业供应协会（DFISA）及国际奶牛与食品卫生工作者协会（IAMFS）。联合制定关于乳制品和蛋制品标准，以及相关加工设备清洁度的卫生标准，并发表在《乳与食品工艺杂志》（Journal of Milk & Food Technology）上，如 Sanitary Standards for Storage Tanks for Milk and Milk Products（牛奶及其制品贮罐卫生标准）。

（2）烘焙业卫生标准委员会（BISSC）。1949 年成立，从事烘焙业标准的制定、生产场所卫生设施的设计与建设和生产设备的认证等。由政府和工业部门的代表参加标准编制工作，特殊的标准与标准的修改由协会的工作委员会负责。协会的标准为制造商和烘焙业执法机关所采用。

3. 农业部农业市场服务局（AMS）

AMS 制定的农产品分级标准收集在美国《联邦法规》（CFR）的 CFR7 中。主要包括：新鲜果蔬分级标准 158 个，涉及新鲜果蔬、加工用果蔬和其他产品等 85 种农产品；加工的果蔬及其产品分级标准，分为罐装果蔬、冷冻果蔬、干制和脱水产品、糖类产品和其他产品五大类；乳制品分级标准；蛋类产品分级标准；畜产品分级标准；粮食和豆类分级标准。这些农产品分级标准是依据美国农业销售法制定的，对农产品的不同质量等级予以标明。同时，AMS 根据需要不断制定和更新标准，每年对约 7% 的分级标准进行修订。

二、加拿大

（一）加拿大食品安全管理体制

加拿大实行联邦、省和市三级食品安全行政管理体制，采取分级管理、相互合作、广泛参与的模式。联邦、各省和市政当局都有管理食品安全的责任。联邦负责制定法律法规和标准，并对有关法律法规和标准的执行情况进行监督。省级政府的食品安全机构提供在自己管辖权范围内的产品在本地销售的小食品企业的检验。市政当局则负责向经营食品成品的饭店提供公共健康标准，并对其进行监督。

1997 年，加拿大整合了国内的食品安全管理机构，把农业与农业食品部、渔业与海洋部、卫生部、工业部的食品安全监督管理职能整合在一起，成立了加拿大食品检验署（CFIA），负责加拿大食品安全、动物和植物卫生的监管和检验。CFIA 是加拿大负责食品安全、动植物卫生的执行机构，职权范围非常广，从肉品加工企业的监督到外来昆虫和病虫害的控制，从标签管理到食品召回，从种子、植物、饲料、肥料的实验室检验到环境评价。加拿大卫生部负责制定食品安全与营养的相关标准，并对 CFIA 的食品安全工作情况进行评估，同时负责食源性疾病的监测和预警。

（二）加拿大食品安全法律法规

加拿大食品安全法律法规包括由加拿大国会制定的法令和由政府机构制定的法规，法规是对法令的详细阐述。

（1）《食品与药品法》。规定了有关食品、药品、化妆品和医疗器械的安全卫生标准，以及防止在这些商品领域的商业欺诈行为。

（2）《肉类检验法》。规定了合法登记的肉及肉制品生产企业生产安全优质的肉制品应达到的标准和要求，包括这些产品的标签标准和要求。

（3）《鱼类检验法》。规定了有关鱼类产品和海洋动植物的捕捞、运输和加工的标准和要求，包括省级贸易和外贸进出口的鱼类产品和海洋动植物。

（4）《农业产品法》。规定了监督在联邦登记注册的企业生产农业产品（例如，乳制品，枫叶产品，其他农产品）的基本原则，并制定了促进省级贸易和外贸进出口食品的安全和质量的标准。

（5）《消费品包装和标识法》。规定了包装食品和某些非食用产品在包装、标识、销售、进口和广告等方面应遵守的原则。

（6）《植物保护法》。规定了防止对加拿大境内植物有害的病虫害入侵和传播，以及控制和消除措施。

（7）《化肥法》。规定了确保化肥和农作物营养补充产品的安全和有效标识。

（8）《种子法》。规定了种子的进出口和销售中监管种子的质量、标识及登记注册。

（9）《饲料法》。规定了畜禽饲料的生产、销售和进口的管理。

（10）《动物卫生检疫法》。规定了防止将动物疾病传入加拿大并防止对人类健康或国家的畜牧业构成危害的疾病在国内传播。

以上每一部法律都制定有数量不等的配套法规，分别对法令所涉及的产品或领域进行详细的阐述并提出具体的要求。

（三）加拿大维护食品安全的执法机构

在联邦范围内，CFIA 和加拿大卫生部共同负责食品安全。主要的卫生和安全政策属于卫生部的职能范围。当食品是在本省范围内流通时，制定食品安全和检验的标准可以是省一级的机构。尽管参与食品安全管理的组织很多，但处于联邦一级的 CFIA 是最主要的机构，加拿大国会和司法部授权 CFIA 具有立法、执法和解释等司法权，并发给其委托代理司法权的行政司法许可证。CFIA 的使命有三项，即提高加拿大的食品安全水平，保护消费者的健康，保证动物的健康和保护植物资源。其中，提高加拿大的食品安全水平和保护消费者的健康是其最重要的职责。CFIA 直接向农业部长报告其工作。CFIA 为企业和公众提供所有与联邦食品安全有关的服务，主要是对在联邦注册管理的食品生产者、制造商、经销商和进口商进行监督，以核实其产品是否能够满足安全、质量、数量、成分、同一性，以及操作、加工、包装、标签的标准要求。如果加拿大与其他国家间有相互的食品检验认证协议，CFIA 还向出口食品颁发证书，以证明这些食品达到了这些进口国的有关要求。

CFIA 的最终目标是食品安全状况能够百分之百满足所有联邦法规的要求。为了实现其目标，CFIA 采取的主要措施包括：与产业界合作，建立和采用更为科学的生产管理规范，包括 HACCP。对产品进行检验和测试，以评估被检验产品与相关法律法规的一致性，并采取强制行动以取得一致性，包括查封、移交、召回产品。在必要的时候采取法律行动，包括征收管理罚款和起诉。其中，与产业界合作，建立和推行更为科学的管理规范，作为一种预防性的措施，对加拿大的食品安全和食品卫生管理具有重要的意义。

三、英国

（一）英国食品安全监管机制

英国的食品安全监管由联邦政府、地方管理当局以及多个组织共同承担。例如，食品安全质量由卫生部等机构负责，肉类的安全、屠宰场的卫生及巡查由肉类卫生服务局管理，而超市、餐馆及食品零售店的检查则由地方管理当局管辖。在英国，责任主体违法，不仅要承担对受害者的民事赔偿责任，还要根据违法程度和具体情况承受相应的行政处罚乃至刑事制裁。例如，根据英国《食品安全法》，一般违法行为根据具体情节处以 5000 英镑的罚款或 3 个月以内的监禁；销售不符合质量标准要求的食品或提供的食品致人健康损害的，处以最高 2 万英镑的罚款或 6 个月的监禁；违法情节和造成后果十分严重的，对违法者最高处以无上限罚款或 2 年监禁。

英国法律授权食品安全监管机关可对食品的生产、加工和销售场所进行检查，并规定检查人员有权检查、复制和扣押有关记录，取样分析。食品卫生官员经常对餐馆、外卖店、超市、食品批发市场进行不定期检查。在英国，屠宰场是重点监控场所，为保障食品的安全，政府对各屠宰场实行全程监督。大型肉制品和水产品批发市场也是检查重点，食品卫生检查官员每天在这些场所进行仔细的抽样检查，确保出售的商品来源渠道合法并符合卫生标准。

英国在食品安全监管方面的一个重要特征是执行食品追溯和召回制度。食品追溯制度是为了实现对食品从农田到餐桌整个过程的有效控制、保证食品质量安全而实施的对食品质量的全程监控制度。监管机关如发现食品存在问题，可以通过电脑记录很快查到食品的来源。一旦发生重大食品安全事故，地方主管部门可立即调查并确定可能受事故影响的范围和对健康造成危害的程度，通知公众并紧急收回已流通的食品，同时将有关资料送交国家卫生部，以便在全国范围内统筹安排工作，控制事态，最大限度地保护消费者权益。为追查食物中毒事件，英国政府还建立了食品危害报警系统、食物中毒通知系统、化验所汇报系统和流行病学通信及咨询网络系统。严格的法律和系统的监管有效地控制了有害食品在英国市场的流通。

（二）英国食品安全法律法规

英国是世界上较早制定食品法规的国家之一，早在 1202 年英格兰国王就颁布了英国的第一部食品法，即《面包法》（the Assize of Bread），以禁止在面包中掺假。自 1984 年开始，英国分别制定了《食品法》《食品安全法》《食品标准法》和《食品卫生法》等，同时还出台了许多专门的规定，如《甜品规定》《食品标签规定》《肉类制品规定》《饲料卫生规定》和《食品添加剂规定》等。这些法律法规涵盖了所有的食品类别，涉及从农田到餐桌整条食物链的各个环节。1990 年起英国的食品安全法案中引入了防御保护机制，将食品供应链下游的法律责任移至整个食品供应链上的每个环节，以往的法律只是允许供应链上的购买商应用所谓的"担保"来保证所供应食品的安全，仅要求他们证明食品处于控制之内即可，而新法案则要求购买商采取一切措施确保他们从供应链的上游获得的食品是安全的，这也意味着食品的生产商需要证明他们所生产的食品是安全的。1996 年，为应对"疯牛病"事件，英国政府开始对屠宰场进行严格的强制性监督，主要是应用客观的、基于危险性分析的卫生标准进行定期的监督检查。

（三）英国食品标准局的作用

2000 年，根据《1999 年食品标准法案》设立了英国食品标准局（FSA）。FSA 是英国食品行业监督管理部门，其主要目的是向政府及消费者提供食品安全方面的建议和信息，对食品的安全、卫生状况进行监督，并强制实施有关规定。FSA 对英国议会负责，其直接主管是政府负责卫生事务的部长。FSA 的总部设在伦敦，但在苏格兰、威尔士和北爱尔兰都有办事处，各地区均有执行其决定的官员。FSA 制定的法规和食品安全的消费提示在世界范围内都具有一定的影响。如 2005 年 2 月 18 日，FSA 就食用含有添加可致癌物质苏丹红色素的食品向消费者发出警告，并在其网站上公布了 30 家企业生产的可能含有苏丹红一号的 359 个品牌的食品，从而揭开了对苏丹红一号从生产、流通、使用各环节拉网式围剿行动的序幕。

四、日本

日本拥有较完善的食品安全法律法规体系以及食品标识制度。日本厚生劳动省和农林水产省分别依据《食品卫生法》《农林物质标准化及质量标识管理法》和《食品、农业、农村基本法》开展食品安全管理。在整个管理体系中，厚生劳动省负责食品卫生的危险性管理，农林水产省负责农林水产品的危险性管理，食品安全委员会负责危险性评估。在《食品卫生法》的框架下，日本建立了详细的食品和食品添加剂的卫生标准。

（一）《食品卫生法》

日本的《食品卫生法》颁布于 1947 年，后经多次修订。该法的主要特点包括：

（1）涉及众多的对象。该法规定食品卫生的宗旨是防止因食物消费而受到健康危害，因此，该法涉及食品十分广泛，不仅涉及食物和饮料，还涉及包括天然调味料在内的添加剂，以及用于处理、制造、加工或输送食物的与食物直接接触的设备、容器和食品包装。此外，该法还涉及与食物有关的企业活动、食品制造和食品进口的人员等。

（2）将权力授予厚生劳动省。这项授权使厚生劳动省能够迅速采取维护食品安全的执法行动，同时授权厚生劳动省根据需要制定相应的保证公共健康的标准和规范，如食品添加剂标准、转基因食品的管理规范等。

（3）厚生劳动省与地方政府共同承担责任。该法的目的侧重于食物中毒的预防，因此要对与食物有关的众多企业进行管理。日本与食品加工和食品经营有关的企业在全国大约有 400 万家，其中 260 万家需要得到厚生劳动省核发的营业执照。该法授权各地方政府在其管辖范围内，可对当地企业采取必要措施，其中包括为企业制定必要的标准，发放或吊销执照，给予安全卫生方面的指导，以及暂停或终止其营业活动。另外，日本还设有专门负责地区健康和卫生事宜，被称作保健中心的组织，这一组织对保证本地区的食品安全发挥了重要作用。

（4）建立 HACCP 系统。1995 年日本修订《食品卫生法》时，强调了建立食品生产的 HACCP 系统的重要性。

日本发生疯牛病及进口蔬菜残留农药等问题后，消费者对食品安全的关注日益增强，迫切要求政府加强行政措施，以确保食品安全、保护消费者的利益，为此，1995 年以来日本先后对《食品卫生法》进行了多次修订。

（二）《食品安全基本法》

在《食品卫生法》不断完善的同时，2003年5月日本又颁布了《食品安全基本法》。该法规定：保护国民健康是首要任务；在食品供应的每一阶段都应采取相应的管理措施；政策应当建立在科学的基础上，并考虑国际趋势和国民意愿。2003年7月，依据《食品安全基本法》设立食品安全委员会，作为独立的机构负责开展危险性评估并向管理部门提供管理建议、与社会各界开展危险性信息交流、处理突发的食源性事件。

《食品安全基本法》为日本食品安全行政管理提供了基本原则和要素，其主要特点包括：

（1）确保食品安全。《食品安全基本法》体现了消费者至上的原则，基于科学的风险评估，对从农场到餐桌的全程进行监控。

（2）强调地方政府和消费者共同参与。食品的生产和流通企业对确保食品安全负有首要责任，而消费者也应接受食品安全方面的教育并参与食品安全政策的制定过程。

（3）体现协调政策原则。政策的制定要建立在风险评估的基础上，以必要的危害管理和预防措施为重点，风险评估人员和风险管理者协同行动，促进风险信息的交流。

（4）建立食品安全委员会。食品安全委员会为内阁下属的部门，并直接向首相报告。食品安全委员会将独立进行风险评估，并向风险管理部门（即厚生劳动省和农林水产省）提供科学的规避风险和处置风险的建议。

（三）标签要求

日本对食品标签的要求也非常严格，制定食品标签要求的总原则是使食品标签的内容更加详尽，以保护消费者的利益。根据规定，在日本市场上销售的各种蔬菜、水果、肉类、水产类等食品，必须加贴标签，标签上应提供产品的名称、产地、生产日期、保质期等多方面的信息。一般来讲，食品标签应包含以下信息：

1. 消费指导信息

市场上销售的鱼类、水产品和蔬菜等生鲜食品必须标示产地和品牌等信息，其中鱼类、水产品的信息提供要符合农林水产省《水产品内容提示指导方针》的规定，应在上市过程中加贴标签。除此以外，还要标示产品是否属于养殖品、天然品、解冻品等具体细节，其中进口产品要求标示原产国名和具体产地名。对蔬菜等生鲜食品，要求进口产品必须标示产品名称、原产国等内容。

2. 安全保障信息

新鲜食品和加工食品均须标示使用的添加剂，对于有外包装的加工食品，使用的添加剂无论是天然的还是合成的，均须详细注明。对鸡蛋、牛奶、小麦、荞麦、花生等食品须注明所含的过敏性物质，即使对加工工艺中使用过的，在成品中已消失的过敏性物质也须注明。另外，还要求在进口的肉食产品上提供产地、有无污染、保质期、安全处理等信息。

3. 营养含量信息

食品标签上应标示食品的营养成分含量，以及是否属于天然食品、有机食品等。对果汁成分等标示要清楚，如使用浓缩果汁加水再还原而成的果汁要注明"浓缩还原"字样；直接用果汁加工而成的饮料要注明"纯果汁"字样；加入糖分的果汁要注明"加糖"字样。对橘汁、苹果汁、柠檬汁、柚子汁、葡萄汁和菠萝汁等 8 种果汁饮料，禁止标示"天然果汁"的字样，并要求这些饮料必须在外包装上注明"浓缩还原"和"直接饮用"字样。

4. 原产地信息

在市场上销售的新鲜食品和加工食品均须标示原产国名，进口畜产品进行屠宰加工后再出口的，在屠宰加工国停留一定时间后，方可认定屠宰国为原产地。停留时间规定为：牛 3 个月、猪 2 个月，其他家畜 1 个月。水产品方面，鱼群活动经由的国家为原产地，但金枪鱼等活动海域较大的鱼类，可不标示国家，但须标示捕获水域名称。

5. 转基因食品标识

日本从 2001 年 4 月 1 日起实行《转基因食品标识法》，该法规定对厚生劳动省确定的安全性转基因食品必须予以标示。农产品以及以其为原材料的加工食品是标示的对象，加工后的食品如果还残留重组的 DNA 及由此产生的蛋白质，就必须对其明示。根据新的转基因食品的商品化状况及新的检验方法，每年还要对必须标示的品种进行重新审查。2003 年追加了土豆加工品。此外，对厚生劳动省确认的安全性转基因大豆及其加工品，从 2002 年起也必须标示为"高油酸转基因大豆食品"。

（四）肯定列表制度

日本自 2006 年 5 月 29 日起正式施行《食品中残留农业化学品肯定列表制度》，简称《肯定列表制度》。

《肯定列表制度》是日本为加强食品（包括可食用农产品）中农业化学品（包括农药、兽药和饲料添加剂）残留管理而制定的一项新制度。该制度要求食品中农业化学品含量不得超过最大残留限量标准，对于未制定最大残留限量标准的农业化学品，其在食品中的含量不得超过"一律标准"。

《肯定列表制度》涉及的农业化学品残留限量包括 4 个类型：

（1）暂定标准。共涉及农药、兽药和饲料添加剂 734 种，农产品食品 264 种（类），暂定限量标准 51 392 条。

（2）沿用原限量标准而未重新制定暂定限量标准。共涉及农业化学品 63 种，农产品食品 175 种，残留限量标准 2 470 条。

（3）一律标准。是对未涵盖在上述标准中的所有其他农业化学品或其他农产品制定的一个统一限量标准，即 0.01ppm（$\mu g/g$，$\mu L/L$）。

（4）豁免物质。共 68 种，包括杀虫剂和兽药 13 种、食品添加剂 50 种和其他物质 5 种。

此外，还有 15 种农业化学品不得在任何食品中检出，有 8 种农业化学品在部分食品中不得检出，涉及 84 种食品和 166 个限量标准。

《肯定列表制度》提出了食品中农业化学品残留管理的总原则，厚生劳动省根据该原则，采取了以下 3 项具体措施：

（1）确定"豁免物质"，即在常规条件下其在食品中的残留对人体健康无不良影响的农业化学品。对于这部分物质，无任何残留限量要求。

（2）针对具体农业化学品和具体食品制定"最大残留限量标准"。

（3）对在豁免清单之外且无最大残留限量标准的农业化学品，制定"一律标准"。

五、澳大利亚和新西兰

由于澳大利亚和新西兰特殊的地理位置，而且都属于英联邦国家，其在维护食品安全方面的合作相当密切。

（一）食品安全法律体系

澳大利亚是一个联邦制的国家，根据各个州与联邦政府的协议，各个州都充分参与了联邦食品卫生法律法规的制定过程，各个州食品安全法律的实施都在联邦食品卫生法律的框架下，保证了联邦法律的统一性。1981 年，澳大利亚公布了《食品法》，1984 年公布了《食品标准管理办法》，1989 年公布了《食品卫生管理办法》，构成了一套完善的食品安全法规体系。1991 年澳大利亚和新西兰联合公布了《澳大利亚新西兰食品标准法案 1991》，作为两国食品安全管理的法律基础。1996 年设立了澳大利亚新西兰食品管理局（ANZFA），2002 年成立了澳大利亚新西兰食品标准局（FSANZ），其主要职责是通过制定澳大利亚和新西兰统一的《澳大利亚新西兰食品标准法典》（FSC）来保证安全的食品供应，保护澳大利亚和新西兰国民的食品安全与健康。FSANZ 是一个独立的、非政府部门的机构，其制定的食品标准适用于所有在澳大利亚和新西兰境内生产、加工、出售以及进口的食品。

FSANZ 的日常工作是提出新的食品标准和对原有的技术标准进行修订和补充，然后报部长联席会议批准。澳大利亚目前已通过并实施的 4 个食品安全标准中，有 3 个为强制性标准，涉及食品安全、可接受的食品安全操作，以及食品加工场所与设备的规定，另外 1 个为非强制性标准，其建议食品企业制定明确的食品安全计划，并确定食品加工操作中的有害物。在制定和评估某一项标准的过程中，澳大利亚政府非常重视全过程的透明度。在得到修改建议或申请后，FSANZ 要进行可行性研究，并最终拿出经过 3 次讨论的草案或评估报告，再公开征求意见。最后，在草案递交批准之前，还要向公众通告内容。标准获准后，业界还将不断提出修改意见，FSANZ 也会根据情况变化不断修改标准。值得一提的是，在澳大利亚官方网站上，随时公布大量、及时的食品安全信息，包括最新的食品安全标准，以及整个修订过程。制定标准后，还要对标准效果定期进行评估。

（二）《澳大利亚新西兰食品标准法典》（FSC）

该法典于 2005 年正式颁发实施，是单个食品标准的汇总，共分 4 章：

第 1 章为一般食品标准，涉及的标准适用于所有食品，包括食品的基础标准，食品标签及其他信息的具体要求，对食品添加剂的规定，污染物及残留物的具体要求，以及需在上市前进行申报的食品。但是，由于新西兰有自己的食品最大残留限量标准，所以该法典中规定的最大残留限量仅在澳大利亚适用。

第 2 章为食品产品标准，具体阐述了特定食物类别的标准，涉及谷物、肉、蛋和鱼、水果和蔬菜、油、奶制品、非酒精饮料、酒精饮料、糖和蜂蜜、特殊膳食食品及其他食品共十类具体食品的详细标准规定。

第 3 章为食品安全标准，具体包括食品安全计划、食品安全操作和一般要求，食品生产企业的生产设施及设备要求。但该章的规定仅适用于澳大利亚的食品卫生安全，因为新西兰自有其特定的食品卫生规定，该食品卫生规定不属于澳大利亚新西兰共同食品标准体系的一部分。

第 4 章为初级产品标准，也仅适用于澳大利亚，内容包括澳大利亚海产品的基本生产程序标准和要求，特殊乳酪的基本生产程序标准和要求，以及葡萄酒的生产要求。

该法典具有强制的法律效力，凡不遵守有关食品标准的行为在澳大利亚均属于违法行为，在新西兰则属于犯罪行为。销售被损坏的、品质变坏的、腐烂的、掺假的或不适用于人类消费的食品的行为也同样属于犯罪行为。

（三）出口澳大利亚食品的规定

出口到澳大利亚的食品必须符合《澳大利亚新西兰食品标准法典》（FSC）的相关规定。首先要对进口的食品进行风险评估，根据《进口食品管理法 1992》的规定，由 ANZFA 负责按照评估的风险类别对进口食品进行分类，并且定期进行全面审核。一旦该局了解到某种或某类特定的食品与一种潜在的危害有关时，就会将其进行风险评估的计划通知有关团体，具体的风险评估方法按照风险分析的有关原理进行。此外，在进行风险分类时，还要考虑危害产生的后果是属于短期的还是长期的。如危害可能立即或在短期产生后果（如细菌污染）的食品被划分在高风险类别；危害可能长期产生后果（如重金属污染）的食品被划分在风险类别。

进口食品的监控则由农业、渔业和林业部下属的澳大利亚检疫检验局（AQIS）实施。具体的监控根据下列类别进行：

1. 风险类别食品

风险类别食品指含有高或中等潜在污染或其他食品安全缺陷风险，从消费者安全角度来看发生频度可能无法接受的食品。所有该类食品在进口时，澳大利亚海关将提交 AQIS 作出检验决定。首次进口一家新的海外生产商提供的食品时，实施全部检验。如果该种进口食品连续 5 次检验合格，以后每 4 批随机抽检 1 批，如果检验不合格，则重新改为实施全部检验；如果连续 20 次检验合格，同时进口保持稳定，则改为每 20 批随机抽检 1 批，如果检验不合格，则改为每 4 批随机抽检 1 批并对下批货物进行检验，如果检验仍不合格，则改为实施全部检验。

2. 主动监督类别食品

主动监督类食品指现有技术条件下缺乏足够的资料来确定潜在危害的食品。对该类食品一般维持监控至少 6 个月，然后对资料进行审核，以确定该类食品是否转化为风险类别或随机监督类别。这类食品主要包括：浆果类（检测农药残留）、糖果（检测铅）、瓜尔豆胶（检测沙门氏菌）、蜜饯（检测人工合成甜味剂）、车前草（检测农药残留和铅），以及不属于风险类别的可直接食用的水产品和包含该类水产品的制品（检测大肠菌群和标准平板计数），对该类别的每个进口国的食品，随机抽检 10% 批次。

3. 随机监督类别食品

所有其他的进口食品都被划分在这一类别。对于该类别的所有进口食品，随机抽检 5% 批次。

所有进口食品必须按照国际通用的关税表分类向澳大利亚海关申报，AQIS 与海关的计算机网络直接连接，根据监督类别和以往的进口记录决定对该批食品进行检验或是放行。AQIS 并不一定对所有的项目都进行检查，有可能只对标签进行审查和目视检验。

对于主动和随机监督类食品，通过初步检验即可放行，如果初步检验不合格，则处理后进行复验，如果复验通过则可以放行；如果复验仍未通过，则对该批货物采取退货、降级或销毁等处理措施。对于通过初验已经放行，但未通过随后的实验室检验的食品，经与有关州或地区的卫生部门协商，可能采取回收措施。AQIS 将签发扣留令，对该供应商今后的批次予以扣留，实施全部检验，直到取得合格的实验室分析结果后方可放行。连续 5 批检验合格后，扣留令方可取消。对不合格食品的处理办法包括：重新处理（如对标签不合格的食品加贴新的标签）、退货、销毁、降级改作他用（如作为动物饲料或肥料）。AQIS 允许对属于轻微的不合格情况的食品进行改正后放行。

AQIS 与许多外国政府机构签订协议，承认这些机构对一些种类食品的认证，这些具有证书的食品在进口时无须检验（在进行审查或者存在某批值得注意的货物时除外）。

第七章 食品标签

食品标签是指食品包装上的文字、图形、符号以及一切说明物。凡在国内市场销售给最终消费者的国产（包括出口转内销）和进口预包装食品都应具有食品标签。

食品标签作为沟通食品生产者、销售者和消费者的一种信息传播手段，使消费者能通过食品标签标注的内容进行识别。根据食品标签上提供的专门信息，有关行政管理部门可以据此确认该食品是否符合有关法律、法规的要求，保护广大消费者的健康和利益，维护食品生产者、经销者的合法权益。

第一节 中国食品标签

一、概述

（一）我国食品标签的发展历程

20 世纪 80 年代，我国的改革开放政策使食品工业得到了突飞猛进的发展。但当时由于缺乏对食品标签进行监督管理的法律、法规及标准，食品标签的监督管理处于失控状态。食品标签内容不完整，甚至无任何标签；标签内容夸大其词，任意宣传医疗与保健功能；进口食品无中文标签；特殊营养食品无营养信息。以上问题严重阻碍了食品工业生产及流通的进一步发展。为了规范食品标签，正确指导食品消费，保护消费者身体健康，引导食品生产、销售业的健康发展，1982 年，我国颁布了《中华人民共和国食品卫生法（试行）》，其中对食品标签的标示内容做了具体的规定。这是我国第一部对食品标签方面的法律，也是到目前为止我国现行法律中对食品标签所作规定最为具体详细的法律。由此，我国展开了一系列食品标签法制化监督管理工作。

1985 年，我国成立了"食品标签通用标准"起草小组，通过调查研究等大量工作，于 1987 年 5 月由当时的国家技术监督局发布了 GB 7718—1987《食品标签通用标准》，该标准经过 5 年的实施实践后，于 1992 年进行了修订，之后于 1994 年发布了 GB 7718—1994《食品标签通用标准》。在制定和实施《食品标签通用标准》的基础上，针对我国食品种类和标签管理方面的问题，又分别于 1989 年和 1992 年发布了 GB 10344—1989《饮料酒标签标准》和 GB 13432—1992《特殊营养食品标签》。为了规范和整顿我国保健食品市场，卫生部于 1996 年发布了《保健食品标识规定》。至此，我国形成了自己的食品标签法律、法规与标准体系，使我国的食品标签管理全面纳入了标准化的轨道，相对有效地保证了食品标签法制化监督管理工作的进行，对规范市场，保护消费者和生产及经营者权益，引导食品标签科学化、标准化，建立科学的食品标签全民意识起到了巨大作用。

2004年5月9日，国家质量监督检验检疫总局、国家标准化管理委员会发布了GB 7718—2004《预包装食品标签通则》和GB 13432—2004《预包装特殊膳食用食品标签通则》两项强制性国家标准，2005年10月1日实施。《预包装食品标签通则》是对《食品标签通用标准》的第二次修订；《预包装特殊膳食用食品标签通则》是对《特殊营养食品标签》的首次修订。2005年9月15日，国家质量监督检验检疫总局、国家标准化管理委员会发布了GB 10344—2005《预包装饮料酒标签通则》，代替了GB 10344—1989《饮料酒标签标准》，该标准是与GB 7718—2004《预包装食品标签通则》相配套的食品标签系列标准之一，2006年10月1日实施。与原标准相比，修订后的3项国家标准增加了必要的内容，提高了与国际标准接轨的程度。

2009年，《中华人民共和国食品安全法》施行以后，我国又相继发布了《食品安全国家标准 预包装食品标签通则》（GB 7718—2011）、《食品安全国家标准 预包装食品营养标签通则》（GB 28050—2011）和《食品安全国家标准 预包装特殊膳食用食品标签》（GB 13432—2013）等食品标签标准。

2011年4月20日，卫生部发布了GB 7718—2011《食品安全国家标准 预包装食品标签通则》，代替GB 7718—2004《预包装食品标签通则》，2012年4月20日实施；2014年，国家卫生和计划生育委员会对该标准的部分内容进行了修订。2013年12月26日，国家卫生和计划生育委员会发布了GB 13432—2013《食品安全国家标准 预包装特殊膳食用食品标签》，代替GB 13432—2004《预包装特殊膳食用食品标签通则》，2015年7月1日实施。根据《中华人民共和国食品安全法》有关规定，为指导和规范我国食品营养标签标示，引导消费者合理选择预包装食品，促进公众膳食营养平衡和身体健康，保护消费者知情权、选择权和监督权，2011年，卫生部在参考国际食品法典委员会和国内外管理经验的基础上，组织制定了GB 28050—2011《食品安全国家标准 预包装食品营养标签通则》，2013年1月1日实施。

随着各类食品新产品不断涌现，国家标准也在发生变化，生产企业应注意跟踪国家标准及有关法律法规、管理办法的最新规定，及时对产品标签标示的内容进行调整。

（二）进出口预包装食品标签检验监督管理规定

过去，我国进出口食品标签的检验管理由原国家进出口商品检验局和国家卫生检疫局共同执行。国家进出口商品检验局的工作侧重于出口食品标签的检验管理。在我国进出口食品贸易中曾不时发生因食品标签问题而导致食品贸易不能顺利进行的情况，甚至引发经济、法律纠纷。国家进出口商品检验局于1994年2月设置了专门机构——食品标签登记管理办公室，负责进出口食品标签的管理、协调、研究和咨询工作。1994年5月，国家进出口商品检验局与对外贸易经济合作部联合发布了《进出口食品标签管理办法（试行）》，该办法要求进出口食品标签必须随进出口食品接受检验，未经检验合格，有关食品不准销售；出口食品标签必须随出口食品接受检验，未经检验合格，有关食品不准出口。为了避免食品标签检验不合格而造成损失，该办法规定，进出口食品标签必须先进行检验登记，检验合格后取得证书方可使用。

1995 年 5 月，国家技术监督局会同国家卫生检疫局（当时的国家进口食品卫生监督主管部门）联合下发了《关于加强进口预包装食品标签管理的通知》（技监局发〔1995〕05号），通知强调指出，进口预包装食品标签必须符合我国国家标准，进口食品经销者向国境卫生检疫机构申报进口预包装食品时，由国境卫生检疫机构对其标签进行审核。随后，有关部门又相继发布了若干个加强进口预包装食品标签管理的规定。

1998 年，"三检"合一成立了国家出入境检验检疫局，对进出口食品标签工作进行统一管理。2000 年 2 月以局令形式发布了《进出口食品标签管理办法》（19 号令），同年 4 月 1 日正式施行，该办法的发布进一步加强了对于进出口食品标签管理的力度。2002 年 3 月，新组建的国家质量监督检验检疫总局发布了 21 号公告，进一步规范了进出口食品标签的管理工作。

2009 年，《中华人民共和国食品安全法》发布后，为加强进出口预包装食品标签的检验监督管理，保障进出口预包装食品质量安全，根据《中华人民共和国食品安全法》及其实施条例、《中华人民共和国进出口商品检验法》及其实施条例、《国务院关于加强食品等产品安全监督管理的特别规定》和《进出口食品安全管理办法》等相关法律、行政法规、规章，国家质量监督检验检疫总局制定了《进出口预包装食品标签检验监督管理规定》，自 2012 年6 月 1 日起施行。《进出口预包装标签检验监督管理规定》要求：进口预包装食品标签应当符合我国相关法律法规和食品安全国家标准的要求；出口预包装食品标签应符合进口国（地区）相关法律法规、标准或者合同要求，进口国（地区）无要求的，应符合我国相关法律法规及食品安全国家标准的要求。

二、预包装食品标签通则

GB 7718—2011《食品安全国家标准　预包装食品标签通则》与 GB 7718—2004《预包装食品标签通则》相比，主要变化如下：

——修改了适用范围；

——修改了预包装食品和生产日期的定义，增加了规格的定义，取消了保存期的定义；

——修改了食品添加剂的标示方式；

——增加了规格的标示方式；

——修改了生产者、经销者的名称、地址和联系方式的标示方式；

——修改了强制标示内容的文字、符号、数字的高度不小于 1.8mm 时的包装物或包装容器的最大表面面积；

——增加了食品中可能含有致敏物质时的推荐标示要求；

——修改了附录 A "包装物或包装容器最大表面面积计算方法"中最大表面面积的计算方法;

——增加了附录 B "食品添加剂在配料表中的标示形式"和附录 C "部分标签项目的推荐标示形式"。

GB 7718—2011 的内容主要包括范围、术语和定义、基本要求、标示内容及附录等。

(一) 术语和定义

1. 预包装食品

预先定量包装或者制作在包装材料和容器中的食品,包括预先定量包装以及预先定量制作在包装材料和容器中并且在一定量限范围内具有统一的质量或体积标识的食品。

2. 食品标签

食品包装上的文字、图形、符号及一切说明物。

3. 配料

在制造或加工食品时使用的,并存在(包括以改性的形式存在)于产品中的任何物质,包括食品添加剂。

4. 生产日期 (制造日期)

食品成为最终产品的日期,也包括包装或罐装日期,即将食品装入(灌入)包装物或容器中,形成最终销售单元的日期。

5. 保质期

预包装食品在标签指明的贮存条件下,保持品质的期限。在此期限内,产品完全适于销售,并保持标签中不必说明或已经说明的特有品质。

6. 规格

同一预包装内含有多件预包装食品时,对净含量和内含件数关系的表述。

7. 主要展示版面

预包装食品包装物或包装容器上容易被观察到的版面。

(二) 基本要求

(1) 预包装食品标签的所有内容,应符合法律、法规的规定,并符合相应食品安全标准的规定。应清晰、醒目、持久,应使消费者购买时易于辨认和识读。应通俗易懂、有科学依据,不得标示封建迷信、色情、贬低其他食品或违背营养科学常识的内容。应真实、准确,不得以虚假、夸大、使消费者误解或欺骗性的文字、图形等方式介绍食品,也不得利用字号大小或色差误导消费者。

(2) 不应直接或以暗示性的语言、图形、符号,误导消费者将购买的食品或食品的某一性质与另一产品混淆。不应标注或者暗示具有预防、治疗疾病作用的内容,非保健食品不得明示或者暗示具有保健作用。不应与食品或者其包装物(容器)分离。

（3）应使用规范的汉字（商标除外）。具有装饰作用的各种艺术字，应书写正确，易于辨认。可以同时使用拼音或少数民族文字，拼音不得大于相应汉字；可以同时使用外文，但应与中文有对应关系（商标、进口食品的制造者和地址，国外经销者的名称和地址、网址除外）。所有外文不得大于相应的汉字（商标除外）。

（4）包装物或包装容器最大表面面积大于 35cm² 时，强制标示内容的文字、符号、数字的高度不得小于 1.8mm。一个销售单元的包装中含有不同品种、多个独立包装可单独销售的食品，每件独立包装的食品标识应当分别标注。

（5）若外包装易于开启识别或透过外包装物能清晰地识别内包装物（容器）上的所有强制标示内容或部分强制标示内容，可不在外包装物上重复标示相应的内容；否则应在外包装物上按要求标示所有强制标示内容。

（三）标示内容

1. 食品名称

应在食品标签的醒目位置，清晰地标示反映食品真实属性的专用名称。当国家标准、行业标准或地方标准中已规定了某食品的一个或几个名称时，应选用其中的一个，或等效的名称。如无上述规定的名称时，应使用不使消费者误解或混淆的常用名称或通俗名称。

标示"新创名称""奇特名称""音译名称""牌号名称""地区俚语名称"或"商标名称"时，应在所示名称的同一展示版面标示反映食品真实属性的专用名称。当"新创名称""奇特名称""音译名称""牌号名称""地区俚语名称"或"商标名称"含有易使人误解食品属性的文字或术语（词语）时，应在所示名称的同一展示版面邻近部位使用同一字号标示食品真实属性的专用名称。当食品真实属性的专用名称因字号或字体颜色不同易使人误解食品属性时，也应使用同一字号及同一字体颜色标示食品真实属性的专用名称。例如，"橙汁饮料"中的"橙汁""饮料"，"巧克力夹心饼干"中的"巧克力""夹心饼干"，都应使用同一字号。

为不使消费者误解或混淆食品的真实属性、物理状态或制作方法，可以在食品名称前或食品名称后附加相应的词或短语，如干燥的、浓缩的、复原的、熏制的、油炸的、粉末的、粒状的等。

2. 配料表

预包装食品的标签上应标示配料表，各种配料应按上述规定标示具体名称。

配料表应以"配料"或"配料表"为引导词。当加工过程中所用的原料已改变为其他成分（如酒、酱油、食醋等发酵产品）时，可用"原料"或"原料与辅料"代替"配料"或"配料表"，并按本标准相应条款的要求标示各种原料、辅料和食品添加剂。加工助剂不需要标示。

各种配料应按制造或加工食品时加入量的递减顺序一一排列；加入量不超过 2% 的配料可以不按递减顺序排列。如果某种配料是由两种或两种以上的其他配料构成的复合配料（不包括复合食品添加剂），应在配料表中标示复合配料的名称，随后将复合配料的原始配料在括号内按加入量的递减顺序标示。当某种复合配料已有国家标准、行业标准或地方标准，且其加入量小于食品总量的25%时，不需要标示复合配料的原始配料。

食品添加剂应当标示其在GB 2760中规定的通用名称。食品添加剂通用名称可以标示为食品添加剂的具体名称，也可标示为食品添加剂的功能类别名称并同时标示食品添加剂的具体名称或国际编码（INS号）。加入量小于食品总量25%的复合配料中含有的食品添加剂，若符合GB 2760规定的带入原则且在最终产品中不起工艺作用的，不需要标示。

在食品制造或加工过程中，加入的水应在配料表标示。在加工过程中已挥发的水或其他挥发性配料不需要标示。可食用的包装物也应在配料表中标示原始配料，国家另有法律法规规定的除外。

3. 配料的定量标示

如果在食品标签或食品说明书上特别强调添加了或含有一种或多种有价值、有特性的配料或成分，应标示所强调配料或成分的添加量或在成品中的含量。如果在食品的标签上特别强调一种或多种配料或成分的含量较低或无时，应标示所强调配料或成分在成品中的含量。食品名称中提及的某种配料或成分而未在标签上特别强调，不需要标示该种配料或成分的添加量或在成品中的含量。

4. 净含量和规格

净含量的标示应由净含量、数字和法定计量单位组成。净含量应与食品名称在包装物或容器的同一展示版面标示。应依据法定计量单位，按以下形式标示包装物（容器）中食品的净含量：液态食品，用体积（升、L、l或毫升、mL、ml）；固态食品，用质量（千克、kg或克、g）；半固态或黏性食品，用质量或体积。容器中含有固、液两相物质的食品，除标示净含量外，还应以质量或质量分数的形式标示沥干物（固形物）的含量。

同一预包装内含有多个单件预包装食品时，大包装在标示净含量的同时还应标示规格。规格的标示应由单件预包装食品净含量和件数组成，或只标示件数，可不标示"规格"二字。单件预包装食品的规格即指净含量。

净含量字符的最小高度应符合表7-1的规定。

表7-1 净含量字符的最小高度

净含量（Q）的范围	字符的最小高度/mm
$Q \leqslant 50mL$；$Q \leqslant 50g$	2
$50mL < Q \leqslant 200mL$；$50g < Q \leqslant 200g$	3
$200mL < Q \leqslant 1L$；$200g < Q \leqslant 1kg$	4
$Q > 1kg$；$Q > 1L$	6

5. 生产者、经销者的名称、地址和联系方式

生产者名称和地址应当是依法登记注册、能够承担产品安全质量责任的生产者的名称、地址。依法独立承担法律责任的集团公司、集团公司的子公司，应标示各自的名称和地址。

不能依法独立承担法律责任的集团公司的分公司或集团公司的生产基地，应标示集团公司和分公司（生产基地）的名称、地址，或仅标示集团公司的名称、地址和产地，产地应当按照行政区划标注到市级地域。

受其他单位委托加工预包装食品的，应标示委托单位和受委托单位的名称和地址，或仅标示委托单位的名称、地址和产地。

进口预包装食品应标示原产国国名或地区区名，以及在中国依法登记注册的代理商、进口商或经销者的名称、地址和联系方式，可不标示生产者的名称、地址和联系方式。

6. 日期标示

应清晰标示预包装食品的生产日期和保质期。日期标示不得另外加贴、补印或篡改。日期的标示顺序为年、月、日。

7. 贮存条件

预包装食品标签应标示贮存条件。如，常温（或冷冻，或冷藏，或避光，或阴凉干燥处）保存等。

8. 食品生产许可证编号

预包装食品标签应标示食品生产许可证编号的，标示形式按照相关规定执行。

9. 产品标准代号

在国内生产并在国内销售的预包装食品（不包括进口预包装食品）应标示产品所执行的标准代号和顺序号。

10. 其他标示内容

（1）辐照食品。经电离辐射线或电离能量处理过的食品，应在食品名称附近标示"辐照食品"；经电离辐射线或电离能量处理过的任何配料，应在配料表中标明。

（2）转基因食品。转基因食品的标示应符合相关法律、法规的规定。

（3）营养标签。特殊膳食类食品和专供婴幼儿的主辅类食品，应当标示主要营养成分及其含量，标示方式按照 GB 13432 执行；其他预包装食品如需标示营养标签，标示方式参照相关法规标准执行。

（4）质量（品质）等级。食品所执行的相应产品标准已明确规定质量（品质）等级的，应标示质量（品质）等级。

（四）标示内容的豁免

1. 免除标示保质期

可以免除标示保质期的预包装食品：酒精度大于或等于 10% 的饮料酒，食醋，食用盐，固态食糖类，味精。

2. 可以免除的其他内容

当预包装食品包装物或包装容器的最大表面面积小于 10cm^2 时，可以只标示产品名称、净含量、生产者（或经销商）的名称和地址。

（五）推荐标示内容

1. 批号

根据产品需要，可以标示产品的批号。

2. 食用方法

根据产品需要，可以标示容器的开启方法、食用方法、烹调方法、复水再制方法等对消费者有帮助的说明。

3. 致敏物质

对可能导致过敏反应的食品及其制品（如：含有麸质的谷物及其制品，甲壳纲类动物及其制品，鱼类、蛋类、花生、大豆及其制品，乳及其乳制品，坚果及其果仁类制品等），如果用作配料，宜在配料表中使用易辨识的名称，或在配料表邻近位置加以提示。

三、预包装特殊膳食用食品标签

特殊膳食用食品是指为满足特殊的身体或生理状况和（或）满足疾病、紊乱等状态下的特殊膳食需求，专门加工或配方的食品。这类食品的营养素和（或）其他营养成分的含量与可类比的普通食品有显著不同，主要包括婴幼儿配方食品、婴幼儿辅助食品、特殊医学用途配方食品以及其他特殊膳食用食品。这类食品的适宜人群、营养素和（或）其他营养成分的含量要求等有一定特殊性，对其标签内容，如能量和营养成分、食用方法、适宜人群的标示等有特殊要求。所以，对此类食品标签的管理，主要强调营养信息标示内容的准确性以及产品食用方法的指导性。

《食品安全国家标准　预包装食品标签通则》（GB 7718—2011）规定了预包装食品（包括特殊膳食用食品）标签的基本标示要求。《食品安全国家标准　预包装特殊膳食用食品标签》（GB 13432—2013）规定了特殊膳食用食品标签中具有特殊性的标识要求。预包装特殊膳食用食品标签应按照 GB 7718—2011 和 GB 13432—2013 执行。

GB 13432—2013 与 GB 13432—2004 相比，主要修订了以下内容：

——修改了特殊膳食用食品的定义，明确了其包含的食品类别（范围）；

——修改了基本要求；

——修改了强制标示内容的部分要求；

——合并了允许标示内容和推荐标示内容，修改为可选择标示内容；

——修改了能量和营养成分的含量声称要求；

——删除了能量和营养成分的比较声称；

——修改了能量和营养成分的功能声称用语；

——删除了原标准的附录 A；

——增加了附录 A "特殊膳食用品的类别"。

（一）基本要求

预包装特殊膳食用食品的标签应符合 GB 7718 规定的基本要求的内容，还应符合以下要求：

——不应涉及疾病预防、治疗功能；

——应符合预包装特殊膳食用食品相应产品标准中标签、说明书的有关规定；

——不应对 0～6 月龄婴儿配方食品中的必需成分进行含量声称和功能声称。

（二）强制标示内容

1. 食品名称

只有符合"特殊膳食用食品"定义的食品才可以在名称中使用"特殊膳食用食品"或相应的描述产品特殊性的名称。

2. 能量和营养成分的标示

应以"方框表"的形式标示能量、蛋白质、脂肪、碳水化合物和钠，以及相应产品标准中要求的其他营养成分及其含量。表题为"营养成分表"。如果产品根据相关法规或标准，添加了可选择性成分或强化了某些物质，则还应标示这些成分及其含量。

预包装特殊膳食用食品中能量和营养成分的含量应以每100g（克）和（或）每100mL（毫升）和（或）每份食品可食部中的具体数值来标示。当用份标示时，应标明每份食品的量，份的大小可根据食品的特点或推荐量规定。如有必要或相应产品标准中另有要求的，还应标示出每100kJ（千焦）产品中各营养成分的含量。

能量或营养成分的标示数值可通过产品检测或原料计算获得。在产品保质期内，能量和营养成分的实际含量不应低于标示值的80%，并应符合相应产品标准的要求。

当预包装特殊膳食用食品中的蛋白质由水解蛋白质或氨基酸提供时，"蛋白质"项可用"蛋白质""蛋白质（等同物）"或"氨基酸总量"任意一种方式来标示。

3. 食用方法和适宜人群

应标示预包装特殊膳食用食品的食用方法、每日或每餐食用量，必要时应标示调配方法或复水再制方法。

应标示预包装特殊膳食用食品的适宜人群。对于特殊医学用途婴儿配方食品和特殊医学用途配方食品，适宜人群按产品标准要求标示。

4. 贮存条件

应在标签上标明预包装特殊膳食用食品的贮存条件，必要时应标明开封后的贮存条件。

如果开封后的预包装特殊膳食用食品不宜贮存或不宜在原包装容器内贮存，应向消费者特别提示。

5. 标示内容的豁免

当预包装特殊膳食用食品包装物或包装容器的最大表面面积小于10cm²时，可只标示产品名称、净含量、生产者（或经销者）的名称和地址、生产日期和保质期。

（三）可选择标示内容

1. 能量和营养成分占推荐摄入量或适宜摄入量的质量百分比

在标示能量值和营养成分含量值的同时，可依据适宜人群，标示每100g（克）和（或）每100mL（毫升）和（或）每份食品中的能量和营养成分含量占《中国居民膳食营养素参考摄入量》中的推荐摄入量（RNI）或适宜摄入量（AI）的质量百分比。无推荐摄入量（RNI）或适宜摄入量（AI）的营养成分，可不标示质量百分比，或者用"—"等方式标示。

2. 能量和营养成分的含量声称

（1）能量或营养成分在产品中的含量达到相应产品标准的最小值或允许强化的最低值时，可进行含量声称。

（2）某营养成分在产品标准中无最小值要求或无最低强化量要求的，应提供其他国家和（或）国际组织允许对该营养成分进行含量声称的依据。

（3）含量声称用语包括"含有""提供""来源""含""有"等。

3. 能量和营养成分的功能声称

（1）符合含量声称要求的预包装特殊膳食用食品，可对能量和（或）营养成分进行功能声称。功能声称的用语应选择使用 GB 28050 中规定的功能声称标准用语。

（2）对于 GB 28050 中没有列出功能声称标准用语的营养成分，应提供其他国家和（或）国际组织关于该物质功能声称用语的依据。

四、预包装食品营养标签通则

食品营养标签是向消费者提供食品营养信息和特性的说明，也是消费者直观了解食品营养组分、特征的有效方式。营养标签是预包装食品标签的一部分。

我国居民既有营养不足的问题，也有营养过剩的问题，特别是脂肪和钠（食盐）的摄入较高，已成为引发慢性病的主要因素。通过实施营养标签标准，要求预包装食品必须标示营养标签内容，一是有利于宣传普及食品营养知识，指导公众科学选择膳食；二是有利于促进消费者合理平衡膳食和身体健康；三是有利于规范企业正确标示营养标签，科学宣传有关营养知识，促进食品产业健康发展。

GB 28050—2011《食品安全国家标准　预包装食品营养标签通则》规定了预包装食品营养标签上营养信息的描述和说明。其不适用于保健食品及预包装特殊膳食用食品的营养标签标示。

（一）基本要求

（1）预包装食品营养标签标示的任何营养信息，应真实、客观，不得标示虚假信息，不得夸大产品的营养作用或其他作用。

（2）预包装食品营养标签应使用中文。如同时使用外文标示的，其内容应当与中文相对应，外文字号不得大于中文字号。

（3）营养成分表应以一个"方框表"的形式表示（特殊情况除外），方框可为任意尺寸，并与包装的基线垂直，表题为"营养成分表"。

（4）食品营养成分含量应以具体数值标示，数值可通过原料计算或产品检测获得。

（5）营养标签的基本格式有6种，食品企业可根据食品的营养特性、包装面积的大小和形状等因素选择使用其中的一种格式。

（6）营养标签应标在向消费者提供的最小销售单元的包装上。

（二）强制标示内容

（1）所有预包装食品营养标签强制标示的内容包括能量、核心营养素（营养标签中的核心营养素包括蛋白质、脂肪、碳水化合物和钠）的含量值及其占营养素参考值（NRV）的百分比。当标示其他成分时，应采取适当形式使能量和核心营养素的标示更加醒目。

（2）对除能量和核心营养素外的其他营养成分进行营养声称或营养成分功能声称时，在营养成分表中还应标示出该营养成分的含量及其占营养素参考值（NRV）的百分比。

（3）使用了营养强化剂的预包装食品，在营养成分表中还应标示强化后食品中该营养成分的含量值及其占营养素参考值（NRV）的百分比。

（4）食品配料含有或生产过程中使用了氢化和（或）部分氢化油脂时，在营养成分表中还应标示出反式脂肪（酸）的含量。

（5）上述未规定营养素参考值（NRV）的营养成分仅需标示含量。

（三）可选择标示内容

（1）除上述强制标示内容外，营养成分表中还可选择标示 GB 28050—2011 表 1 规定的其他成分。

（2）当某营养成分含量标示值符合 GB 28050—2011 表 C.1 的含量要求和限制性条件时，可对该成分进行含量声称，声称方式见表 C.1。当某营养成分含量满足 GB 28050—2011 表 C.3 的要求和条件时，可对该成分进行比较声称，声称方式见表 C.3。当某营养成分同时符合含量声称和比较声称的要求时，可以同时使用两种声称方式，或仅使用含量声称。

（3）当某营养成分的含量标示值符合含量声称或比较声称的要求和条件时，可使用 GB 28050—2011 附录 D 中相应的一条或多条营养成分功能声称标准用语。不应对功能声称用语进行任何形式的删改、添加和合并。

（四）营养成分的表达方式

（1）预包装食品中能量和营养成分的含量应以每 100 克（g）和（或）每 100 毫升

（mL）和（或）每份食品可食部中的具体数值来标示。当用份标示时，应标明每份食品的量。份的大小可根据食品的特点或推荐量规定。

（2）营养成分表中强制标示和可选择性标示的营养成分的名称和顺序、标示单位、修约间隔、"0"界限值应符合 GB 28050—2011 表 1 的规定。当不标示某一营养成分时，依序上移。

（3）当标示 GB 14880 和卫生部公告中允许强化的除 GB 28050—2011 表 1 外的其他营养成分时，其排列顺序应位于表 1 所列营养素之后。

五、预包装饮料酒标签通则

饮料酒是指酒精度（酒精度指在 20℃时，100mL 饮料酒中含有乙醇的毫升数，或 100g 饮料酒中含有乙醇的克数。酒精度可以用体积分数表示，符号为 % vol）在 0.5% vol 以上的酒精饮料，包括各种发酵酒、蒸馏酒和配制酒。

GB 10344—2005《预包装饮料酒标签通则》已于 2015 年 3 月 1 日废止，酒类产品标签可参考 GB 2758—2012《食品安全国家标准 发酵酒及其配制酒》、GB 2757—2012《食品安全国家标准 蒸馏酒及其配制酒》、GB 7718—2011《食品安全国家标准 预包装食品标签通则》及 GB 13432—2013《食品安全国家标准 预包装特殊膳食用食品标签》。

六、特殊标注内容

（一）食品生产许可标志

为规范食品、食品添加剂生产许可活动，加强食品生产监督管理，保障食品安全，根据《中华人民共和国食品安全法》《中华人民共和国行政许可法》等法律法规，国家食品药品监督管理总局于 2015 年 8 月 31 日公布了《食品生产许可管理办法》，自 2015 年 10 月 1 日起施行，2017 年 11 月 7 日根据国家食品药品监督管理总局局务会议进行了修正。

《食品生产许可管理办法》规定：在中华人民共和国境内，从事食品生产活动，应当依法取得食品生产许可。食品生产许可实行一企一证原则，即同一个食品生产者从事食品生产活动，应当取得一个食品生产许可证。食品生产许可证编号由 SC（"生产"的汉语拼音字母缩写）和 14 位阿拉伯数字组成。数字从左至右依次为：3 位食品类别编码、2 位省（自治区、直辖市）代码、2 位市（地）代码、2 位县（区）代码、4 位顺序码、1 位校验码。

《食品药品监管总局关于贯彻实施〈食品生产许可管理办法〉的通知》规定：新获证及换证食品生产者，应当在食品包装或者标签上标注新的食品生产许可证编号，不再标注"QS"标志。食品生产者存有的带有"QS"标志的包装和标签，可以继续使用完为止。2018 年 10 月 1 日起，食品生产者生产的食品不得再使用原包装、标签和"QS"标志。使用原包装、标签、标志的食品，在保质期内可以继续销售。

（二）特殊质量标志的使用规定

名优产品、名牌产品、绿色食品、无公害食品、有机食品、企业通过 ISO 9000 认证、

HACCP 认证等标志，只有通过相应认证和考核的企业对特定产品可以使用，使用者应注意使用范围和标志的有效时间。

（三）部分食品标准中对标签的特殊标注要求

1. 大米、小麦粉、淀粉

质量等级。

2. 食用植物油

质量等级、生产工艺（压榨/浸出）。

3. 酱油、食醋

酱油：质量等级、生产工艺（固态发酵/液态发酵）、酿造酱油/配制酱油、佐餐/烹调、氨基酸态氮含量。

食醋：质量等级、生产工艺（固态发酵/液态发酵）、酿造食醋/配制食醋、总酸含量。

4. 食糖、糖果制品

食糖：质量等级。

糖果制品：产品类型。

5. 茶叶

质量等级。

6. 方便面

产品类型（风干型/油炸型）。

7. 膨化食品

明示"膨化食品"、产品类型（焙烤型、油炸型、直接挤压型、花色型）。

8. 速冻面米食品

标明"速冻"、生制/熟制、馅料占净含量的比例、贮存条件、食用方法。

9. 味精

谷氨酸钠含量、食盐含量，特鲜（强力）味精还应标明呈味核苷酸钠或5′–鸟苷酸二钠含量。

10. 饮料

碳酸饮料（汽水）：果汁型碳酸饮料应表明"果汁含量"；可溶性固形物含量低于5%的产品可声称为"低糖"。

含乳饮料：应标明"蛋白质含量"。发酵型含乳饮料及乳酸菌饮料应标示"未杀菌（活菌）型"或"杀菌（非活菌型）"；未杀菌（活菌）型发酵型含乳饮料及乳酸菌饮料应标明"乳酸菌活菌数""产品运输、贮存温度"。

茶饮料：果汁茶饮料应标识"果汁含量"；奶茶饮料应标识"蛋白质含量"；茶浓缩液应标明"稀释倍数"。

果蔬汁及其饮料：加糖的果蔬汁（浆），应在产品名称的临近部位清晰地标明"加糖"

字样；果蔬汁（浆）类饮料，应显著标明"（原）果蔬汁（浆）总含量"或"（原）蔬菜汁（浆）总含量"。

11. 液体乳

巴氏杀菌乳：产品类型（全脂、部分脱脂、脱脂），蛋白、脂肪、非脂乳固体（或乳糖，全脂固体）含量。

灭菌乳：产品类型［纯牛（羊）乳、调味乳］，蛋白、脂肪、非脂肪固体含量。

12. 乳粉（奶粉）

产品类型（全脂、部分脱脂、脱脂、全脂加糖、调味），蛋白、脂肪、蔗糖（只限全脂加糖乳粉）含量。

七、外包装标志要求

预包装食品可以集中一定数量包装在一个外包装箱内整体销售，外包装箱的标志应满足GB/T 191—2008《包装储运图示标志》的要求。该标准规定了包装储运图示标志的名称和图形符号、标志尺寸和颜色及应用方法，适用于各种货物的运输包装。

（一）标志的名称和图形符号

标志由图形符号、名称及外框线组成，共 17 种，如：易碎物品、禁用手钩、向上、怕晒、怕雨、怕辐射、禁止堆码等。

（二）标志的尺寸和颜色

标志外框为长方形，其中图形符号外框为正方形，尺寸一般分为 4 种。图形符号外框尺寸：50mm×50mm、100mm×100mm、150mm×150mm、200mm×200mm；标志外框尺寸：50mm×70mm、100mm×140mm、150mm×210mm、200mm×280mm。如果包装尺寸过大或过小，可等比例放大或缩小。

标志颜色一般为黑色。如果包装的颜色使得标志显得不清晰，则应在印刷面上用适当的对比色，黑色标志最好以白色作为标志的底色。

必要时，标志也可使用其他颜色，除非另有规定，一般应避免采用红色、橙色或黄色，以避免同危险品标志相混淆。

（三）标志的应用方法

可采用直接印刷、粘贴、拴挂、钉附及喷涂等方法使用标志。

一个包装件上使用相同标志的数目，应根据包装件的尺寸和形状确定。

标志应标注在显著位置上。

第二节　国际食品法典委员会标签

一、概述

1962 年，联合国粮食与农业组织（FAO）和世界卫生组织（WHO）召开全球性会议，讨论建立一套国际食品标准，以指导快速发展的世界食品工业，保护公众健康，促进公平的国际食品贸易发展。为实施 FAO/WHO 联合食品标准规划，两组织决定成立食品法典委员会（Codex Alimentarius Commission，CAC），通过制定推荐的食品标准及食品加工规范，协调各国的食品标准立法并指导其建立食品安全体系。

食品法典（Codex Alimentarius）以统一的形式提出并汇集了国际上已采用的全部食品标准，包括所有向消费者销售的加工、半加工食品或食品原料标准。所有食品法典标准都根据标准格式制定并在适当条款中列出各项指标。法典标准对食品的各种要求是为了保证消费者获得完好、卫生、不掺假和正确标识的食品，其宗旨是保护消费者健康和维护公平的国际食品贸易，并成为国际组织解决食品国际贸易争端的重要参考依据。

为了更好地建立适应于全球范围的食品标签法典标准和导则，CAC 于 1965 年专门设立了食品标签分委员会（Codex Committee on Food Labelling，CCFL），该分委员会由加拿大政府牵头，其主要职责包括：起草、修订、实施与食品营养标签有关的食品法典标准和导则；研究由 CAC 委员会指派的有关食品标签的各种问题。

自 1979 年 CAC 发布《有关声称的食品法典总则》（Codex General Guideline on Claims）以来，CAC 已先后发布了《预包装食品标签通用标准》[Codex General Standard for the Labelling of Prepackaged Foods（CODEX STAN 1 – 1985）]、《预包装特殊膳食用食品标签及说明通用标准》[General Standard for the Labelling of and Claims for Prepackaged Foods for Special Dietary Uses（CODEX STAN 146 – 1985）]、《营养标签指南》[Codex Guidelines on Nutrition Labelling（CAC/GL 2 – 1985）]、《特殊医疗作用食品标签及说明标准》[Codex Standard for the Labelling of and Claims for Foods for Special Medical Purposes（CODEX STAN 180 – 1991）]、《营养说明使用指南》[Guidelines for Use of Nutrition Claims（CAC/GL 23 – 1997）]。

二、《预包装食品标签通用标准》[CODEX STAN 1 – 1985①]

本标准适用于提供给消费者或作为餐饮用的所有预包装食品的标签，以及与预包装食品标签有关的某些内容②。

---

① 1991 年、1999 年、2001 年、2003 年、2005 年、2008 年、2010 年修订。
② 政府在接受本标准时，应指明本标准未涉及的、在本国实施的有关标签和标示的任何强制性内容。

（一）一般原则

预包装食品的任何标签或标示中，不应以虚假的、使人误解的或欺骗性的方式介绍食品，也不能有对其特性的任何方面容易造成错觉的描述或表达。

预包装食品的任何标签或标示中，不应通过文字、图形或其他方式，直接或间接地介绍或暗示可能与该食品混淆的任何其他食品，也不能导致购买者或消费者误认为该食品与另一种食品有联系。

（二）强制性标示项目

除个别食品法规标准有明确规定的以外，预包装食品标签上应标明下述内容：

1. 食品名称

食品名称应指明食品的真实属性，通常是专用名称而非通用名称。当食品法规标准已为某种食品规定了一个或几个名称时，至少应使用这些名称中的一个。在其他情况下，应使用国家法规中规定的名称。若无上述名称，应使用不使消费者误解或混淆的，带适当描述性术语的名称，如通用名称或常用的俗名。可以使用"新创名称""奇特名称""牌号名称"或"商标名称"，但应附有上述规定中的任意一个名称。

为避免消费者误解或混淆食品的真实属性和物理状态，根据需要，必须在标签上食品名称并排或靠近处加附加词或短语说明，可包括但不局限于充填介质的类型、式样以及经受处理的条件和方式。例如：干制的、浓缩的、复水的、烟熏的。

2. 配料表

除单一配料的食品外，标签上应标明配料表。在配料表的前面或上方必须有包括"配料"术语在内的合适标题。

所有的配料均应按制造食品时所加入量（质量比）的递降次序排列。如某种配料本身是由两种或多种配料构成的产品，可在配料表中如实标出该复合配料，并在紧随的括号内按递减次序（质量比）标明其配料；在食品法规标准或国家法规中已有规定名称，并在食品中的含量小于5%的复合配料，不需列出原始配料。但由于使用了含有食品添加剂的原料或其他配料，以致添加剂在食品中的含量显著，或者足以在食品中起到工艺作用，这种食品添加剂应纳入配料表中。带入食品中的添加剂和加工助剂，如果低于起到工艺作用所需量，可免于在配料表中说明。

加入的水应在配料表中标明，除非水已是某种配料的组成部分，如盐水、糖水或汤汁，它们在配料表中已如实标出。在制造过程中，已挥发的水或其他挥发性配料不需标明。对于加水就能复原的脱水食品或浓缩食品，也应按照各种配料复水食品中的比例（质量比）顺序列出，但必须标有"该食品应按标签上的说明进行配制"这样的说明。

会引起过敏反应的食品和配料，应予以标明，如含有麸质的谷类，甲壳动物及其制品，鸡蛋及其制品，鱼类及其制品，花生、大豆及其制品，奶和奶制品（包括乳糖），坚果及其制品，含量大于 10mg/kg 的亚硫酸盐。

上述食品和配料经生物技术转移而成的致敏原存在于食品或食品配料中，则应予以标明。当不可能通过标签提供适当的关于致敏原存在的信息时，含有致敏原的食品不能投放市场。

配料表中的配料应使用"食品名称"规定的专用名称，但以下情况除外：对于有类别归属的配料可使用分类名称；有类别归属并已列入允许在食品中使用的食品添加剂表中的食品添加剂，根据国家法规要求，将分类名称与专用名称或认可的代号并用。

3. 净含量和沥干物（固形物）质量

应以公制（国际单位制）标明净含量：

——液态食品，用体积；

——固态食品，用质量；

——半固态或黏性食品，用质量或体积。

用液体介质充填的食品，除标明净含量以外，还应以公制标明该食品的沥干物（固形物）质量。这项要求应说明，液体介质指的是水、糖水和盐水，水果罐头和蔬菜罐头中的果汁和菜汁，食醋。液体介质可以是一种，也可以是多种。

4. 厂商名称和地址

必须标明该食品的制造厂、包装厂、批发商、进口商、出口商或销售商的名称和地址。

5. 原产国

如果省略食品原产国会使消费者误解或受骗，则应标明原产国。

当食品在另一国家进行了改变其性质的加工后，该从事加工的国家应作为原产国标示。

6. 批次

每个容器上均应压印或打印永久性的标志，或用其他清晰的方式标识出生产厂家的批次。

7. 日期标志和贮藏指南

如果个别食品法规标准中无其他规定，则应使用下列日期标志方法：

标明"最短适用日期"：对于最短适用日期不超过 3 个月的产品，应标明日和月；对于最短适用日期超过 3 个月的产品，应标明月和年。如果最短适用日期为 12 个月，则只标明年份即可。如果日期与贮藏条件有关，还应在标签上标明该食品的特定贮藏条件。

使用下列字样标明日期：若标明日期，用"最好在……之前（食用）"；其他情况，用"最好在……底以前（食用）"。日、月、年应以明码数字序列标明，并标示给定日期的所在部位。

对下列食品不要求指明最短适用日期：

——新鲜水果和蔬菜，包括未去皮、切块或类似处理过的马铃薯；

——葡萄酒、利口酒、起泡葡萄酒、加香葡萄酒、果酒和起泡果酒；

——酒精体积含量 10% 或 10% 以上的饮料；

——通常在制成后 24h 食用并保持其本身特性的焙烤食品或面饼类食品；

——食醋；

——食盐；

——固体糖；

——含有加香和（或）着色食糖的糖果制品；

——口香糖。

8. 食用方法

如有必要，在标签上应标明食用方法，包括复水再制的方法，以保证食品的正确食用。

（三）附加的强制性标示

1. 配料的定量标示

如果食品的标示特别强调加有一种或数种有价值、有特性的配料，或者食品的说明有同样的效果，则必须标明该配料的投入百分率（质量分数）。同样，如果食品的标示特别强调一种或数种配料的含量较低时，则必须标明该配料在成品中含有的百分率（质量分数）。

在食品名称中提及某特殊配料的名称，本身并不构成对该配料的特别强调。在食品标示中提及某种用量很少并且只作为香料用的配料，本身不构成对该配料的特别强调。

2. 辐照食品

经电离辐射处理的食品的标签上，必须在紧靠食品名称处用文字指明此种处理。是否采用国际食品辐照标志，可以自定。如果用，应紧靠食品名称。

当一种辐照食品作为另一种食品的配料时，也应在配料表中如实指明此种处理。当单一配料的食品是用辐照过的原料配制时，该产品的标签应有此处理的说明。

（四）强制性标示的免除

除香辛料和药草外，容器的最大表面面积小于 10cm^2 的小包装可免除"配料表""批次""日期标志和贮藏指南""食用方法"的要求。

（五）非强制性标示

只要与本标准的"强制性标示"和"一般原则"中有关说明的内容不相抵触，任何书写的、印刷的资料、图形设计或图示材料均可在标签中显示。

如果使用等级标记，则应使人容易看懂，并且不会使人产生任何误解或受骗。

（六）强制性标示的表示

1. 通则

预包装食品的标签不应与容器分离。食品名称和净含量应出现在显著的位置上并在同一视野内。

依据本标准或其他食品法规标准的规定，要求在标签上出现的内容应清楚、醒目、持久，并在正常购买和使用条件下使消费者易于识读。如果容器有外包装，包装上应标有必要的标示内容，或透过外包装，能容易识读容器的标签，或者不遮住标签。

2. 语言

如果原标签上的语言不被消费者接受，可用一种补充标签，以规定的语言表达强制性内容，代替再标示。在再标示或补充标签中，其强制性内容应完全并准确地反映原标签上的强制性内容。

三、《预包装特殊膳食用食品标签及说明通用标准》（CODEX STAN 146－1985）

特殊膳食用食品是指为满足某些人群的生理需要或某些疾病患者的需要，按特殊配方专门加工的食品（包括婴幼儿食品）。这类食品的成分必须与现有类似性质的普通食品的成分有显著不同。

本标准适用于上述所指的，提供给消费者作为饮食用的所有预包装特殊膳食用食品（包括包办伙食）的标签，以及与标签标示有关的某些方面；也适用于为特殊膳食用食品制定各项要求。

（一）一般原则

不得以错误的，使人误解的，欺骗性的，或可能对其特性产生错误理解的方式，描述特殊用途食品。

采用本标准的特殊膳食用食品标签及广告，不应以任何方式暗示不需要专业人员的建议。

（二）强制性标示项目

1. 食品名称

除按照《预包装食品标签通用标准》中有关"食品名称"的规定标明食品名称外，还应符合下列条款：

只有符合本标准中"特殊膳食用食品"定义的产品，才可以在品名中使用"特殊膳食""特殊膳食的"，或其他等效词。非人为调制而是某食品本身所具有的主要特性，可以使用与某食品贴切的修饰词加以说明。

2. 营养标签

标签上的营养成分应包括下列内容：

——以千卡（kcal①）或千焦耳（kJ）表示每100mL所售食品的能量，并在适当位置标明该食品的建议食用量；

——每100g或100mL所售食品中的蛋白质、有效碳水化合物、脂肪的克数，并在适当

---

① 1kcal＝4.19kJ。

位置标明该产品的建议食用量；

——每100g或100mL所售食品中，能提供特殊膳食用的特殊营养素或其他营养成分的总量，并在适当位置标明该食品的建议食用量。

3. 日期标志和贮存说明

除按照《预包装食品标签通用标准》中"日期标志和贮藏指南"的要求标明日期标志和贮存说明外，还应标明"开封食品和贮存"内容。

如果必须保证开封后的食品保持其营养价值和卫生指标，应在标签上注明开封后食品的贮存说明。如该食品开封后不宜贮存或不能在原容器内贮存，应在其标签上予以警告。

4. 配料表、净含量和固形物质量、厂名和厂址、原出产国、批次

按照《预包装食品标签通用标准》的有关规定标明。

（三）附加的强制性标示

1. 配料的定量标示、辐照食品

应按照《预包装食品标签通用标准》的有关规定予以标明。

2. 要求

为所有预包装特殊膳食用食品制定的要求（包括本标准），都应与CAC制定的通用准则相适应。

一旦声称该食品适于特殊膳食，这种食品应符合本标准所有条款，除非在特定的特殊膳食用食品法典标准中已另作规定。

未按特殊膳食用食品定义进行加工，但因其天然成分而适用于特殊膳食的食品，不得使用"特殊膳食""特殊膳食的"或其他任何等效词。这类食品可以在其标签上声明"本食品具有天然'×'（'×'指其主要特性）"，但这种声明不得引起消费者的误解。

禁止声称符合特殊膳食用食品定义的食品适用于预防、缓解、治疗或治愈某种疾病（如功能紊乱）或适用于特定生理条件，除非它们：

（1）符合特殊膳食用食品法典标准或准则条款，并遵循这些标准或准则所规定的原则；

（2）在没有可供采用的法典标准或准则的情况下，得到食品销售国法律的许可。

（四）强制性标示的免除、非强制性标示、强制性标示的表示

应符合《预包装食品标签通用标准》的有关规定。

第三节　国际食品标签

一、欧盟食品标签法规

欧洲联盟（European Union，EU），简称欧盟，是由欧洲共同体（European Communities）发

展而来的区域一体化组织。1991 年 12 月，欧洲共同体马斯特里赫特首脑会议通过《欧洲联盟条约》，1993 年 11 月 1 日，《欧洲联盟条约》正式生效，欧盟正式诞生。1995 年，欧盟成员国包括英国、法国、德国、意大利、西班牙、葡萄牙、希腊、荷兰、爱尔兰、卢森堡、比利时、丹麦、奥地利、瑞典、芬兰。这 15 个国家一起建立起了统一的、取消内部边界的大市场，其内设主要机构包括：理事会、委员会、欧洲议会、经济和社会委员会。关于食品标签的法规由欧盟理事会制定。

为了协调、推动成员国制定统一的食品标签法规，欧洲共同体于 1979 年发布了《食品标签说明及广告法规的指令》，为食品标签制定了总则，并分别于 1986 年和 1989 年进行了两次修订；于 1990 年发布了《关于食品营养标签的指令》，以及一些有关的食品标签的专项指令。由于成员国之间关于食品标签的法规条例、行政规定的差别妨碍了产品的自由流通，并有可能导致不平等竞争，为了便于共同市场的顺畅运作，欧盟于 2000 年修订了食品标签指令，其目的是制定适用于在同一层次生产和销售的所有进入欧盟市场的食品的通用规则，同时也制定适用于不同层次生产和销售的某些食品的特殊性规则，为消费者提供信息和保护消费者的利益。

欧盟有关食品标签的法规采取了两种立法体系：一种是"横向"体系的法规，规定各种食品标签共同的内容，比如食品标签的价格规定，食品标签的营养标识规定等方面的法规；另一种是"纵向"体系的法规，针对的是各种特定食品，比如巧克力、牛肉、葡萄酒等食品的标签的法规。欧盟食品标签法规通常有指令（Directive）和条例（Regulation）两种形式。

欧盟成员国在制定、变更本国法规时，应将所采用的新法规及实施的理由通报欧盟委员会和其他成员国。欧盟委员会将启动批准程序，批准后发出准许通报，该成员国在通报发出 3 个月后方可实施新法规。由于欧盟的食品标签法规是地区性经济共同体制定的，故在食品进入这一地区时，食品标签不但要遵守此法规，还要符合具体输往国的规定。

（一）适用范围

（1）适用范围限于计划销售给最终消费者的食品，而对计划售给加工商或制造商的产品的标签规则，应在其后阶段制定。

（2）适用于售给最终消费者的食品标签、说明和广告。

（3）适用于供应餐馆、医院、食堂和类似的其他大众饮食点的食品。

（4）不影响成员国本国条例。在没有欧盟条例时，本国条例对诸如人物塑像、纪念品之类异形包装不施以过于严格的要求。

（5）不适用于输往欧盟外的产品。

（6）适用于法国各海外部门。

（二）基本原则

食品标签、食品的说明、食品的形状、外观或包装、所使用的包装材料、食品的安排方式、陈列的环境说明及其广告活动，必须遵守以下原则：

（1）食品标签所标示的内容不得误导购买者，使其受到损失。

（2）食品标签上禁止使用误导消费者或称食品具有药物成分的信息，该禁令也适用于对食品的说明和广告。

（3）对于食品的各种特性，尤其是对于其性质、特点、各种成分、结构、保质期、来源、制造或生产方法不得有误导说明。

（4）不得宣称食品具有并不具备的成分或效用。

（5）不得暗示食品含有某种特性，而事实上其他同类食品都具有这种特性。

（6）不得标示有预防、医疗作用的信息，特别是对于天然矿泉水和特殊营养食品。

（三）必须标注内容及具体规定

1. 食品名称

（1）所售食品的食品名称应符合欧盟委员会的要求。如果委员会没有相关的要求，应按照产品售给最终用户或大众饮食点的成员国国内习惯使用的名称或食品的说明。如有必要，还应有食品的食用方法的说明，说明应以精确的语言告知消费者该食品的性质和可能与其相混淆的产品的区别。

（2）不得以商标、品牌及想象出来的名称代替出售的产品的名称。

（3）在可能引起消费者误解的情况下，应标明食品物理性状或加工方式（例如，粉状、冷冻干燥、冷藏、熏烤等）。

2. 配料表

（1）配料指用于食品的制造或配制并在成品中依然存在（即使改变了形态）的任何物质（包括添加剂）。当某种食品的配料由几种配料组成时，后者也被视为食品配料。

用作加工辅助剂，对使用量有规定并作为溶剂、添加剂的中介物质或调味品的物质不被视为配料。

（2）配料表应包括食品的全部配料，配料应按质量降减顺序排列。在配料表前要有"配料"字样。

附加水和易挥发的产品应按照成品中其质量的顺序排列。如果附加水的质量在最终产品中所占比重未超过5%时，可不考虑其质量。

以浓缩或脱水形式使用而在制造食品时又复原的配料，可按照浓缩或脱水前记录的质量递减顺序排列。

计划加水复原的浓缩或脱水食品，配料可按复原后质量的顺序排列，只要配料表附有说明，如"复原后配料"或者"即可食用的配料"。

对于果类或蔬菜的混合制品，若其中没有哪种水果或蔬菜在质量上比例突出，配料表可以用其他顺序排列，只要配料表附有诸如"配料比例不固定"的说明。

对于调料或香草的混合制品，若其中没有哪种调料或香草在质量上突出，则配料表可以用其他顺序排列，但要附有诸如"配料比例不固定"的说明。

（3）可能造成食物过敏、不耐性的物质及成分，应予以标明，如甲壳类动物及其产品，花生及其产品，芝麻及其产品，含量大于 10mg/kg 的二氧化硫和亚硫酸盐。

（4）配料应用专有名称，且要遵循有关食品名称的规定。

有类别归属的配料，只可以用类别名称标注。

有类别归属的食品添加剂，须按其类别名称标示，并标出其专有名称或欧盟编号；如果某种食品添加剂属于不止一个种类，应标出该配料主要功用名称。如"淀粉"中含有麸质，则必须在标注时补充其特殊的植物来源。

调味品的标示要有"调味品"字样，也可用更具体的名称或调味品的说明。

（5）欧盟条例对其名称作出规定的特殊食品，必须附有特殊配料的说明。

（6）复合配料可在法律有规定或习惯认可时用自身名称标在配料表中，但该复合配料名称后应紧跟复合配料成分表。

（7）配料表中所标注的质量，应以质量分数的形式来表达，并要与实际配料中的含量相符，但对于特定食品可降低要求。

（8）当食品的标示特别强调某种配料的存在或低含量，而该配料对于食品具备的某种特性必不可少时，或者食品的说明有同样的效果时，应视情况标示该配料所占的最小或最大百分含量。这一信息应靠近食品名称标示或标示在配料表中。

（9）豁免标注

①下列情况下原料无须列出：

——鲜果、蔬菜，包括没有去皮、切碎或类似处理的土豆；

——碳酸汽水，其说明词已表明是充碳酸气的；

——纯系单一产品制取的发酵醋（没有添加别的原料）；

——除制造工序所必需的乳酸产品、酶和微生物培养菌，或制作干酪（不包括新鲜干酪和融化干酪）所需的盐之外，没有添加其他配料的干酪、黄油、酸奶和酸奶冰淇淋；

——单一配料的产品。

②复合配料成分表不属于强制性标示内容。

a）当复合配料在成品中所占份额少于 25% 时可不列出复合配料成分表；

b）当复合配料用于在欧盟法规中无须附有配料表的食品时也可不列出复合配料成分表；

c）在以下情况下水可不列入配料表：

——在食品制作过程中仅仅用于对浓缩或脱水配料的复原；

——作为液体媒介一般情况下不会被消耗。

3. 净含量

（1）食品净含量应按以下方式标示：

——液体以体积为单位；

——其他产品以质量为单位；

——应使用升、厘升、毫升、千克或克；

——如欧盟条例或成员国条例有特殊规定的食品可部分违背本规则。

（2）当欧盟条例或成员国条例要求标出某种量（例如，一般量、最小量、平均量）时，该量被视为净含量。同时，对某些具有质量等级的特殊食品，可以要求有其他的质量标示。

（3）当固体食品置于液体介质中时，应在标签上标示其固形物质量。

液体介质指混合液，也可是冷冻和速冻后的混合体，只要它在配制中对必需的物质起辅助作用，而对购买者不是决定因素，例如，水、盐的水溶液、浓盐水；食用酸的水溶液、醋；糖类的水溶液，其他甜物质的水溶液；来自水果和蔬菜的果汁和菜汁。

（4）若包装食品中，有两个或两个以上同品种和同分量的小包装，则要标示小包装的净含量及小包装的总数量；若包装食品含有两件及两件以上的小包，而小包又不是出售单元，要标示食品总净含量及小包总数。

（5）豁免标注

若里面小包装的数量易于从外面看出并算出，或者至少有一件小包装净含量的标示可以从外面看见，则可省略上述标示。

欧盟条例或成员国条例对某些特殊食品不要求标示各小包的总数。

当食品按数量出售时，若该食品的数量易于从外表上看清或数清，可不必标出净含量，否则应在标签上标明其净含量。

对以下食品，净含量的标示不是强制性的：

——体积或质量容易受到相当大损耗的食品，以件数出售的食品，当面过秤出售的食品；

——净含量少于5g或5mL的食品，然而本规则不适用于香料和药草；

——欧盟条例或成员国条例可对某些特殊食品规定其净含量不得低于5g或5mL。

4. 原产国、制造商（经销商）名称及地址

（1）必须标明制造厂或包装厂的名称、企业名称和地址，或者设在社区内的销售店的名称和地址。对于在成员国本土生产的黄油可只要求标出制造商、包装商和销售商。

（2）对没有标出食品原产地会导致消费者对食品的来源产生误解的食品，应标明食品的原产地。

5. 保质期

（1）食品的保质期是指食品在正确的贮存条件下可保持其独特的品质的期限。保质期按照规定标示。

（2）保质期的标示用下列词语：

——"最好在……之前食用"，该保质期包含所标示的日期；

——其他情况用"最好在……结束前食用"。

（3）保质期应有明确的日期标示，或标明在标签上指定位置，如果保质期与贮存条件密切相关，应有贮存条件的说明。

（4）日期应包括日、月、年，按日期的年月顺序排列，不可用代码。

下列情况可以例外：

——保质期不超过 3 个月，只标示月和日；

——保质期超过 3 个月，不超过 18 个月，只标示年和月；

——保质期在 18 个月以上，只标示年。

（5）易酸败，在保质期过后很可能对人体健康造成直接危害的食品，其保质期应改用"……之前食用"，必要时应有贮存条件的说明。

（6）豁免标注

——未经去皮、切割或类似处理的土豆在内的新鲜果品和蔬菜，但籽芽或豆芽类农产品除外；

——除了葡萄酒以外的各种果品酿的酒及类似产品，以及由葡萄、葡萄汁酿制的各种饮料；

——酒精含量在 10% 及 10% 以上的饮料；

——计划供应给饮食点的，装在 5L 以上容器内的软性饮料、果汁、水果原汁和含酒精饮料；

——通常是在出炉后 24h 内消费掉的面包和糕点；

——食醋；

——食盐；

——固体糖；

——甜食制品，包括几乎全由糖调味和（或）着色的制品；

——口香糖或类似的咀嚼食品；

——单个冰淇淋。

6. 食用说明

（1）对没有食用说明就不可能恰当食用的食品应标明食用说明。

（2）食品的食用说明，应使消费者能准确地理解。

7. 有关酒精含量的规定

对于酒精含量超过 1.2% 的饮料，应标出实际酒精含量。

8. 其他

对于某些特殊食品，在例外的情况下，只要不会造成消费者对食品情况所知不足，可依据欧盟条例降低"配料表"和"保质期"的要求。同时，欧盟条例还可规定标注必标内容之外的其他信息。

（四）免于标注条件及具体规定

（1）对于以下情况，食品的标注内容可以只出现在食品的商业文件中，该文件包括标签的全部信息和食品随附说明，它可在食品运输或运送同时送到发售点，但"食品名称""保质期""制造商、包装商的名称地址"及"……之前食用"必须标注在食品标签上：

——计划售给最终消费者，但在售给最终消费者以前已售出（不是售给大众饮食点）的食品；

——计划供给大众饮食点用于加工的食品。

（2）以下食品标签只需标出"食品名称""净含量"和"保质期"：

——计划重新使用且标示内容不易消除的玻璃瓶；

——最大表面少于 $10cm^2$ 的包装或容器。

（五）基本要求

（1）标注的内容应易于理解、位置明显、清晰易认、不易擦抹，且不可被其他文字图画遮蔽。

（2）"食品名称""净含量""保质期""酒精含量"及"欧盟条例关于特殊食品的其他必标内容"必须标注在同一视野中。

（3）食品标签标注内容应使用所输入成员国消费者易懂的语言，也可用不同的语言标示。

（六）特殊标注内容

1. 辐照食品

（1）经过电离辐射处理的食品应按欧盟特殊条款标示。

（2）经过电离辐射处理的食品必须根据输入国要求附有下列标示之一："经辐射处理"或"经电离辐射处理"。

2. 转基因食品

欧洲议会于 1997 年 5 月 15 日通过了《新食品规程》的决议，规定欧盟成员国对上市的转基因产品必须有 GMO（转基因生物）标签，包括所有转基因食品或含有转基因成分的食品。标签内容应包括：

（1）GMO 的来源；

（2）过敏性；

（3）伦理学考虑；

（4）与传统商品（成分、营养价值、效果等）的不同。

二、美国食品标签

美国一直高度重视食品标签标识的管理，不断修订完善食品营养标注方面的法规，使之符合形势发展的要求，最大限度地保障消费者的饮食健康与安全。1994 年 5 月，美国出台了《食品标签法》，要求所有预包装食品必须加贴内容复杂而烦琐的强制性标签。美国的食品标签必须标注的内容除食品名称、净含量、配料表、食品制造商、包装商、经销商的名称和地址外，还包括营养标签。营养标签是美国食品标签的重要内容，为强制性标注内容。营养标签在特定情况下可以豁免。

除此之外，美国农业部还根据《2002年农业法案》的要求，公布了强制性原产地标签项目的规则。根据这一规则，牛肉、羊肉、猪肉的切块肉、碎牛肉、碎羊羔肉、碎猪肉、饲养的鱼和甲壳类动物、易腐烂的农产品以及花生，必须在零售时标明原产地。

2003年，美国对有机食品也实行了标签制度，要求经美国农业部批准的、专门机构认证的有机程度达到或超过95%的食品，必须加贴印有英文"有机"和"美国农业部"字样的绿色圆形标记；有机程度在70%~95%范围内的食品不能加贴专门标记，但可以在标签上注明"包含有机成分"。

为了保障人体健康，防止由于胆固醇过高而影响健康，美国规定在传统食品和膳食补充品的营养标注中，标注反式脂肪酸（TFAs）的含量。为了给消费者提供充分的食品营养成分信息，指导消费者健康安全饮食，美国规定自2006年1月1日起在食品营养标注中必须标注产品中饱和脂肪酸和反式脂肪酸的含量。

美国的法律、法规和标准为食品安全打下了坚实的基础，违反这些法律法规和标准会受到严惩。食品企业一旦被发现违反法律法规，会面临严厉的处罚和数目惊人的巨额罚款。

（一）基本原则

食品标签适用于所有的预包装食品，酒类除外。按食品标签上标示的内容来分，食品标签可以分为主要展示版面和信息版面两大部分。主要展示版面上标注食品名称以及净含量等内容，信息版面标注除规定必须在主要展示版面上标注的内容之外的其他内容。

（二）必须标注的内容及具体规定

1. 主要展示版面

（1）主要展示版面指在通常条件下零售时展示的标签上最可能被表示、出示或观察到的部分。主要展示版面应大到足以清晰并引人注目地容纳所要求必须在其上显示的所有法定的标签信息，并且不得带有使内容不清楚的设计图案、花边图像，或图文过密而不清楚。如果包装带有另外可使用的几个主要展示版面，则要求在主要展示版面上显示的信息应在各版面上重复出现。

（2）主要展示版面面积意为容纳主要展示版面的侧面或正面的面积，该面积规定如下：如果一个长方形的包装的一个整个侧面可被正确地当作主要展示版面区，则这一侧面的高度乘以宽度的乘积即为主要展示版面面积；如果是一个圆柱体（或近似圆柱体）的容器，则容器高度乘以周长的乘积的40%，即为主要展示版面面积；如果是其他任何形状的容器，该容器全部表面的40%即为主要展示版面面积，但假如该容器有明显的主要展示版面，如干酪的三角形或圆形包装的顶部，则整个顶面面积即为主要展示版面面积。

（3）在主要展示版面上标注的任何字母、数字的高度均不得低于 1/16in①。

2. 信息版面

（1）信息版面处在紧邻主要展示版面右边的位置。

（2）在信息版面上标注的任何字母和（或）数字的高度均不得低于 1/16in。

3. 食品名称

（1）食品名称陈述应包括：任何适用的联邦法律、法规规定或要求的名称；在缺乏这样的规定名称时，则应用该食品的通用或常用名称；在缺乏这类名称时，则应用一个恰当的描述性的术语。

若一食品以多种可供选择的形式销售时（如整块、切片、切成丁状等），其特殊的外形应被用作品名陈述的必要部分，其字体应与品名陈述中其他部分所用字形规格相一致；但如其形状是可以通过容器观察到的，或系以一恰当图饰描绘出的，则其形状无须包含在陈述中。

可以在通用的食品名称中加入某种或多种配料名称作为食品名称的一部分。

（2）食品名称标注在主要展示版面上。

（3）食品名称采用黑体字，其字形规格应与主要展示版面上最显著的印刷文体相一致，并应处在以设计位置展示包装时与所放位置的底部相平行的线上。

（4）如果一种食品是另一种食品的模仿物，则它将被视为冒牌，除非其标签附有用统一显著的字体印制的"仿制品"字样，并在其后附上所模仿的食品名称。

4. 净含量

（1）以质量、体积、数量来表达，或以数量和质量或体积的组合形式表达。如果食品是液体，应用液态体积单位表达；如果食品是固体、半固体或黏质体，或固体和液体的混合物，则应用质量表达。

净含量标注在主要展示版面最下端的 30% 面积内，与容器底部基本平行。

净含量声明应作为一个鲜明的项目出现，应与该声明上方或下方出现的其他标签印刷信息分开，间隔高度至少要等于内容物净含量所使用印刷字体的字母高度，左、右间隔宽度至少应等于内容物净含量所使用印刷字体两倍的宽度。

（2）净含量应为黑体字，清晰地印刷在具有较强反差的背景上，净含量所使用的数字或字母的印刷字体应与包装的主要展示版面相适应。对于大致相当尺寸的所有包装，其印刷字体应基本保持一致。

主要展示版面小于或等于 $5in^2$，字体高度应大于或等于 1/16in；主要展示版面大于 $5in^2$ 小于或等于 $25in^2$，字体高度应大于或等于 1/8in；主要展示版面大于 $25in^2$ 小于或等于 $100in^2$，字体高度应大于或等于 3/16in；主要展示版面大于 $100in^2$，字体高度应大于或等于 1/4in；主要展示版面大于 $400in^2$，字体高度应大于或等于 1/2in。

---

① 1in = 25.4mm。

字母的高度不得大于宽度的 3 倍。使用分数时，分数中每一数字应达到最低标准高度的一半。

（3）质量应以常衡制"磅"和"盎司"计量；液态食品的体积应以美制加仑、夸脱、品脱和液体盎司为单位。干态计量食品的体积应以美制蒲式耳、配克、干夸脱、干品脱为计量单位。

内容物净含量可以用普通分数或小数来表达。普通分数可以用 1/2、1/4、1/8、1/16、1/32 表示，应化为最简分数；小数的使用最多不超过两位。

有关内容物净含量的附加声明不得含有任何趋于夸大包装内食品量的质量、体积和数量的形容词。

5. 配料表

（1）配料表以通用名称按质量递减顺序标示。

（2）配料表标注在主要展示版面或信息版面上。配料的名称应是具体的名称而非集合（种类）名称，香料、调味料、色素及化学防腐剂除外，复合配料按规定标示。

6. 食品制造商、包装商、经销商的商业名称及地址

（1）包装食品上的标签应明显地具体标明制造商、包装商或经销商的商业名称及地址。

（2）在制造商、包装商或经销商为公司的情况下，应使用其真实公司名称方能被视为满足有关商品名称的要求，其真实公司名称后或前可加上公司具体分支机构的名称。商业地址应标示区号（邮政编码）、州名、城市名及街道地址。如果街道地址在现行的城市手册或电话簿中可以查到，则可以省略。如果食品是在主要营业场所以外的其他地点制造、包装或经销的，则标签上可标示主要营业场所来代替实际的制造、包装或经销地点，除非这种标示将产生误导。

7. 营养标签

所有供人食用并用以销售的食品，均应提供与食品相关的营养信息，标注在主要展示版面或者信息版面上。

营养信息应在一方框内用细线分隔，并根据实际情况用黑色字体印在白色背景上或用其他颜色字体印在与其有鲜明对比的其他素色背景上。

营养标签内的所有信息应使用单一易读的字型、大小写字母。两行文字之间至少间隔 1 点（1 点 =1/72in），但所有营养素的信息应当至少间隔 4 点。相邻字母间最密不能超过 4 点。

营养标签标注的主要内容包括：每餐分量及包装内的份数；热量、来自脂肪的热量、总脂肪、饱和脂肪、胆固醇、钠、总碳水化合物、食用纤维、糖、蛋白质以及维生素 A、维生素 C、钙和铁，以及以 8360kJ 热量的食谱为基础的每日对有关食品食用量的百分比。

（1）每餐分量

每餐分量意指 4 岁或 4 岁以上的消费者每次进食时的习惯消费量，并用该食品适宜的通常家用计量方法表示。若该食品是专门为婴儿或学步幼儿生产或加工的，每餐分量意为满

12 个月的婴儿或 1 岁 ~ 3 岁的幼儿每次进食的习惯消费量。

如果一个食品单元的质量大于参考量的 67% 且小于 200%，则应以一个单元作为一次食用量；如果一个食品单元的质量大于参考量的 50% 且小于 67%，则制造商可将一个单元声明为一个每餐分量；如果一个食品单元的质量大于参考量的 200% 以上，而整个单元可合理地在一次进食中消费净尽，则制造商亦可将整个单元声明为一个每餐分量。

（2）每餐分量、份数的标注

如果标明所含每餐分量、份数，则应随后用相同的字形来标注每次食用量的净数量（质量、体积或数量），该说明也可以用与净数量（如一杯、一汤匙等）不同的词语来表示。

包装内小包装的数量与包装中所含每餐分量份数不一定等同。

每餐分量应是最接近于该类食品参考量的整个单元的数量。外形规格有自然不同的其他产品的每餐分量应表示为与该类产品参考量最接近的盎司数。

凡通常消费时将大的食品分成小块进食的（如蛋糕、馅饼、比萨饼、甜瓜、卷心菜等），每餐分量应是该食品最接近此类食品参考量的小份额（如 1/12 蛋糕、1/8 甜馅饼、1/4 比萨饼、1/4 甜瓜、1/6 卷心菜等）；在表示小份额时，制造商应使用 1/2、1/3、1/4、1/5、1/6 或再用 2 或 3 除之而得出的更小的分数。

常用家庭计量单位指杯、汤匙、茶匙、块、薄片、小块（如 1/4 块比萨饼）、盎司（oz）、液体盎司（floz）或其他用于盛装食品的家用器皿（如罐子、托盘）。

一茶匙指 5mL，一汤匙指 15mL，一杯指 240mL，液体盎司为 30mL，重量盎司为 28g。

通常家用计量单位的量值在大于 5g 的情况下应修约到最靠近该值的整数，2g ~ 5g 之间的数值应以 0.5g 的增量修约，而小于 2g 的量值则应以 0.1g 的增量修约。

如果存在根据商业部联邦法规的程序公布的产品标准，并且其从数量角度对涉及某具体食品的每餐分量给出了定义，那么包装食品的有关食用量份数的标示应与该数量定义一致。

（3）豁免要求

营养标签在特定情况下可以豁免：

——每年总销售额或营业额不超过 500 000 美元或每年食品总销售额或营业额不超过 50 000 美元的制造商、包装商或经销商销售的食品。

——餐馆内提供的食品；其他地点（例如，学校、医院等机构内的食品服务点和自助餐厅，交通运输工具，在室内有供立即消费设施的面包店、熟食店及糖果零售店，送货店或送货系统）提供的即食食品等。但是本免除条款不适用于由经销商制造、加工或再包装而销售给不是当场食用的餐馆或其他场所的那些食品。如果该食品存在被消费者直接购买的可能性，则该食品的制造商应负责在其上提供营养信息。

——人类即食食品；向消费者供应但不是立即食用的食品；主要在零售场所加工和制备的食品；在无食用场所的现场分成一定份额或包装的，并由独立的熟食店、面包店和糖果零售店销售的即食食品，或由商场内熟食部、面包部、糖果部或在诸如沙拉柜台等的自助食品柜台销售的食品。

——所有的营养物与食品成分的含量均为微量的食品。

——可供印制标示的表面总面积小于 $12in^2$ 的小包装食品，这些食品的标签上可以不带营养声明或其他营养信息，但其制造商、包装商或经销商应在符合并运用该免除要求的包装标签上提供所在地址或电话号码，使消费者可获取所需的营养信息。

三、日本食品标签

日本有关食品标签的规定主要包括在《食品卫生法》中。该法由厚生劳动省和农林水产省制定，并且进行了多次修改，经常以答问的形式进行补充和修订，或以"令"的形式予以发布。另外，农林水产省的《关于农林物资的规格化及品质表示的正确化法律》（JAS 法）中对食品标签也有规定。《日本计量法》中对内容量的标示有规定。

（一）适用范围和基本原则

日本食品标签适用于出售的食品或添加剂以及有规格或标准的器具或容器包装。

凡属已制定了标示标准的食品、添加剂、器具或容器包装，都必须有符合该标准的标示，否则不得销售和以销售为目的而陈列或在营业中使用。

用于销售的需要标示的食品及添加剂见有关规定。有关食品、添加剂、器具或容器包装，不得出现危害公众卫生的虚假或夸张的标示或广告。

（二）必须标注内容及具体规定

1. 食品名称

（1）要确切地标示出其内容，并且要按社会上通常的概念使用通俗化名称。

（2）食品名称中冠以主要配料名称时，必须与主要配料一致。食品名称中加注的主要配料为两种以上混合物时，不能只冠以一种配料的名称。

（3）食品名称未被广泛通用的食品，用公众可以准确判断其种类的食品名称。

（4）不能只用形容词作名称，但没有固定名称的"小吃"除外。

（5）冷冻食品，除其名称外，须标明"冷冻"。

2. 配料表

对于听装罐头食品，应标明主要配料的名称。主要配料指肉类（畜肉、禽肉、鲸肉）、鱼贝类及水果，不包括已成液状或泥状原材料。当由食品名称可以准确判断主要配料时，可以不标示主要配料的名称。在说明等其他事项中已标示配料内容的均视为主要配料的标示。

当主要配料为三种以上时，应按其配比量的多少为序标示至第三种，并冠以"主要配料"。配料名称应标明其种类名称。

3. 添加剂及其制剂

（1）添加了规定的添加剂的食品，要标明"食品添加剂"，并应同时标明该添加剂相应的物品类别。原则上标示方法要使用食品添加剂等规格标准中使用的用语，但只要不改变其内容，也可使用通用简单的用语加以标示。

对于添加剂的名称，如果属化学合成添加剂则需使用规定的品名，其他添加剂由厚生劳动大臣规定品名。除化学合成品之外的添加剂及含有这些添加剂的制剂，在厚生劳动大臣对该添加剂命名之前，对该添加剂可以省略标示其名称。对于添加剂制剂，可以省略标示该成分及其百分含量。

对于添加剂的用途，采用其他方法可以明确判断时，仍不能忽略对其用途的必要的使用方法的标示。

（2）有标示量规定的添加剂，应标明其百分含量。

对于添加剂制剂，应标明其成分及各自的百分含量。当其成分为维生素 A 衍生物时，不能标示维生素 A 衍生物的百分含量，而应标示以维生素 A 计的百分含量。但是，以增香为目的使用的添加剂，则不必标示其成分及百分含量。

4. 净含量

单位必须明确标示，同时在内容量标示的文字后面加括号标示放入了多少个。

5. 生产日期，保质期

日本 1994 年公告食品及添加剂不再标示生产日期，而标示保质期。标示日期用顺位 6 位数，具体方法为："尝味期限：××××××"。

6. 生产厂的名称和地址

（1）生产厂的名称

生产厂如为个人，要标示个人姓名，不得用住房号码代替。

对于进口商品，可用进口商名称代替生产厂名称。

对于肉食制品，或进口后进行再加工的产品，要标示出生产厂名称及加工厂名称。

（2）生产厂的地址

根据有关居住法律标明生产厂所在地的地址。对于进口商品，可以用进口商经营部地址代替生产厂地址。

对于肉制食品，或进口后进行再加工的产品，要标明生产厂及加工厂厂址。

（3）生产厂厂址、名称的特殊标注

关于生产厂名称、厂址，除可标示预先向厚生劳动大臣申请的生产厂固定代号（以下称"固定代号"）外，也可以采用其他的标示方法。当用厂商居住地址代替生产厂厂址时，原则上将固定代号标示在厂商住址、名称之后；当用经销商住址及名称代替生产厂厂址及厂商名称时，原则上将固定代号标示在经销商住址及名称之后。在这种情况下，也应同时标示出经销商。

对于生产的或进口后加工的肉食制品，其生产厂及加工厂的厂址及名称不能省略。

7. 使用方法或保存方法

制定了使用方法或保存方法标准的食品及添加剂，应标明符合此标准的使用方法或保存方法。

8. 其他

对于使用方法不当会引起问题的食品，在食品标签上应标明食品的特性和有关生产的特殊工艺。如：

在矿泉水类（只以水为原料的清凉饮料水）食品中，包装容器内二氧化碳压力为20℃ 1.0kgf/cm²① 以下，未进行杀菌或灭菌的（采用过滤等方法，除去存在于以自然水为原料的食品中的微生物），应标示"未经杀菌或灭菌"。

鱼肉腊肠、鱼肉火腿或特殊包装鱼糕，其 pH 为 5.5 以下或水活性 0.94 以下的（听装罐头或瓶装罐头除外），应标明 pH 或水活性。

冻结的切片或剥离的鲜鱼贝类（生牡蛎除外）及未冷冻的生牡蛎，应标明是否可以生食。经冻结的生产或加工食品（清凉饮料水、肉食制品及鲸肉制品、鱼肉糜制品以及煮章鱼除外），应标明食用时是否需要加热及其特有的名称。

经油脂处理过的方便面，应标明"油炸面"或"油处理面"等经油脂处理的内容。

凡经辐照的食品，应标明已经放射线照射。

（三）免于标示的规定

（1）容器包装（容器包装为零售包装时，即指该包装）的面积为30cm²以下的食品，可省略标示。

（2）依其成分属化学合成品以外的添加剂，按厚生劳动大臣规定的品名进行生产、加工或进口时，可以省略标示其成分及其百分含量。

（四）营养标签

尽管日本的营养标签是自愿标注的，但是厚生劳动省要求食品制造商根据该省的营养标签指南在标签上提供食品营养信息。

另外，厚生劳动省还对特定的与健康有关的成分进行了规定，对于纤维、蛋白质、维生素等营养成分，如果用了"富含"或"包含"字眼，必须要符合厚生劳动省的最小含量标准；对于热量、脂肪、饱和脂肪酸、糖、钠等成分，如果用了"低于"或"没有"等字眼，必须符合厚生劳动省规定的最大含量标准。

1. 适用范围

对加工食品的强制性营养标签应对营养素进行营养声明，这些营养素包括热量、蛋白质、脂肪、碳水化合物、矿物质（如：钙、铁、钾、磷、镁、锌、铜、锰、碘、硒、钠）、维生素（如：维生素 A、维生素 B_1、维生素 B_2、维生素 B_{12}、烟酸、维生素 C、维生素 D、维生素 E、维生素 K、叶酸）等。

----

① 1kgf/cm² = 98.07kPa。

2. 营养标签内容描述

（1）营养标签必须用日文书写，并标于容器或包装的不开启的易见部位。

（2）营养标签应标注的内容包含热量、蛋白质、脂肪、有效碳水化合物、钠以及其他营养素及其含量。其中，碳水化合物为不包含膳食纤维的碳水化合物。当膳食纤维未说明时，碳水化合物可在短时间内代替有效碳水化合物。

（3）营养素含量标示应以每100g、每一份或一只为单位，应给出具体值或上下限。

（五）其他食品标示及规定

1. 特种营养食品的标示

（1）定义

可以补充营养成分的强化食品或未经强化但强调其中某种营养的富有可作为特殊用途的食品。

（2）基本原则

特种营养食品的标示需经许可。将许可的特种营养食品的营养成分的含量作为成分分析表的一部分，或将其营养成分名称作为配料标注，可不必办理许可。当配料配制变更或改变制造方法等使制品失去原有特性时，标示许可失效。

2. 特殊用途食品的标示

（1）定义

标示婴儿用、孕产妇用、患者用、老人用等特殊用途的食品为特殊用途食品。

作为患者使用的特殊用途食品包括患者用单一食品和患者用复合食品。前者包括低钠食品、低热量食品、低蛋白质食品、低（无）蛋白质高热量食品、高蛋白质食品、过敏反应疾病患者用食品、无乳糖食品。后者包括少盐食品调制用复合食品、糖尿病食品调制用复合食品、肝脏病食品调制用复合食品、成年人肥胖病食品调制用复合食品。

（2）基本原则

特殊用途食品的标示须经许可。

3. 健康食品摄取量及摄取方法的标示

（1）基本原则

①健康食品的标示应以维持健康、采取平衡的饮食生活为基础，符合《食品卫生法》《健康促进法》《药事法》等法令要求。在通常食品的属性中，成为该健康食品特点的项目，应具有科学性并陈述其事实。使用消费者容易理解的、正确的文字及用语，明确标示。

②健康食品的标签不得夸大，要正确引用学术杂志、学术书籍，恰当引用古典故事，并注明其出处。

③与其他食品比较，标示健康食品特点时应进行恰当的比较。标示平衡营养成分时应将该健康食品的试验数据进行适当的比较对照。不得劝诱不具备自我健康调节知识、没有判断能力者使用该健康食品。

④标示健康食品已得到认可时，应一并标示出得到认可的团体名称。

⑤标示健康食品的成分等级时，仅限由官方机构确认的等级，并标示出认可机构的名称。

（2）标示内容

健康食品除按食品卫生法等法令的规定进行标示外，还应标示每日摄取量的上限或标准，及采用的特殊摄取方法。必要时可标示出摄取时间。此外，还应标示出过量摄取会危害健康的警示信息。

4. 特定保健用食品的标示

（1）定义

特殊用途食品中，标示有可以使以特定保健为目的的摄取者达到所期待的保健目的的食品。

（2）基本原则

关于标示内容、广告等，须在许可标示的范围内，不得作虚假或夸大的标示。

5. 有机农产品果蔬等的标示

（1）标注要求

①综合标注内容包括有机农产品的名称，栽培责任者的姓名或名称、地址及通信地址，确认责任者的姓名或名称、地址及通信地址。

当栽培责任者为农业协会、农业合作社法人或法人生产合作社等时，可以兼作确认责任者。

②无农药栽培农产品或无化学肥料栽培农产品除按综合标注内容标注外，还应标示如下内容：

将使用化学肥料栽培的农产品标示为无农药栽培农产品时，应注明使用了化学肥料。将使用农药栽培的农产品标示为无化学肥料农产品时，应注明使用的农药（注于有机农产品等的名称之后）。

采用无土栽培方法生产的农产品，应注明无土栽培。

③少量农药栽培农产品或少量化学肥料栽培农产品除按综合标注内容标注外，还应标示如下内容：

以同属该栽培地区同一季节的该产品通常使用的化学合成农药或化学肥料的次数或使用量为标准，少量农药栽培农产品所缩减的化学合成农药的使用量，少量化学肥料栽培农产品所缩减的化学肥料的使用量。另外，确认责任者根据该地区化学合成农药或化学肥料的使用情况来确定或确认，使用情况不清时，不得标示少量农药栽培农产品或少量化学肥料栽培农产品。

采用无土栽培方法生产的农产品，应注明"无土栽培"。

④少量农药栽培农产品或少量化学肥料栽培农产品应标注如下内容：

少量农药栽培农产品在生产过程中使用的化学合成农药的名称及使用次数。

少量化学肥料栽培农产品在生产过程中使用的化学肥料名称及使用量。

（2）禁止标示事项

①在综合标示范围内的根据要求标示事项以外的标示事项。

②标示为"有机农产品"等后，又标示"天然栽培""自然栽培"等与"有机农产品"相混淆的词句。

③会被误以为比实际更优良或有利的词句。

④会被误以为比采用通常的栽培方法生产的农产品更优良或更有利的词句。

⑤与要求中的标示事项内容相矛盾的词句。

⑥会被误以为是该有机农产品的栽培方法、品质等的文字、图案、照片及其他标示。

6. 乳及乳制品成分规格的标示及具体规定

（1）基本要求

①乳与乳制品标签应使用日文，采用使该食品的购买者或使用者易读易懂的用语进行标示。

②应标示于不打开包装也显而易见的位置。生产日期及保质期应在标签上注明其标示位置，不得与标签内容相抵触。另外，使用玻璃瓶为包装容器时，应标示出其保存方法，不得与标签内容相抵触。

③零售进行重新包装时，应除去包装中可以透视到的标签，在该包装上附上所需要的标签。此时，可省略内包装的标示。另外，进行除零售之外的其他形式的销售时，应附以所需的标签。

（2）标注要求

①产品类型与种类；

②灭菌温度及时间；

③生产日期；

④保质期限；

⑤主要配料、主要混合物；

⑥保存方法；

⑦生产厂址；

⑧厂商名称。

四、韩国食品标签

韩国食品药品监督管理局是韩国食品标签管理的主要机构，负责定期制定并执行食品相关标签标准及不断增加和修改食品标签相关标准。韩国关于食品标签的法律主要包括《食品卫生法》《食品卫生法实施条例》《食品法典》《食品标签标准》等。

韩国《食品标签标准》是根据韩国《食品卫生法》的有关规定制定的，其目的是谋求食品类良好的卫生管理，并为消费者提供正确的消费信息。该标准适用于食品、食品添加剂以及包装器具或容器（包括进口食品包装器具或容器）。

（一）必须标示的内容及具体规定

1. 食品名称

（1）食品名称是该食品固有的，须标示向有关审批部门申请注册或报告的名称。

（2）食品名称不能误导消费者，不得使用审批注册以外的名称，不得使用虚假夸大的语句或可能被误认或混淆成其他类型食品的语句。

（3）原料名或成分名成为食品名称或食品名称的一部分时，应按有关要求标示食品名称。例如，当水果、蔬菜、鱼类、海产品、肉类等原料的统称成为食品名称的一部分，而且两种以上（如苹果、梨、葡萄等水果）配料的实际含量超过15%时，应在配料名称标示栏里注明此两种以上配料的名称及其含量。

（4）食品添加剂（包括进口食品添加剂）应参照食品名称的标示要求，标注产品名称。化学合成的食品添加剂名称要遵照《食品卫生法》的规定命名，但某些香料原料的化学合成品除外。

2. 配料表

（1）须标示除人工添加的水之外的5种以上成分或配料及含量。先标示主原料的名称，然后标示使用量多的原料。按食品名称的规定，需要标示成分名和含量时，含量用百分比计算。标示可溶性食品原料的含量时，应同时标示食品中含有的每种原料的固形物量（百分比）。

（2）食用油脂中的精制加工油脂、半固体油脂或人造黄油产品，按油脂原料类别，可标示为植物性油脂或动物性油脂。

（3）含有规定用途的食品添加剂的食品，应标示该食品添加剂的名称和用途。

3. 净含量（固形物）

（1）应按内容物的状态，用质量、容量或个数（件）来标示。内容物为固体或半固体时，用质量标示；为液体时，用容量标示；为固体和液体的混合物（包括不能直接饮用的液体）时，用质量或容量标示。如果用件（个）数标示其内容物，应在括号内标示质量或容量。

（2）固液两相食品，须标示固形物质量。当配料水为无效食品成分时，只标示固形物，不标示净含量。

（3）标示量与实际含量允许误差应符合其标签标准中允许误差范围。

4. 原产国、制造与经销者的名称和地址

（1）须标示制造厂名和负责制造厂家的产品退换业务部门的所在地。

（2）除制造厂家之外，食品分销商、专卖销售商、食品进口销售商等须与厂名并行标示其所在地。进口食品必须注明原产国，但是，当外国的制造厂名以外语标示时，不必再用韩语标示。

5. 日期标示、贮藏指南

（1）标示制造日期

制造日期应标示为"××××年××月××日"或"××××.××.××"。

清凉饮料（乳酸菌饮料和杀菌乳酸菌饮料除外），制造日期标示在瓶盖上，只需标示"××××年××月"。牛奶、发酵乳或乳酸菌饮料（包括杀菌乳酸菌饮料），只需标示"××日"。

白糖、加工盐和含酒精饮料（酒类标示制造批号和入瓶××××年××月××日××时），可以省略标示制造日期。盒饭类应标示制造时间。

（2）标示流通期限

流通期限应标示为"××××年××月××日为止""××××.××.××为止"。流通期限各不相同的食品包装在一起时，应标示最短流通期限食品的日期。需要特殊使用或保存条件的食品应一起标示贮藏指南。冷冻食品应标注食用方法。

白糖、冰淇淋类、冰棍类、食用冰类、饼干类中的口香糖类（小包装）、加工盐及含酒精饮料（米酒和药酒除外）等，可以省略标示流通期限。

午餐盒饭类标示"赏味期限"，标示为"××月××日××时为止"或"××日××时为止"，意为最后销售使用日期。

6. 其他

（1）对于茶类、饮料类（其他饮料）、特殊营养食品、健康补充食品等，应标示食品类型。

（2）塑料薄膜包装在不超过100℃条件下允许使用。如果超过100℃，则应注明是耐热材料制成的塑料薄膜，同时，要经过食品卫生机关对其安全性和耐热性进行认证。对于脂肪含量高的食品，使用塑料薄膜包装时，规定薄膜不得和食品直接接触。

（3）为了提高食品的保存期，容器或包装内充填氮气时，须标示说明。为确保消费者健康，在食品标签上须标示警示语，如酸性罐装罐头食品，应标示"酸性罐装罐头"；开封时存在使人受伤的危险，应标示"开封时，请注意安全"；肉类等冷冻食品，应注明"该产品已经冷冻过，解冻后请不要再冷冻"等语句。

另外，韩国对进口的活鱼实行原产地标识制，如进口活鱼不标明原产地，将处以1 000万韩元罚款（1 200韩元合1美元）。

（二）特殊营养食品标注要求

（1）对于特殊营养食品或健康补充食品、需要标示有营养物质的食品、需要强调标示有营养价值的食品，可在食品标签上标示食品中所含有的营养成分，营养成分应标示为每100g、100mL或人均一次性摄入量的单个包装含有的量。

（2）热量、碳水化合物、蛋白质、脂肪和钠应标示名称、含量并依照表7-2标示营养素标准值的比率（热量除外）。

表7-2　营养素标准值

营养素名称	标准值	营养素名称	标准值	营养素名称	标准值
碳水化合物/g	328	铁/mg	15	磷/mg	700
纤维素/g	25	维生素 D/μg	5	碘/μg	75
蛋白质/g	60	维生素 E/mg	10	镁/mg	220
脂肪/g	50	维生素 K/μg	55	锌/mg	12
饱和脂肪酸/g	15	维生素 B_1/μg	1.0	硒/μg	50
胆固醇/mg	300	维生素 B_2/μg	1.2	铜/mg	1.5
钠/mg	3.500	烟酸/mg	13	锰/mg	2.0
钾/mg	3.500	维生素 B_6/mg	1.5	铬/μg	50
维生素 A/μg	700	叶酸/μg	250	钼/μg	25
维生素 C/mg	55	维生素 B_{12}/μg	1.0		
钙/mg	700	泛酸/μg	30		

关于维生素和无机物（钠除外），特殊营养食品和健康补充食品可以按照表7-2的营养素标准值，根据产品实际状况标示所有项目，但标示或强调标示营养时，要包含名称、含量和依照表7-2营养素标准值的比率。

植物纤维和蛋白质可按产品实际状况标示，但标示或强调标示营养时，要包含名称、含量并依照表7-2营养素标准值。

糖类、脂肪酸类、氨基酸类虽然没有设定营养素标准值，但可以任意标示，标示和强调标示营养时，要包含名称、含量。

以婴儿、孕妇、患病者等特殊群体为对象的食品，标示营养素时，可以不依照表7-2营养素标准值的比率。

（3）"低""无""高"（或丰富）"含有（富含）"等用语，只能在符合下面一般标准和表7-3的情况下才能使用。

表7-3　营养素含量强调标示

营养成分	强调标示	标示条件
热量	低	食品每100g中不足40kcal，每100mL不足20kcal
	无	食品每100mL不足4kcal
脂肪	低	食品每100g中不足3g，每100mL不足1.5g
	无	食品每100g或每100mL不足0.5g
饱和脂肪	低	食品每100g中不足1.5g，每100mL不足0.75g，不足热量的10%
	无	食品每100g中不足0.1g，每100mL不足0.1g

续表

营养成分	强调标示	标示条件
脂肪性物质	低	食品每100g中不足20mg或每100mL不足10mg，饱和脂肪食品每100g中不足1.5g或食品每100mg中不足0.75g；饱和脂肪，不足热量的10%
	无	食品每100g中不足5mg或每100mL不足5mg，饱和脂肪食品每100g中不足1.5g或食品每100mg中不足0.75g；饱和脂肪，不足热量的10%
糖类	无	食品每100g，每100mL，不足0.5g
钠	低	食品每100g中不足20mg
	无	食品每100g中不足5mg
食用纤维	含有或富含	食品每100g中3g以上，每100kcal 1.5g以上
	高或丰富	食品每100g中6g以上，每100kcal 3g以上
蛋白质	含有或富含	食品每100g，1天营养素标准值的10%以上；每100mL，1天营养素基准值的5%以上；每100kcal，1天营养素基准值的5%以上
	高或丰富	食品每100g，1天营养素基准值的20%以上；每100mL，1天营养素标准值的10%以上；每100kcal，1天营养素标准值的5%以上
维生素或无机物	含有或富含	食品每100g，1天营养素标准值的30%以上；每100mL，1天营养素标准值的7.5%以上；每100kcal，1天营养素标准值的5%以上
	高或丰富	食品每100g，1天营养素标准值的30%以上；每100mL，1天营养素标准值的15%以上；每100kcal，1天营养素标准值的10%以上

"无"或"低"的强调标示，只能在通过制造、加工过程降低或消除了该营养素的含量后，才能使用。如果产品没有经过制造、加工过程，仍符合"无"或"低"的标准时，或同类其他产品也标示符合"无"或"低"的标准时，也可标示"无"或"低"。

对饱和脂肪酸标示"无"或"低"的强调时，须标示该产品含有的脂肪含量。如果该产品符合"无脂肪"的标准时，可以省略。

（4）"减""加""减少或减轻""增强""增加"等用语，只能用于符合下面所有条件的情况：

相对于其他产品的标准值，用百分比或绝对值来标示营养素的含量差别时，其他产品的标准值应以市场占有率最高的3个以上厂家的同类产品为标准对象。

相对于其他产品的标准值，热量和高含量的营养素（高量营养素）至少要差25%；低含量的营养素（微量营养素）至少要差每日所需摄入量的10%。其中，该含量之差的绝对值为"减""减轻""减少"时，应比"低"的标准值大；为"加""强化""增加"时，应比"含有"的标准值要大。

（5）营养成分和营养强调的具体标示方法

热量用"kcal"表示，最小以5kcal为一个表示单位，不足5kcal，可以标示为0。每1g碳水化合物、蛋白质、脂肪的热量分别为4kcal、4kcal、9kcal；每1g酒精和有机酸的热量分别为 7kcal、3kcal。

碳水化合物含量用"g"标示。以 1g 为最小单位标示，不足 1g 可标示为"不足 1g"；不足 0.5g，标示为"0"。

蛋白质用"g"表示，以 1g 为最小单位标示，不足 1g 可标示为"不足 1g"；不足 0.5g，标示为"0"。

脂肪用"g"表示，5g 以下以 0.5g 为最小单位标示，5g 以上以 1g 为最小单位标示，不足 0.5g，标示为"0"。标示饱和脂肪酸或不饱和脂肪酸时，依照脂肪表示方法，在脂肪酸正下方标示其名称和含量。

标示脂肪性物质时，在脂肪性物质正下方用"mg"标示，以 5mg 为最小单位来标示其名称和含量。2mg 以上 5mg 以下，标示为"不足 5mg"；不足 2mg，标示为"0"。

钠含量用"mg"表示。5mg 以上 120mg 以下，以 5mg 为最小单位标示；120mg 以上，以 10mg 为最小单位标示；不足 5mg，标示为"0"。

维生素和无机物的名称和单位，依照表 7-2 的营养素标准值标示，不足营养素标准值的 2%，标示为"0"。

当某种营养素含量为 0 时，可以省略该营养素和含量，但需要营养强调标示的产品不能省略。

（三）特殊标示内容

1. 转基因产品标签标示要求

为给消费者提供关于转基因产品的真实、准确的信息，韩国政府公布并实施了转基因产品标示办法。目前，韩国有两种转基因农产品的标示办法，一是《转基因农产品标示办法》（MAF），二是《转基因食品标示办法》（KFOH）。

大豆、豆芽和玉米的转基因产品标示办法自 2001 年 3 月 1 日起开始实施，马铃薯的标示办法自 2002 年 3 月开始实施。转基因产品含量超过 3% 的必须进行标示，由转基因产品的经营商负责进行标示。

转基因农产品应标示为"转基因产品""含有转基因产品"和"可能含有转基因产品"。

2. 辐照食品标签标示要求

对于辐照食品，应标示食品经辐照处理，并加贴国际食品辐照标志。另外，韩国食品的辐照源及辐照剂量与国际标准不一致，韩国食品卫生法令特别规定对食品的辐照源只能是钴 60，但韩国食品标签标准无特别规定。

3. 有机食品（含进口有机食品）的标示

（1）除有机农产品外，在最终制品内不添加任何其他非有机农产品和食品添加剂的食品，用"100% 有机"标示，或类似的标示方法标示。

（2）当有机农产品在所制造食品中的含量为 95% 以上时，需通过有机食品认证机构认证，并将有机农产品含量的百分比在原料名称栏里注明。同时，要将"有机"或"接近有机"的制品名称标示于容器或注册的外包装上。

（3）当有机农产品在所制造食品中的含量为 50% 以上、95% 以下时，在容器或包装上要注明"接近有机"的标示，并将有机农产品的含量百分比在原料名称栏里注明。

（4）除上述三种情况以外的食品，如果使用特定原料的有机农产品时，在原材料名称栏里要注明"部分有机"，并在括号内标示有机农产品含量的百分比。

（5）100% 有机食品的标示是指除原料外不添加任何物质。但对浓缩食品，需要稀释还原后才能使用的，虽含有添加剂，但仍可标示为"100% 有机"。

4. 其他

（1）标示"天然"是指不添加任何人工合成原料，如合成色素、合成防腐剂等合成成分在制品内，加工过程只经过最小限度的"物理加工方法"的食品（不包括符合"食品添加剂标准及规则"的天然添加剂）。

（2）"无加糖"标示是指在制造、加工过程中不人为加入糖，但要求在"无加糖"旁边括号内标示制品含糖量。

（3）"无加盐"是指在制造、加工过程中无人为加入盐，但要标示食品的含盐量。

第八章 认证与计量认证

第一节 认证、计量认证的概念

一、认证的概念

"认证"一词的英文原意是一种出具证明文件的行动。按照国际标准化组织（ISO）和国际电工委员会（IEC）的定义，认证是指由国家认可的认证机构证明一个组织的产品、服务、管理体系符合相关标准、技术规范（TS）或其强制性要求的合格评定活动。举例来说，对第一方（供方或卖方）生产的产品甲，第二方（需方或买方）无法判定其品质是否合格，而由第三方来判定。第三方既要对第一方负责，又要对第二方负责，不偏不倚，出具的证明要能获得双方的信任，这样的活动就叫认证。

这就是说，第三方的认证活动必须公开、公正、公平，才能有效。这就要求第三方必须有绝对的权力和威信，必须独立于第一方和第二方之外，必须与第一方和第二方没有经济上的利害关系，才能获得双方的充分信任。那么，这个第三方的角色应该由谁来担任呢？显然，非国家或政府莫属。由国家或政府的机关直接担任这个角色，或者由国家或政府认可的组织去担任这个角色，这样的机关或组织就叫"认证机构"。认证就是第三方依据程序对产品、过程或服务符合规定的要求给予书面保证（合格证书）。

由此可知，认证具有以下几个含义：

（1）认证的对象是产品和质量体系（过程或服务），前者称产品认证（如无公害农产品认证、绿色食品认证、有机产品认证等），后者称体系认证（如 HACCP、ISO 22000 等）。产品认证又可分为安全认证和合格认证两种：安全认证是依据强制性标准实行强制性认证；合格认证是依据产品技术条件等推荐性标准实行自愿性认证。

（2）认证的基础是规定的要求。规定的要求是指国家标准或行业标准。无论实行哪一种认证或对哪一类产品进行认证，都必须要有适用的标准。

（3）认证是第三方从事的活动。在质量认证活动中，第三方是独立、公正的机构，与第一方、第二方在行政上无隶属关系，在经济上无利害关系。

（4）认证活动是依据程序而开展的。因此，认证是一种科学、规范、正规的活动。从企业申请到认证机构受理，从对企业质量体系审核到对认证产品的型式检验，从认证的批准到认证后的监督，这中间的每一项活动如何开展，认证机构都有明确的要求和严格的规定。

（5）取得质量认证资格的证明方式是认证机构向企业颁发认证证书和认证标志，其中认证标志只有产品认证才有。

认证实质上就是为供、需双方服务。事实上，认证就是商品经济发展的产物。世界上实行质量认证最早的国家是英国，发展到今天，实行认证制度已成为一种世界趋势，这是因为实行认证制度，无论是对企业或客户，还是对社会或国家，都显示出越来越多的好处。

在产品认证中，合格认证又称作自愿性产品认证，安全认证又称作强制性认证。

1. 自愿性产品认证

自愿性产品认证是指企业根据自愿原则，向国家认证认可监督管理部门批准的认证机构提出产品认证申请，由认证机构依据认证基本规范、认证规则和技术标准进行的合格评定。经认证合格的，由认证机构颁发产品认证证书，准许企业在产品或者其包装上使用产品认证标志。

自愿性产品认证的意义在于：

（1）获得自愿性产品认证证书并加贴自愿性产品认证标志的产品，意味着其安全性能和/或质量要求符合认证规则及技术标准的要求，意味着其生产者已具备了持续生产符合规定要求产品的能力，并使产品具备了特定内涵。这对提高企业形象，增强消费者和需方对该产品的信心，提升产品的竞争力，为企业创造更好的经济效益，均能产生积极影响。

（2）政府部门、需方采购招标时或保险机构受理产品保险时，自愿性产品认证的证书具有很强的竞争实力，因为证书的背后有专业审查和产品检验的支撑。

（3）自愿性产品认证将有利于国内产品的出口，提升企业在国际上的地位和形象，进一步增强竞争力。

（4）自愿性产品认证为企业适应国际贸易的游戏规则，为企业产品在国际市场上公平、自由竞争创造了条件。我国加入 WTO 之后，国内产品"走出去"的机会越来越多，但想要早日赢得国际认可，企业除了生产优质优价的产品外，更需要取得平等的竞争条件，其中重要的一点，就是突破国际贸易技术壁垒，进行产品安全与合格认证。

2. 强制性产品认证

（1）强制性产品认证的概念

由于政府对认证制度的信赖，许多国家的政府通过立法手段发布与标准、质量和竞争有关的行动纲要，推动认证制度的建立和实施，提高本国产品的竞争力，通过对一些涉及人体健康、环境保护、安全等的产品进行立法或颁布强制性指令等方式实施强制性认证制度，保护国家和民众的利益。所以，强制性产品认证在一些国家也被称为法规认证。

强制性产品认证制度是各国政府为保护广大消费者人身安全，保护动植物生命安全，保护环境，保护国家安全，依照法律法规实施的一种产品合格评定制度。强制性产品认证通过强制性产品认证的产品目录和实施强制性产品认证程序，对列入目录中的产品实施强制性的检测和审核。凡列入强制性产品认证目录内的产品，如果没有获得指定机构的认证证书，没有按规定加施认证标志，一律不得进口、不得出厂销售和在经营服务机构使用。2001 年 12 月 3 日，我国加入 WTO 前正式对外公布的国家强制性产品认证标志名称为"中国强制认证"（China Compulsory Certification，CCC），简称"CCC"标志。

（2）法律依据

我国建立强制性产品认证制度的法律依据包括《中华人民共和国产品质量法》《中华人民共和国进出口商品检验法》《中华人民共和国标准化法》《中华人民共和国进出口商品检验法实施条例》《中华人民共和国认证认可条例》等。

（3）我国对强制性产品认证制度的管理体制

国家认证认可监督管理委员会（以下简称国家认监委）拟定、调整《强制性产品认证目录》（以下简称《目录》）并与国家市场监督管理总局共同对外发布；拟定和发布《目录》内产品认证实施规则；制定并发布认证标志，确定强制性产品认证证书的要求；指定承担认证任务的认证机构、检测机构和检查机构；指导地方质检机构对强制性产品认证违法行为的查处等。强制性产品认证工作由国家认监委指定的认证机构负责具体实施，并对认证结果负责；地方质检部门对列入《目录》内的产品实施监督；生产者、销售者和进口商以及经营服务场所的使用者对生产、销售、进口、使用的产品负责；国家认监委指定的标志发放管理机构负责发放强制性认证标志。

（4）强制性产品认证制度的特点

国家公布统一的目录，确定统一使用的国家标准、技术规则和实施程序，制定统一的标志，规定统一的收费标准。凡列入目录内的产品，必须经国家指定的认证机构认证合格，取得相关证书并加施认证标志后，才能出厂、进口、销售和在经营服务场使用。

二、计量认证的概念

计量是为实现单位统一、计量值准确可靠而进行的科技、法制和管理活动。它属于测量而又严于一般的测量。计量认证是指由政府计量行政部门对第三方产品合格认证机构或其他技术机构的检定、测试能力和可靠性的认证。计量认证的法律依据是《中华人民共和国计量法》。

计量检测机构所提供的计量检测数据准确可靠与否，不仅影响到国家和消费者的利益，而且在某种程度上关系到企业的生产方向和命运，甚至直接影响到对外贸易的信誉。因此，需要在法律上确定这些机构的权威性，给予合法的地位。《中华人民共和国计量法》规定，向社会提供公证数据的产品质量检验机构，必须经省级以上人民政府计量行政部门对其计量检定、测试的能力和可靠性考核合格。对社会出具公证数据的技术机构，其"产品"就是"测量数据"。通过"测量数据"来分析事物的"多少"、品质的"好坏"，通过测量物质的"数量"和"质量"来判断、仲裁、试验、开发或决策。因此，"测量数据"是否准确、可靠就成了这些机构的首要问题。

取得计量认证合格证书的检测机构，可按证书上所批准列明的项目，在检测证书及报告上使用检验检测机构资质认证标志，即 CMA 标志。计量认证分为两级实施：一级为国家级，由国家认监委组织实施；一级为省级，由省级市场监督管理部门负责组织实施，具体工作由计量认证办公室（计量处）承办。不论是国家级还是省级，实施认证的效力是完全一致的，不存在办理部门不同效力不同的问题。取得计量认证合格证书的检测机构，允许在检验报告上使用 CMA 标志。有 CMA 标志的检验报告可用于产品质量评价、成果及司法鉴定，具有法律效力。

第二节　计量认证的内容、对象与管理

一、计量认证的内容

计量认证主要是对向社会提供公证数据的技术机构的计量检定和测试能力、可靠性和公正性进行考核，保证其给出的数据准确可靠，具有可比较性，其内容包括计量认证对象的组织与管理、质量体系、人员、设施和环境、仪器设备和标准物质、量值溯源和校准、检验方法、记录、证书和报告、检验的分包、外部支持服务和供应等 13 个要素 160 余款：

（1）计量检定、测试设备的配备及其准确度、量程等技术指标必须与检验的项目相适应，其性能必须稳定可靠并经检定或校准合格。

（2）计量检定、测试设备的工作环境，包括温度、湿度、防尘、防震、防腐蚀、抗干扰等条件，均应适应其工作的需要并满足产品质量检验的要求。

（3）使用计量检定、测试设备的人员，应具备必要的专业知识和实际经验，其操作技能必须考核合格。

（4）产品质量检验机构应具有保证量值统一、准确的措施和检测数据公正可靠的管理制度。

二、计量认证的对象

计量认证的对象是向社会提供公证数据的技术机构，包括产品质量检验、理化分析等技术机构，可以说凡是为社会提供公证数据的产品质量检验机构均包括在内。

检测机构存在的目的就是为社会提供准确可靠的检测数据和检测结果，计量认证合格的检测机构出具的数据和结果主要用于以下方面：

（1）政府机构依据有关检测结果制定和实施各种方针、政策；

（2）科研部门利用检测数据发现新现象，开发新技术、新产品；

（3）生产者利用检测数据决定其生产活动；

（4）消费者利用检测结果保护自己的权益；

（5）流通领域利用检测数据决定其购销活动。

三、计量认证的管理

凡是为社会提供公证数据的产品质量检验机构必须依据《中华人民共和国计量法》和《产品质量检验机构计量认证管理办法》的有关规定，进行如下管理：

（1）省以上产品质量监督管理部门负责产品质量检验机构的计量认证。

（2）属全国性的产品质量检验机构由国家市场监督管理部门负责并会同有关主管部门组织实施。

（3）属地方性的产品质量检验机构由省、自治区、直辖市市场监督管理部门负责并会同有关主管部门组织实施。

（4）省级以上市场监督管理部门或授权承担计量认证评审的机构，其具体职责是：

①受理计量认证申请；

②制定计量认证评审计划；

③负责对申请计量认证机构的申请资料进行审查；

④组织实施计量认证的现场评审；

⑤审核、批准计量认证证书的颁发；

⑥负责对获得计量认证证书的机构的监督、扩项及复查评审工作；

⑦向社会公布计量认证结果；

⑧办理计量认证的其他有关事项。

第三节　计量认证的依据、程序和评审准则

一、计量认证的依据

计量认证的依据主要有《中华人民共和国计量法》《中华人民共和国计量法实施细则》《检验检测机构资质认定管理办法》《检验检测机构资质认定评审准则》。

从计量认证的法律依据可以看出：

（1）计量认证制度是我国法定的认证制度，在计量法律、法规体系中占有相当重要的地位。

（2）计量认证工作是强制性的，未取得计量认证合格证书，不得开展产品质量检验工作。

（3）计量认证由省级以上人民政府计量行政部门考核，表明国家对这项工作的权限是严格控制的。

根据计量认证法律法规规定，经计量认证合格的检测机构出具的数据，用于贸易的出证、产品质量评价、成果鉴定，作为公证数据，具有法律效力。未经计量认证的检测机构为社会提供公证数据属于违法行为，将追究法律责任。

二、计量认证的程序

1. 申请

申请单位向国家认监委提出授权申请。报送申请书（一式三份），并提供申请书中要求的附件材料（一套）。申请书可从国家认监委网站上下载。申请计量认证时，应提交以下文件：

（1）申请书（一式三份）；

（2）机构筹建批准文件（首次申请）；

（3）挂靠单位的法律地位证明（或独立的法律地位证明）；

（4）技术能力证明（场所、设施、人员、已往检测报告抽样复印件）；

（5）质量体系文件等。

2. 受理

国家认监委实验室部资质认定处接到申请材料后，5 日内完成对申请材料完整性的审查，材料不齐全或不符合法定形式的，以口头或者书面方式一次告知申请单位进行补充。符合受理条件的，受理申请，出具《行政许可受理通知书》，并在 5 日内将相关材料送技术评审机构。不符合受理条件的，不受理申请，出具《行政许可不予以受理决定书》并说明理由。

3. 技术评审

承担技术评审的机构在接到国家认监委对申请机构的技术评审要求后，2 个月内安排现场评审。技术评审完成后（包括整改），评审机构于 5 个工作日内向国家认监委实验室部评审管理处报告技术评审结果。

4. 审批

资质认定处接到评审报告后，对评审材料进行审核，在 5 日内按照《国家产品质量监督检验中心授权审批表》要求提出审核意见，并报实验室部主任。资质认定处根据部主任意见，5 日内起草国家质检中心授权文件或《不予行政许可决定书》，审查不同意的需说明理由。实验室部将授权文件或《不予行政许可决定书》交国家认监委领导审批，授权文件寄送有关单位，并按文件管理要求进行存档。资质认定处负责打印授权证书及附表，自决定许可之日起 10 日内通知申请单位领取。资质认定处负责将申请、受理、审批的所有材料整理存档。

5. 公布

获得授权的机构名称、地址、授权证书编号、授权项目、授权有效期等信息将通过国家认监委网站行政审批专栏对社会公布。

6. 扩项、变更

授权机构在能力有变化时，可结合监督评审进行扩项。如果要求扩项的检测项目是与原已有检测项目方法相同或近似的，可直接申请授权。实验室部在征求原评审组和评审机构意见后，可进行扩项、变更。

7. 复查换证

授权证书的有效期为 3 年，有效期满 6 个月前，机构应当提出复查、验收申请，发证机构按照许可申请的程序和要求对其进行复查。复查换证的具体要求见相关技术规范的规定。获证机构逾期不提出申请的，由发证单位注销证书，授权单位不能继续以国家质检中心的名义出具检测报告。

8. 监督管理和投诉方法

实验室部领导对受理、审批的程序、工作的时间和进展情况进行监管，对审批工作不定期地进行抽查。定期对申请人发放意见表，征求对行政许可工作的意见和建议。对群众（申请人）的举报、投诉，及时进行处理。实验室部对技术评审机构及评审人员工作进行监督管理。每年对获证机构进行年审备案。每年组织一次对获证机构（或部分获证机构）的专项监督检查。

三、计量认证的评审准则

（一）计量认证评审准则的发展

由于历史原因，我国计量认证和审查认可（验收）工作分别由计量部门和质量监督部门实施，考核标准基本类同，致使检验机构长期接受考核条款相近的两种考核，造成对检验机构的重复评审。为统一产品质量检验机构计量认证/审查认可（验收）工作，依据《中华人民共和国计量法》《中华人民共和国标准化法》《中华人民共和国产品质量法》的规定，2000 年 10 月 24 日，国家质量技术监督局发布了《产品质量检验机构计量认证/审查认可（验收）评审准则》（试行）（质技监认函〔2000〕046 号），同年 12 月 1 日起开始施行，同时废止原评审准则《产品质量检验机构计量认证技术考核规范》（JJF 1021—1990）。

为规范行政许可职能，统一行政审批程序，实现对实验室和检查机构资质认定的有效监管，提升我国实验室和检查机构的技术能力和管理水平，2005 年 12 月 31 日，国家质量监督检验检疫总局局务会议审议通过《实验室和检查机构资质认定管理办法》，自 2006 年 4 月 1 日起施行，明确将计量认证和审查认可纳入实验室和检查机构资质认定的范畴，并对资质认定的程序、实验室和检查机构行为规范、监督检查等作出了明确规定。随着《实验室和检查机构资质认定管理办法》的出台，社会各界要求出台新的实验室资质认定评审准则的呼声也越来越高。在这种形势下，国家认监委组织专家起草了《实验室资质认定评审准则》。2006 年 7 月 27 日，国家认监委以国认实函〔2006〕141 号文印发了该评审准则，并于 2007 年 1 月 1 日开始实施。《实验室资质认定评审准则》是《产品质量检验机构计量认证/审查认可（验收）评审准则》的继承和发展，它全面吸收了 ISO/IEC 17025：2005 的精华，继续保留了对检测机构的强制性考核要求。将计量认证和审查认可的评审要求统一为《实验室资质认定评审准则》，使计量认证和审查认可的技术评审活动在与国际接轨方面又向前推进了一步。

为了规范检验检测机构资质认定工作，加强对检验检测机构的监督管理，根据《中华人民共和国计量法》及其实施细则、《中华人民共和国认证认可条例》等法律、行政法规的规定，2015 年 3 月 23 日，国家质量监督检验检疫总局局务会议审议通过《检验检测机构资质认定管理办法》，自 2015 年 8 月 1 日起施行。2016 年 5 月 31 日，国家认监委正式发布实施《检验检测机构资质认定评审准则》，2016 年 8 月 1 日开始实施。

（二）新旧《评审准则》的比较

1. 名称不同

旧评审准则名称为《实验室资质认定评审准则》（以下简称"旧《评审准则》"），新评审准则名称为《检验检测机构资质认定评审准则》（以下简称"新《评审准则》"）。

2. 参考文件不同

（1）旧《评审准则》参考文件

GB/T 15481—2000　检测和校准实验室能力的通用要求

ISO/IEC 17025：2005　检测和校准实验室能力的通用要求

实验室和检查机构资质认定管理办法

产品质量检验机构计量认证/审查认可（验收）评审准则（试行）

（2）新《评审准则》参考文件

GB/T 27000　合格评定　词汇和通用原则

GB/T 31880　检验检测机构诚信基本要求

GB/T 27025　检测和校准实验室能力的通用要求

GB/T 27020　合格评定　各类检验机构能力的通用要求

GB 19489　实验室　生物安全通用要求

GB/T 22576　医学实验室质量和能力的要求

JJF 1001　通用计量术语及定义

检验检测机构资质认定管理办法

3. 框架不同

（1）旧《评审准则》的框架

共包括 19 个要素，其中"管理要求"有 11 个要素，"技术要求"有 8 个要素。

"管理要求"的 11 个要素：4.1　组织；4.2　管理体系；4.3　文件控制；4.4　检测和/或校准分包；4.5　服务和供应品的采购；4.6　合同评审；4.7　申诉和投诉；4.8　纠正措施、预防措施及改进；4.9　记录；4.10　内部审核；4.11　管理评审。

"技术要求"的 8 个要素：5.1　人员；5.2　设施和环境条件；5.3　检测和校准方法；5.4　设备和标准物质；5.5　量值溯源；5.6　抽样和样品处置；5.7　结果质量控制；5.8　结果报告。

（2）新《评审准则》的框架

共包括 5 个要素、1 个特殊要求及 3 个新增术语和定义。

5个要素：4.1　依法成立并能够承担相应法律责任的法人或其他组织；4.2　具有与其从事检验检测活动相适应的检验检测技术人员和管理人员；4.3　具有固定的工作场所，工作环境满足检验检测要求；4.4　具备从事检验检测活动所必需的检验检测设备设施；4.5　具有并有效运行保证其检验检测活动独立、公正、科学、诚信的管理体系。

1个特殊要求：4.6　符合有关法律法规或者标准、技术规范规定的特殊要求。

3个新增术语和定义：3.1　资质认定；3.2　检验检测机构；3.3　资质认定评审。

第四节　国内外计量认证发展概况

一、国外计量认证发展概况

1947年，澳大利亚建立了世界上第一个国家实验室认可体系并成立了认可机构——澳大利亚国家检测协会（NATA）。20世纪60年代，英国也建立了实验室认可机构，从而带动了欧洲各国认可机构的建立。20世纪70年代，美国、新西兰、法国也开展了实验室认可活动。20世纪80年代，实验室认可发展到东南亚、新加坡、马来西亚等地。目前，世界上大多数国家都实行了实验室认证、认可制度。

各国认证机构主要开展如下两方面的认证业务：

（一）产品品质认证

现代的第三方产品品质认证制度早在1903年发源于英国，是由英国标准协会（BSI）的前身英国工程标准委员会首创的。

在认证制度产生之前，供方（第一方）为了推销其产品，通常采用"产品合格声明"的方式，来博取买方（第二方）的信任。这种方式，在当时产品简单，不需要专门的检测手段就可以直观判别优劣的情况下是可行的。但是，随着科学技术的发展，产品品种日益增多，产品的结构和性能日趋复杂，仅凭买方的知识和经验很难判断产品是否符合要求。加之供方的"产品合格声明"真真假假，鱼龙混杂，并不总是可信，这种方式的信誉和作用逐渐下降。在这种情况下，产品品质认证制度也就应运而生。

1971年，ISO成立了认证委员会（CERTICO），1985年，易名为合格评定委员会（CASCO），促进了各国产品品质认证制度的发展。

现在，全世界各国的产品品质认证一般都依据国际标准进行。国际标准中60%是由ISO制定的，20%是由IEC制定的，还有20%是由其他国际标准化组织制定的。也有很多国家依据本国的国家标准和国外先进标准进行认证。

产品品质认证包括合格认证和安全认证两种。依据标准中的性能要求进行认证称合格认证；依据标准中的安全要求进行认证称安全认证。前者是自愿性的，后者是强制性的。

产品品质认证工作在20世纪30年代后发展很快。到了20世纪50年代，产品品质认证在所有工业发达国家基本得到普及，第三世界国家大多在20世纪70年代开始逐步推行。

（二）品质管理体系认证

这种认证是由品质保证活动发展起来的。1959年，美国国防部向国防部供应局下属的军工企业提出了品质保证要求：承包商应制定和保持与其经营管理、规程相一致的、有效的和经济的品质保证体系，应在实现合同要求的所有领域和过程（例如：设计、研制、制造、加工、装配、检验、试验、维护、装箱、储存和安装）中充分保证品质。对品质保证体系规定了两种统一的模式：军标 MIL－Q－9858A《品质大纲要求》和军标 MIL－I－45208《检验系统要求》。承包商要根据这两个模式编制品质保证手册，并有效实施。政府要对照文件逐步检查、评定实施情况。这实际上就是现代的第二方品质体系审核的雏形。这种办法促使承包商进行全面的品质管理，取得了极大的成功。后来，美国军工企业的这个经验很快被其他工业发达国家军工部门采用，并逐步推广到民用工业，在西方各国蓬勃发展起来。

随着上述品质保证活动的迅速发展，各国的认证机构在进行产品品质认证的时候，逐渐增加了对企业的品质保证体系审核的内容，进一步推动了品质保证活动的发展。到了20世纪70年代后期，英国一家认证机构——BSI（英国标准协会）首先开展了独立的品质保证体系的认证业务，使品质保证活动由第二方审核发展到第三方认证，受到了各方面的欢迎。

通过3年的实践，BSI认为，这种品质保证体系的认证适应面广、灵活性大，有向国际社会推广的价值。于是，BSI在1979年向ISO提交了一项建议。ISO根据BSI的建议，当年即决定在ISO认证委员会品质保证工作组的基础上成立品质保证委员会。1980年，ISO正式批准成立"品质保证技术委员会"（即TC 176）着手认证工作，从而促成了ISO 9000族标准的诞生，健全了品质体系认证制度，一方面扩大了原有品质认证机构的业务范围，另一方面又促成了一大批新的专门的品质体系认证机构的诞生。

ISO 9000系列标准是由ISO发布的国际标准，是百年工业化进程中质量管理经验的科学总结，已被世界各国广泛采用和认同。ISO 9000不是指一个标准，而是一族标准的统称。根据ISO 9000－1：1994的定义：ISO 9000族是由ISO/TC 176制定的所有国际标准。ISO 9000系列标准是经济发达国家企业科学管理经验的总结，通过贯彻标准与认证，企业能够找到一条加快经营机制转换、强化技术基础与完善内部管理的有效途径。ISO 9000系列标准明确了市场经济条件下顾客对企业共同的基本要求。企业通过贯彻这一系列标准，实施质量体系认证，证实其有能力满足顾客的要求，提供合格的产品/服务，可以规范企业的市场行为，保护消费者的合法权益。

ISO/TC 176是ISO的第176个技术委员会，成立于1980年，全称是"品质保证技术委员会"，1987年更名为"品质管理和品质保证技术委员会"。ISO/TC 176专门负责制定品质管理和品质保证技术方面的标准。

目前，全世界已有近百个国家和地区正在积极推行ISO 9000系列标准，约有40个品质体系认可机构认可了约300家品质体系认证机构，20多万家企业拿到了ISO 9000品质体系认证证书，第一个国际多边承认协议和区域多边承认协议也分别于 1998 年 1 月 22 日和 1998 年 1 月 24 日在中国广州诞生。

二、国内计量认证发展概况

我国于 1981 年 4 月成立了第一个认证机构——中国电子器件质量认证委员会，虽然起步晚，但起点高、发展快。1985 年 11 月 14 日，国家计量局发布了《关于计量证书编号及标志的规定》，对计量认证合格证书编号、标志及使用进行了统一规定。同时 12 月颁布了《质量检验机构计量认证的评审内容及考核办法》（暂行）。对组织机构、仪器设备、测试工作、人员、工作制度、环境等 6 项 48 条进行评审。这些条款是在充分借鉴了国际上实验室认可的有关内容，并依据我国的有关法律、结合我国的国情而制定的。

1987 年 1 月 19 日，国务院批准实施《中华人民共和国计量法实施细则》。同年 7 月，国家计量局发布了《产品质量检验机构计量认证管理办法》，使计量工作有了一套法律法规，确保了计量认证工作的客观公正性、权威性及信誉。

1990 年 6 月 10 日，国家技术监督局发布了《产品质量检验机构计量认证技术考核规范》（JJF 1021—1990），从六大方面（项）进行计量认证的评审考核，进一步统一和规范了全国计量认证工作。该规范既适用于产品质量检验机构的计量认证，也适用于自愿申请计量认证的其他类型的实验室。

为兑现入世承诺，我国政府于 2001 年 12 月 3 日对外发布了强制性产品认证制度。2001 年 12 月 7 日，国家质量监督检验检疫总局和国家认监委在人民大会堂召开新闻发布会，对外公布了新的"四个统一"（统一目录、统一标准技术法规和合格评定程序、统一标志、统一收费）的强制性产品认证制度，发布了"四个统一"的规范性文件。

2006 年，为贯彻实施新颁布的《实验室和检查机构资质认定管理办法》，国家认监委组织制定了《实验室资质认定评审准则》，自 2007 年 1 月 1 日起开始实施。

2015 年 4 月，《检验检测机构资质认定管理办法》由国家质量监督检验检疫总局公布，自 2015 年 8 月 1 日起施行。

我国的认证检验机构近几年来发展很快，主要表现在以下几个方面：

（1）组织管理水平有很大提高，基本上按照要求建立了质量保证体系；

（2）随着中央和各级政府对计量认证的日益重视，各检验机构的设备条件得到了一定的改善；

（3）人员素质有了较大的提高，检验机构对人才引进和培育都有了足够的重视；

（4）检验能力普遍有所提升，计量认证作为规范实验室组织管理和维持提高检测水平的有效手段，为人民的健康生活和社会经济建设起到了保驾护航的作用。

但我国的计量认证工作与发达国家相比还存在一定的差距，为此，我国的计量认证工作还应做到以下几点：

（1）建立计量认证专项监督检查的长效机制，提高专项监督检查的有效性；

（2）建立质量体系文件评审责任制，全面提高质量体系文件水平；

（3）建立质量体系内审和管理评审的评审责任制，全面提高质量体系内审和管理评审水平；

（4）实行计量认证评审问责制，促进评审质量水平的提高；

（5）建立计量认证信息上报制度，解决计量认证信息沟通不畅的问题；

（6）进行计量认证评审的专业培训，提高质量检验评审水平。

第九章 食品认证与食品许可制度

第一节 食品认证概述

一、现代农业生产带来的问题

第二次世界大战以来，现代农业的发展满足了急剧增长的人口的食物需求。但由于大量使用化学农药、化肥、激素等人工合成物，造成有害物质的污染比较严重，直接和间接地影响人类的健康，带来严重的食品质量安全问题。同时，由于化肥、化学农药等有害物质及有害废弃物污染土壤和水体以及土地的过度开发利用，造成热带雨林减少，珍稀野生动植物濒临灭绝，水土流失，土地沙漠化，土壤有机质减少，生态环境恶化，土地生产能力降低，常规农业生产的边际效益开始递减。因此，需要合理利用资源，实现农业安全生产，保护生态环境，实现可持续发展。

为此，世界各国纷纷采取各种方式对农产品和食品质量加以严格控制，其中最普遍的方式就是食品质量安全认证。

二、食品质量安全认证

（一）食品质量安全认证的内容

食品质量安全认证是为了保证食品无污染、安全、优质、营养，保障消费者的身体健康和生命安全，由国家权威机构认可的食品质量认证机构，针对食品的生产和流通环节的质量体系和产品质量，依据食品安全系列标准，通过颁发食品安全证书和标志许可而采取的一种食品质量管理手段。

食品安全标志管理是一种证明性商标的管理，其标志的使用受商标法的保护。为了保障安全食品的质量，防止对安全食品的假冒现象，维护广大消费者的利益，对各种安全食品标志的使用都依照法规进行严格的监督和管理，主要内容包括：标志图形在产品上使用，必须符合有关标志的设计规范；标志使用以已经核准的产品为限，不得扩大使用范围或将使用权转让其他单位或个人；对标志使用者的产品的产量、质量、生产加工规范和生产环境条件进行抽查和监督，对抽查不合格的，撤销标志使用资格；发现假冒或侵犯标志专用权的，依法要求市场监督管理部门进行处理或向法院起诉。

（二）食品质量安全认证的类型

目前，我国食品质量安全认证有多种类型，它们既有一致的内容，即对产品的安全性进行权威认证，又有各自不同的特点。根据其对企业的不同要求，主要可以分为绿色食品认证、有机食品认证和无公害食品认证三大类。企业对其产品可以申请三种主要认证中任意一种或几种，同时还可以根据需要申请 ISO 9000 认证，或危害分析与关键控制点（HACCP）认证及良好生产规范（GMP）认证等。

（三）食品质量安全认证的特点

我国的质量认证采取自愿性认证和强制性管理相结合的方式。对于具有国家标准或者行业标准的产品，企业可自愿申请认证，但对国家法律法规中规定"不经认证不得销售、进口和使用"的产品实行强制性认证。

食品质量安全认证是由国家权威机构认可的认证机构对企业或组织生产的食品的安全性的认证，一般是非强制性的，企业或组织可以根据自身的需要申请不同种类的食品质量安全认证。

（四）我国实施食品质量安全认证的意义

随着我国经济的不断发展和人民生活水平的不断提高，对农产品质量安全提出了更高的要求。对农产品的质量安全施行认证认可管理，是保障和提高我国人民健康水平的要求，是实现农业现代化、推进农业产业化进程的一项重要措施，有利于进一步扩大我国的对外贸易。

我国实施食品质量安全认证主要有以下好处：

第一，有利于改善生态环境，促进农业可持续发展，增加农民收入。

食品安全问题很多是由环境污染引起的。要生产安全食品，解决农产品的质量安全问题，推进农业产业升级，首先就必须保护好农业生态环境，防治环境污染，这既是安全食品生产的基础，也是安全食品生产的保证。从这个意义上说，以安全认证食品生产为动力的农业生产方式的转变必将极大地促进生态环境保护。同时，由于安全认证食品价格高于普通食品，而且市场需求旺盛，无疑会提高农业经济效益。尤其是对我国辽阔的山区和偏远农村来说，由于这些区域的水、土壤和大气污染少，具有发展安全食品的基础，大力发展具有地方特色的无公害食品、绿色食品或有机食品，开展食品质量安全认证，是增加农产品的环境附加值，增加农民收入，促进农民脱贫致富的一条有效途径。总之，通过安全食品系列生产技术、规程的实施，不仅可降低生产成本，提高农产品质量，增加农民收入，同时对保护生态环境也有极大的好处。以此为突破口，必将形成农业生产与农业环境的良性循环，实现农业的可持续发展。

第二，有利于提高农产品质量，保障消费者健康，满足市场需求。

随着人民生活水平的提高，我国消费者的环保意识与健康意识不断增强，人们对食品消费的需求也逐步提高。现在大多数消费者不仅要求吃饱，还要求吃好，吃得放心，普遍要求提供安全、优质的食用农产品。对我国大中城市的调查表明，100%的消费者都希望所吃的粮食和蔬菜中不存在有毒物质，79%以上的消费者希望购买有安全标志的食品。通过食品质量安全认证，可以规范和约束农业生产行为，减少农产品在生产过程中的污染，提高农产品的安全质量，更好地保证消费者的食物消费安全。

第三，有利于应对绿色壁垒，增强农产品的国际竞争力。

农产品是我国出口创汇产品的重要组成部分，农产品出口额在国家出口创汇额中占有相当的比重。然而，近年来，由于我国农业投入品，特别是化学品的大量使用，使得我国农产品出口形势严峻。为了保护本国农业产业发展和国内农产品市场占有率，世界各国纷纷利用世界贸易组织（WTO）协议中规定的保护措施，特别是利用《技术性贸易壁垒协议》（TBT协议）来维护本国农业产业。近年来，一些发达国家更是利用降低农药、兽药等有毒、有害物质残留限量措施限制国外农产品进入本国市场，建立起所谓的"绿色壁垒"。因此，为了提高我国农产品质量，提升我国农产品在国际市场的竞争力，打破国际贸易中的"绿色壁垒"，必须实行食品质量安全认证。

第二节 有机产品认证

一、有机产品概述

（一）有机农业

有机农业（organic agriculture）是指遵照特定的农业生产原则，在生产中不采用基因工程获得的生物及其产物，不使用化学合成的农药、肥料、生长调节剂、饲料添加剂等物质，遵循自然规律和生态学原理，协调种植业和养殖业的平衡，采用一系列可持续的农业技术以维持持续稳定的农业生产体系的一种农业生产方式。有机农业也被称为生态农业（ecological agriculture）、生物农业、自然农业。

可持续发展的农业技术包括本系统内的作物秸秆还田及人畜禽粪尿经发酵腐熟后的利用、种植绿肥、选用抗性品种、合理耕作、轮作、多样化种植、促进天敌生长繁殖、采用生物和物理方法防治病虫草害等。

（二）有机食品

有机食品是指来自有机农业生产体系，根据有机认证标准生产，并经独立认证机构认证的食用农产品及其加工产品。

有机食品在不同的语言中有不同的名称，国外最普遍的名称是有机食品或有机农产品

（organic food），也称生态食品（ecological food）或生物食品（biological food）。

（三）有机食品的特征

有机食品必须是来自已经建立的有机农业生产体系（又称有机农业生产基地），或采用有机方式采集的野生天然产品，是一类富营养、高品质和安全环保的生态型食品。产品在包括加工的整个生产过程中还必须严格遵循有机食品的加工、包装、贮藏、运输等要求，强调整个生产过程的全程质量控制。生产者在有机食品的生产和流通过程中，要有完善的跟踪审查体系和完整的生产、销售档案记录，并通过独立的有机食品认证机构的认证审查。

（四）有机食品和有机农业的发展

从全球来看，有机食品经历了 3 个发展阶段：1972 年国际有机农业运动联盟（International Federation of Organic Agriculture Movements，IFOAM）成立之前的将近一个世纪被定义为有机农业运动的第一个阶段，即有机 1.0 时代。20 世纪 70 年代开始，全球开始制定和实施标准法规，推广认证，开发技术，开拓市场，有机界将这个启动和推广有机的时代看作全球有机农业的 2.0 时代。目前，全球进入了有机食品 3.0 时代，它的使命是维护和强化全球生态环境的可持续性，促进人与人以及人与自然之间的和谐，为实现有机农业的主流化奠定基础。

由于有机农产品的生产可以在很大程度上解决常规农业生产带来的环境、生态、经济甚至社会问题，政府决策层也逐渐认识到推广有机农业发展的必要性和紧迫性。绝大部分国家都进行了相应的法规、标准、技术、经济政策以及理论建设。消费者的强烈需求和政府的推动有力地促进了有机农业和有机食品的发展。

与全球有机食品发展相比，我国有机食品起步较晚。1993 年我国加入 IFOAM。2002 年，中国绿色食品发展中心组建了中绿华夏有机食品认证中心，作为农业部推进有机农业和有机产品认证工作的专门机构。

2017 年，中央一号文件明确提出，引导企业争取国际有机农产品认证，加快提升国内绿色食品、有机农产品认证的权威性和影响力。党和国家的重视为我国有机食品事业的发展奠定了良好的政策环境。截止到 2017 年 6 月，我国共有 16 000 余家企业获得有机认证，有机产品标志发放量为 17 亿枚，而且这个数量还在不断增加。

二、我国有机产品标准

目前，国际上有机食品认证由独立的注册机构执行，认证机构性质多样，包括官方、半官方、私人、农民协会和非营利组织等。

认证机构必须按照一定的标准开展检查认证工作。世界上不同国家和地区存在各种不同层次的有机食品标准，包括国际标准、地区标准、国家标准、行业标准、地方标准和团体标准（认证机构标准）等。国际标准如国际食品法典委员会（CAC）制定的《有机食品生产、加工、标志及销售指南》（CAC/GL 32 – 1999）。IFOAM 制定的有机生产和加工的基本标准（IBS），是世界各国政府、民间有机产品标准制定机构及认证机构制定有机产品认证标准的基础。国家标准有我国的有机产品国家标准、美国国家有机工程标准（NOP）、日本有机农业标准（JAS）等。认证机构，如英国的土壤协会（Soil Association）以及美国的国际有机作物改良协会（OCIA）也都制定了本机构的有机认证标准。

我国国家标准《有机产品》（GB/T 19630）分为 4 个部分：有机产品生产；有机产品加工；有机产品标识与销售；有机产品管理体系。

（一）有机产品生产

1. 植物生产基本要求

（1）生产基地

有机生产需要在适宜的环境条件下进行。有机生产基地应远离城区、工矿区、交通主干线、工业污染源、生活垃圾场等。基地的环境质量应符合有关国家标准。应设置有机种植生产基地缓冲带和有机生产转换期，施行有机产品与常规产品（或有机转换产品）平行生产管理。缓冲带是指在有机和常规地块之间有目的设置的、可明确界定的用来限制或阻挡邻近田块的禁用物质漂移的过渡区域。有机生产转换期是指按照有机生产标准开始管理至生产单元和产品获得有机认证之间的时段。平行生产是指在同一生产单元中，同时生产相同或难以区分的有机、有机转换和常规产品的情况。

（2）作物及品种选择

应优先选择获得有机认证的种子和植物。所选择的作物种类及品种应适应当地的土壤和气候特点，对病虫害有抗性。

（3）作物生产的多样性

作物生产的基础是土壤及周围生态系统的结构和肥力，以及在营养损失最小化的情况下提供物种多样性，包括如下措施：豆科作物在内的多种作物轮作；在一年中要尽量通过种植不同类型的作物，使土壤得到适当的覆盖；土壤培肥中禁止使用任何人工合成的化学肥料；病虫杂草的管理严禁使用合成的农药、生长调节剂，禁止使用基因工程生物或其产品；水土保持；污染控制；野生产品采集。

2. 动物有机饲养

动物有机饲养的标准涵盖畜禽、水产和蜂蜜产品。标准内容包括动物饲养方式、转换期、养殖动物来源、动物品种和育种、动物营养、动物健康、运输和屠宰等。

（二）有机产品加工

1. 基本原则

要求优化有机食品的加工和处理工艺，以保持产品的质量和完整性，并尽量减少害虫的发生。有机产品的加工和处理应在时间或地点上与非有机产品的加工和处理（贮藏和运输）

分开，避免有机产品与非有机产品混杂。确定污染源，避免受污染。应该用物理方法从食品（最好是有机食品）中提取调味品。

有机产品的贮藏不能采用辐射技术。除在常温下贮藏外，允许采用以下贮藏技术：空气调节、温度控制、干燥和湿度调节。

2. 加工厂环境

加工厂周围不得有粉尘、有害气体、放射性物质和其他扩散性污染源；不得有垃圾堆、粪场、露天厕所和传染病医院；不得有具有昆虫大量滋生潜在条件的场所。

对于害虫管理与控制，应优先使用预防措施，例如，消除有害生物的滋生条件，防止有害生物接触加工和处理设备，通过对温度、湿度、光照、空气等环境因素的控制，防止有害生物的繁殖。允许使用机械类的、信息素类的、气味类的、黏着性的捕害工具，也允许使用物理障碍、硅藻土、声光电器具，作为防治有害生物的设施或材料。在加工或贮藏场所遭受有害生物严重侵袭的紧急情况下，提倡使用中草药进行喷雾和熏蒸处理；不应使用硫黄熏蒸。

3. 配料、添加剂和加工助剂

加工所用的配料必须是经过认证的有机原料，天然的或认证机构许可使用的原料。这些有机配料在终产品中所占的质量或体积不得少于配料总量的95%。同一种配料禁止同时含有有机、常规成分或有机转换成分。

作为配料的水和食用盐，不计入有机配料的百分含量计算中。

限制使用矿物质（包括微量元素）、维生素和氨基酸。禁止使用来自转基因的配料、添加剂和加工助剂。

4. 加工方法

加工工艺应不破坏食品和饲料的主要营养成分，可以使用机械、冷冻、加热、微波、烟熏等处理方法及微生物发酵工艺；可以采用提取、浓缩、沉淀和过滤工艺，但提取溶剂仅限于水、乙醇、动植物油、醋、二氧化碳、氮或羧酸，在提取和浓缩工艺中不得添加其他化学试剂。

禁止在食品加工和贮藏过程中采用离子辐照处理。禁止在食品加工中使用石棉过滤材料或可能被有害物质渗透的过滤材料。

5. 包装、运输

包装应简单、实用，避免过度包装，并应考虑包装材料的回收利用和生物降解。

提倡使用由木、竹、植物茎叶和纸制成的包装材料，允许使用符合卫生要求的其他包装材料。允许使用二氧化碳和氮气作为包装填充剂。禁止使用含有合成杀菌剂、防腐剂和熏蒸剂的包装材料。

有机产品在运输过程中应避免与常规产品混杂或受到污染。在运输和装卸过程中，外包装上的有机认证标志及有关说明不得被玷污或损毁。

6. 有机食品质量要求

有机食品发展中心将根据食品行业（如粮油、肉与肉制品、蛋与蛋制品、水产品等）的不同特点，按照《中华人民共和国食品安全法》的要求及行业检测标准和有机食品加工的规定，拟定各自的质量检验项目，包括感官检验、理化检验和微生物检验。

（三）有机产品管理体系

管理体系规定了有机产品生产、加工、经营过程中应建立和维护的管理体系的通用规则和要求。

1. 生产基地或加工、经营等场所的位置图

应按比例绘制生产基地或加工、经营等场所的位置图，至少标明以下内容：种植区域的地块分布，野生采集区域、水产养殖区域、蜂场及蜂箱的分布，畜禽养殖场及其牧草场、自由活动区、自由放牧区、粪便处理场所的分布，加工、经营区的分布；河流、水井和其他水源；相邻土地及边界土地的利用情况；畜禽检疫隔离区域；加工、包装车间、仓库及相关设备的分布；生产单元内能够表明该单元特征的主要标示物。

2. 有机产品生产、加工、经营管理手册

质量管理手册是阐述企业质量管理方针目标、质量体系和质量活动的指导性文件，是质量体系建立和实施中所应用的主要文件，是质量管理体系运行中长期遵循的文件。应编制有机产品生产、加工、经营组织管理手册，该手册应包括但不限于以下内容：有机产品生产、加工、经营者简介；有机产品生产、加工、经营者的经营方针和目标；管理组织机构图及其相关岗位的责任和权限；有机标识的管理；可追溯体系与产品召回；内部检查；文件和记录管理；客户投诉的处理；持续改进体系。

3. 生产、加工、经营操作规程

应制定并实施生产、加工、经营操作规程，操作规程中至少应包括：作物种植、食用菌栽培、野生采集、畜禽养殖、水产养殖/捕捞、蜜蜂养殖等生产技术规程；防止有机生产、加工和经营过程中受禁用物质污染所采取的预防措施；防止有机产品与非有机产品混杂所采取的措施；植物产品收获规程及收获、采集后运输、加工、储藏等各道工序的操作规程，动物产品的屠宰、捕捞、加工、运输及储藏等环节的操作规程；运输工具、机械设备及仓储设备的维护、清洁规程；加工厂卫生管理与有害生物控制规程；标签与生产批号的管理规程；员工福利和劳动保护规程。

4. 可追溯体系与产品召回

有机产品生产、加工、经营者应建立完善的可追溯系统，建立可追溯的生产全过程的详细记录（如地块图、农事活动记录、加工记录、仓储记录、出入库记录、销售记录等）以及可跟踪的生产批号系统。有机产品生产、加工、经营者应建立和保持有效的产品召回制度，包括产品召回条件、召回产品的处理、采取的纠正措施、产品召回的演练等，并保留产品召回过程中的全部记录，包括召回、通知、补救、原因、处理等。

三、国际有机农产品标准

（一）国际性非政府组织标准

IFOAM 制定的有机农业标准尽管属于非政府标准，但其影响却非常大。

IFOAM 成立于 1972 年，它的优势在于网罗了国际上从事有机农业生产、加工和研究的各类组织的个人，其制定的标准具有广泛的民主性和代表性，因此许多国家在制定有机农业标准时参考 IFOAM 的基本标准，甚至联合国粮食与农业组织（FAO）也专门邀请 IFOAM 参与标准制定。此外，IFOAM 的授权体系——监督和控制有机农业检查认证机构的组织和准则（Independent Organic Accreditation Service，IOAS）和其基本标准一样，在有机农业检查和认证机构的控制方面也非常有影响力。IFOAM 每两年召开一次会员大会，对基本标准进行修改。IFOAM 的基本标准包括了植物生产、动物生产以及加工的各类环节。此外，考虑到特殊农产品的要求和特点，IFOAM 还专门对茶叶和咖啡等制定了标准。

（二）CAC 标准

联合国层次的有机农业和有机农产品标准是由国际食品法典委员会（CAC）制定的。CAC 于 1999 年 6 月通过了植物生产指南，2001 年 7 月通过了动物生产指南。CAC 制定的《有机食品生产、加工、标识和销售指南》包括定义、种子与种苗、过渡期、化学品使用、收获、贸易和内部质量控制等内容。此外，该标准也具体说明了有机农产品的检查、认证和授权体系。这个标准为各个成员国制定有机农业标准提供了重要依据。

CAC 准则的附件列表，规定了用于有机食品和有机农业体系的物质应具备的条件，同时也涉及食品加工过程和新物质的使用标准。这个附件列表自 2005 年以来一直在被不断修订。

（三）欧盟标准

欧盟有机农业条例 EEC No 2092/91 是 1991 年 6 月发布的，对有机农业和有机农产品的生产、加工、贸易、检查、认证以及物品使用等全过程进行了具体规定。EEC No 2092/91 包括植物生产的内容，1999 年 8 月出台的欧盟有机农业条例 1804/99 则主要涉及有机畜禽产品。这两个条例统一了欧盟以有机方式生产的农产品和食品的生产、加工、标签及监控标准。

（四）部分国家标准

1990 年，美国颁布了《有机食品生产法案》，此法授权美国农业部（USDA）部长组建国家有机标准委员会（NOSB），协助制定美国国家有机农业标准。经过数年努力，该标准草案于 1997 年 12 月公布，并开始征求公众意见。正式标准于 2001 年上半年开始生效，并规定在开始生效到正式实施期间设置一个为期 18 个月的过渡期，以便有机农业生产者和加工者有充足的时间适应新标准。从 2002 年 10 月 21 日开始，经过认证的有机农产品生产者已经可以在其产品包装上正式使用 USDA 的有机农产品印章，这标志着由 USDA 负责制定的美国国家有机农业标准进入了正式实施阶段。

日本于 2000 年 1 月由农林水产省推出有机农产品和加工食品标准，该标准详细规定了有机农产品生产和有机农产品及加工食品的各项标准及名称、标识的使用方法。其中，有机农产品生产标准中明确规定了肥料和土壤改良剂、农药、加工助剂的使用，有机农产品加工食品标准中明确规定了有机食品和配料名称标识、食品添加剂、农药的使用。

瑞士有机农业研究所 FiBL 的调查统计显示，截至 2017 年，已有 87 个国家制订了有机标准，18 个国家正在起草法案。还有至少 33 个国家，主要是亚洲和非洲国家，已经采用了有机农业国家标准。

四、国内有机食品认证

目前，国内有 3 个有机食品认证渠道：一是中国绿色食品发展中心组建的中绿华夏有机食品认证中心；二是由南京环境科学研究所组建的南京国环有机产品认证中心；三是部分国际有机食品认证机构在我国的代理机构。有机产品应按照我国有关法律法规、标准的要求进行标示。图 9 - 1 和图 9 - 2 分别为中国有机产品认证标志和中国有机转换产品认证标志，后者在有机转换期使用。有机产品的认证证书有效期为 1 年。获得有机转换认证证书的产品只能按常规产品销售，不得使用中国有机产品认证标志以及标注"有机""ORGANIC"等字样和图案。

图 9 - 1　中国有机产品认证标志　　　　图 9 - 2　中国有机转换产品认证标志

（一）中绿华夏有机食品认证中心

北京中绿华夏有机食品认证中心（China Organic Food Certification Center，COFCC）是我国推动有机农业运动发展的专门机构，是国家认证认可监督管理委员会批准设立的全国第一家有机产品认证机构，也是中国认证认可协会确认的全国有机产品注册检查员培训机构。COFCC 下设综合部、境内认证部、境外事务部、评审颁证部、质量管理部和市场发展部等6 个部门。主要职责包括：有机产品的认证和管理；有机产品检查员和内检员培训；有机农业技术理论研究；有机产品国内外市场培育；国际交流与合作；提供有机产品信息服务。

1. COFCC 标志及含义

COFCC 有机食品标志（图 9 - 3）采用人手和叶片为创意元素。一只手向上持着一片绿叶，寓意人类对自然和生命的渴望；两只手一上一下握在一起，将绿叶拟人化为自然的手，寓意人类的生存离不开大自然的呵护，人与自然需要和谐美好的生存关系。人类的食物从自然中获取，人类的活动应尊重自然的规律，这样才能创造一个良好的可持续的发展空间。

图 9 - 3　COFCC 有机食品标志

2. COFCC 认证程序

COFCC 检查和认证程序，其目的是在客户与 COFCC 之间建立合作关系和有效的建设性调查和决策机制，以及在 COFCC 保证下对有机食品商业贸易进行控制，是为有机生产者、COFCC 以及消费者的利益而制定的。COFCC 具体认证程序如下：

（1）申请

申请人下载并填写《有机食品认证申请书》和《有机食品认证调查表》，下载《有机食品认证书面资料清单》并按要求准备相关材料。申请人提交《有机食品认证申请书》《有机食品认证调查表》以及《有机食品认证书面资料清单》要求的文件，提出正式申请。申请人按标准要求，建立本企业的质量管理体系、质量保证体系的技术措施和质量信息追踪及处理体系。

（2）文件审核

认证中心对申报材料进行合同评审和文件审核。审核合格后，认证中心根据项目特点，依据认证收费细则，估算认证费用，向企业寄发《受理通知书》《有机食品认证检查合同》（简称《检查合同》）。若审核不合格，认证中心通知申请人，且当年不再受理其申请。申请人确认《受理通知书》后，与认证中心签订《检查合同》。根据《检查合同》的要求，申请人缴纳相关费用，以保证认证前期工作的正常开展。

（3）实地检查

企业寄回《检查合同》及缴纳相关费用后，认证中心派出有资质的检查员。检查员应从认证中心取得申请人相关资料，依据《有机产品认证实施规则》的要求，对申请人的质量管理体系、生产过程控制、追踪体系以及产地、生产、加工、仓储、运输、贸易等进行实地检查评估。必要时，检查员需对土壤、产品抽样，由申请人将样品送指定的质检机构检测。

（4）编写检查报告

检查员完成检查后，在规定时间内，按认证中心要求编写检查报告，并提交给认证中心。

（5）综合审查评估意见

认证中心根据申请人提供的申请表、调查表等相关材料以及检查员的检查报告和样品检验报告等进行综合评审，评审报告提交颁证委员会。

（6）颁证决定

颁证委员会对申请人的基本情况调查表、检查员的检查报告和认证中心的评估意见等材料进行全面审查，作出同意颁证、有条件颁证、有机转换颁证或拒绝颁证的决定。当申请项目较为复杂（如养殖、渔业、加工等项目）时，召开技术委员会工作会议，对相应项目作出认证决定。

①同意颁证。申请内容完全符合有机标准，颁发有机证书。

②有条件颁证。申请内容基本符合有机食品标准，但某些方面尚需改进，在申请人书面承诺按要求进行改进以后，亦可颁发有机证书。

③有机转换颁证。申请人的基地进入转换期1年以上，并继续实施有机转换计划，颁发有机转换证书。从有机转换基地收获的产品，按照有机方式加工，可作为有机转换产品，即"有机转换产品"销售。

④拒绝颁证。申请内容达不到有机标准要求，颁证委员会拒绝颁证，并说明理由。

（7）颁证决定签发

颁证委员会作出颁证决定后，中心主任授权颁证委员会秘书处根据颁证委员会给出的结论在颁证报告上使用签名章，签发颁证决定。

（8）有机食品标志的使用

根据证书和《有机食（产）品标志使用章程》的要求，签订《有机食（产）品标志使用许可合同》，并办理有机/有机转换标志的使用手续。

（9）保持认证

①有机食品认证证书有效期为1年，在新的年度里，COFCC会向获证企业发出《保持认证通知》。

②获证企业在收到《保持认证通知》后，应按照要求提交认证材料，与联系人沟通确定实地检查时间并及时缴纳相关费用。

③保持认证的文件审核、实地检查、综合评审、颁证决定的程序与初次认证时相同。

（二）南京国环有机产品认证中心

南京国环有机产品认证中心（OFDC）注册的有机食品标志如图9-4所示。标志由两个同心圆和图案组成，中心的图案代表着OFDC认证的植物和动物产品。文字表达分为有机认证、有机转换认证和中国良好农业规范认证。凡符合认证标准并获得OFDC认证的产品均可申请使用该标志，经OFDC颁证委员会审核同意后，授予该标志的使用权。标志的大小可以根据使用方的需要变化，但其形状和颜色不可变更。有机产品认证标志下方的IFOAM英文标识，可用于OFDC获得IFOAM认可的认证项目（作物栽培、食用菌、畜禽养殖、水产养殖、野生采集、加工产品、有机肥和植保产品）的产品上。OFDC的认证程序和方法与COFCC相近。

图9-4　OFDC有机食品标志

第三节 绿色食品认证

一、绿色食品概述

（一）绿色食品的概念

绿色食品是指产自优良生态环境，按照绿色食品标准生产，实行全程质量控制并获得绿色食品商标标志使用权的安全、优质食用农产品及相关产品。绿色寓意环保、健康和安全，为了突出这类食品出自良好的生态环境，对环境保护的有利性和产品自身的无污染与安全性，因此命名为绿色食品。

绿色食品分为 AA 级和 A 级。AA 级绿色食品是指产地环境质量符合 NY/T 391 要求，遵照绿色食品生产标准生产，生产过程中遵循自然规律和生态学原理，协调种植业和养殖业的平衡，不使用化学合成的肥料、农药、兽药、渔药、食品添加剂等物质，产品质量符合绿色食品产品标准，经专门机构许可使用绿色食品标志的产品。A 级绿色食品是指产地环境质量符合 NY/T 391 要求，遵照绿色食品生产标准生产，生产过程中遵循自然规律和生态学原理，协调种植业和养殖业的平衡，限量使用限定的化学合成生产资料，产品质量符合绿色食品产品标准，经专门机构许可使用绿色食品标志的产品。

（二）绿色食品的特征

绿色食品与普通食品相比，有以下 3 个显著的特征：

（1）强调产品出自最佳生态环境

绿色食品生产从原料产地的生态环境入手，通过对原料产地及其周围的生态环境因子的严格监测，判定其是否具备生产绿色食品的基础条件，而不是简单地禁止生产过程中化学合成物质的使用。这样既可以保证绿色食品生产原料和初级产品的质量，又有利于强化企业和农民的资源和环境保护意识，最终将农业和食品工业发展建立在资源和环境可持续利用的基础上。

（2）对产品实行全程质量控制

绿色食品生产实施"从土地到餐桌"的全程质量控制，而不是简单地依靠最终产品有害成分含量和卫生指标的测定，从而在农业和食品生产领域树立了全新的质量观。通过产前环节的环境监测和原料检测，产中环节具体生产、加工操作规程的落实，以及产后环节的产品质量、卫生指标、包装、保鲜、运输、储藏、销售控制，确保绿色食品的整体产品质量，并提高整个生产过程的技术含量。

（3）对产品依法实行标志管理

绿色食品标志是一个质量证明商标，属知识产权范畴，受《中华人民共和国商标法》保护，并按照《中华人民共和国商标法》《集体商标、证明商标注册和管理办法》和《农业部绿色食品标志管理办法》开展监督管理工作。政府授权专门机构管理绿色食品标志，这是一种将技术手段和法律手段有机结合起来的生产组织和管理行为，而不是一种自发的民间自我保护行为。对绿色食品产品实行统一、规范的标志管理，不仅使生产行为纳入了技术和法律监控的轨道，而且使生产者明确了自身和对他人的权益责任，同时也有利于企业争创名牌，树立名牌商标保护意识，提高企业和产品的社会知名度和影响力。

（三）绿色食品标志

绿色食品标志是我国第一例质量证明商标，共4种形式，分别为绿色食品标志商标（图9-5）、绿色食品中文文字商标（图9-6）、绿色食品英文文字商标（图9-7）及绿色食品标志、文字组合商标（图9-8）。这一质量证明商标受《中华人民共和国商标法》及相关法律法规保护。

图9-5　绿色食品标志商标

图9-6　绿色食品中文文字商标

图9-7　绿色食品英文文字商标

图9-8　绿色食品标志、文字组合商标

1996年，中国绿色食品发展中心对绿色食品实行分级管理，更改绿色食品标志编号方法，改变后的标志编号形式如下：

LB—××—××　　××　××　×××　×
标志　产品　批准　国别　省份　产品　产品
代码　类别　年度　　　　　　序号　级别

末位数表示产品的分级，以"1"表示A级，以"2"表示AA级。

为了适应绿色食品事业发展和加强绿色食品标志管理的需要，2002年，绿色食品实行新的产品编号方法，标志编号形式如下：

LB—××—××　　××　　××　　××××　A（AA）
标志　产品　认证　认证　省份　产品　　产品
代码　类别　年份　月份　（国别）序号　　级别

新编号相对 1996 年编号进行了如下修订：

（1）产品类别代码仍为两位数，而产品分类由 7 大类 55 小类调整为 5 大类 57 小类，按小类编号。

（2）认证时间代码由两位数增加到四位数，使显示的时间由年份延伸到月份。

（3）将产品国别代码和省份代码合并为省份（国别）代码，各省（区、市）按全国行政区划的序号编码。国外产品，从第 51 号开始，按各国第一个绿色食品产品认证的先后顺序编排该国家代码；国内产品不含国家代码。

（4）产品序号代码由三位数增加到四位数。

（5）将表示 A 级产品、AA 级产品的 1、2 代码分别改为英文字母 A、AA。

为方便企业使用绿色食品标志，中国绿色食品发展中心决定，自 2009 年 8 月 1 日起实施新的编号制度。

1. 新编号制度的主要内容

（1）继续实行"一品一号"原则。现行产品编号只在绿色食品标志商标许可使用证书上体现，不要求企业将产品编号印在该产品包装上。

（2）为每一获证企业建立一个可在续展后继续使用的企业信息码。要求将企业信息码印在产品包装上原产品编号的位置，并与绿色食品标志商标（组合图形）同时使用。没有按期续展的企业，在下一次申报时将不再沿用原企业信息码，而使用新的企业信息码。

（3）企业信息码的编码形式为 GF ×××××× ×× ××××。GF 是绿色食品英文"GREEN FOOD"头一个字母的缩写组合，后面为 12 位阿拉伯数字，其中 1 到 6 位为地区代码（按行政区划编制到县级），7 到 8 位为企业获证年份，9 到 12 位为当年获证企业序号。

（4）完善绿色食品标志商标许可使用证书。一是在证书原有内容的基础上增加企业信息码；二是采用证书复印防伪技术，增加水印底纹，防止证书复印件涂改造假。

2. 新旧编号制度的过渡

（1）为便于企业消化库存包装，2009 年 8 月 1 日前已获证的产品在有效期内可以继续使用印有原产品编号的包装材料，待再次印制包装材料或续展后启用新编号方式。企业信息码可从中国绿色食品发展中心网站"查询专栏"中获取或电话查询。

（2）2009 年 8 月 1 日后完成续展的产品，原产品包装没有用完的，经向中国绿色食品发展中心书面申请并获得书面同意后，可延期使用，但最长不超过 6 个月。

（3）过渡期截止到 2012 年 7 月 31 日。此后，所有获证产品包装上统一使用企业信息码。从 2018 年开始，产品编号中的当年获证序号由 4 位调整为 5 位。2017 年颁发的证书，产品编号中的当年获证序号如果超出 9999 的，当年获证序号自动由 4 位升到 5 位；没有超出 9999 的，继续按原产品编号制度执行。

（四）绿色食品发展现状及前景

（1）绿色食品产业规模稳步扩大，产品质量稳定可靠，品牌综合效益日益明显。截至

2017 年年底，全国已有 480 个单位（1 个地市州、262 个县、44 个农场）创建了 678 个绿色食品原料标准化生产基地，种植面积 1.64 亿亩①，总产量 1.067 亿吨，基地带动农户 2 097 万个，对接龙头企业 2 616 家。全国累计有效使用绿色食品标志的企业总数为 10 895 家，产品总数为 25 746 个，分别比 2016 年同期增长 7.7% 和 7.2%。

绿色食品中粮油、蔬菜、水果、茶叶、畜禽、水产等主要产品产量占全国同类产品总量的比重不断提高，产品结构不断优化。目前，在绿色食品产品中，农林及加工产品占 76.3%，畜禽产品占 5.2%，水产品占 2.5%，饮品占 8.8%，其他类产品占 7.2%。在绿色食品企业中，食品生产资料获证企业有 132 家（境外 2 家），绿色食品生产资料获证产品 332 个。2017 年，绿色食品产品国内年销售额 4 034 亿元，出口额 25.45 亿美元。绿色食品产地环境监测面积达到 1.52 亿亩。产品质量抽检合格率保持在 99% 以上，成为提升我国农产品质量安全水平的"排头兵"。

（2）绿色食品在国内外产生了积极的影响。在我国，绿色食品所倡导的生产和消费观念、质量标准、商标品牌已被越来越多的农户、生产加工企业和消费者接受。实践表明，开发绿色食品，既是农产品生产、加工组织方式的创新，也是食品质量安全制度的创新。发展绿色食品，对于促进各地农业生态环境建设、优质农产品加工转化增值、农民增收、区域经济发展，对于提高食品质量和安全水平以及农产品出口创汇均发挥了积极的作用。近年来，我国绿色食品已引起了国际社会关注，国际有机农业运动联盟（IFOAM）、联合国粮食与农业组织（FAO）和国际食品法典委员会（CAC）等国际组织都对我国绿色食品的发展给予了关注和肯定。

（3）发展绿色食品有利于农业结构战略性调整，有利于解决产品质量安全问题。从消费市场来看，随着城乡居民生活水平的提高，食品质量和安全问题日益受到广泛的关注，对优质、安全食品的消费需求更加迫切。近几年来，绿色食品产品一直保持 20% 以上的增长速度，在一定程度上反映了广大消费者的消费需求变化。随着绿色食品开发总量规模的扩大，绿色食品将进一步发挥在提高农产品质量安全水平方面的示范带动作用。

二、我国绿色食品标准体系

我国绿色食品标准以绿色食品科学、技术和生产实践经验的综合成果为基础，与国际先进标准接轨，适合我国现有生产条件，是绿色食品生产企业共同遵守的准则和依据。我国以"从土地到餐桌"全面质量控制为技术路线，参照 CAC 标准，欧盟标准，美国、日本等发达国家食品安全标准，IFOAM 基本标准，建立了绿色食品质量标准体系，主要包括绿色食品生态环境质量标准、生产技术标准、产品标准、产品包装、标签及贮藏、运输标准等。

绿色食品所面临的是国内和国际两个市场，根据两个市场的需求水平差异和绿色食品生产技术条件，我国分别制定了 AA 级和 A 级绿色食品标准。AA 级绿色食品标准以我国国家

---

① 1 亩 ≈ 666.67 平方米。

标准为基础，参照环境管理系列标准、IFOAM 标准、CAC 标准，结合绿色食品生产技术科技攻关成果，达到国际标准和国外先进标准水平。A 级绿色食品标准，以我国国家标准为基础，部分参照国际标准和国外先进标准，能被绿色食品生产企业普遍接受，综合技术水平优于国家标准。

绿色食品标准属于推荐性行业标准，但对于经认证的绿色食品生产企业来说，绿色食品标准是强制性标准，必须严格执行。

（一）绿色食品生态环境质量标准

绿色食品生态环境标准规定了绿色食品产地的环境大气质量、农田灌溉水质、渔业水质、畜禽养殖水质和土壤环境质量的各项指标及浓度限值，以及监测和评价方法。制定绿色食品生态环境质量标准的目的，一是强调绿色食品必须产自良好的生态环境地域，以保证绿色食品最终产品的无污染、安全性；二是促进绿色食品产地环境的保护和改善。

绿色食品生产基地应选择在无污染和生态条件良好的地区。基地选点应远离工矿区和公路铁路干线，避开污染源，同时绿色食品生产基地应具有可持续的生产能力。

产地周围不得有大气污染源，特别是上风口不能有污染源；不得有有害气体排放，生产生活用的燃煤锅炉需要除尘除硫装置。大气质量要求稳定，符合绿色食品大气环境质量标准。主要评价因子包括总悬浮微粒（TSP）、二氧化硫、氮氧化物、氟化物。

绿色食品生产用水包括农田灌溉用水、渔业用水、畜禽饮用水和食品加工用水。绿色食品产地应选择在地表水、地下水水质清洁无污染的地区，水域、水域上游没有对该产地构成威胁的污染源。绿色食品农田灌溉用水水质指标包括 pH、重金属［Hg、Cd、Pb、As、Cr(Ⅵ)］、氟化物、化学需氧量、石油类和粪大肠杆菌。绿色食品渔业水质指标包括感官（色、臭、味）、漂浮物质、pH、溶解氧、生化需氧量、重金属［Hg、Cd、Pb、Cu、As、Cr(Ⅵ)］、挥发酚、石油类和活性磷酸盐。绿色食品禽畜饮用水评价指标包括感官（色度、浑浊度、臭、味、肉眼可见物）、pH、氟化物、氰化物、重金属［As、Hg、Cd、Cr(Ⅵ)、Pb］、菌落总数和总大肠菌群。绿色食品加工用水的食用菌和食用盐生产用水水质指标包括 pH、重金属［Hg、As、Cd、Pb、Cr(Ⅵ)］、氟化物、氰化物、菌落总数和总大肠菌群。食用盐原料水包括海水、湖盐或井矿盐天然卤水，水质指标包括 Hg、As、Cd 和 Pb。

绿色食品生产要求产地土壤元素位于背景值正常区域，周围没有金属或非金属矿山，并且没有农药残留污染，同时要求有较高的土壤肥力。土壤质量主要评价因子包括 Cd、Hg、As、Pb、Cr、Cu 指标，其限量要求依据土壤的耕种方式（旱田和水田）及土壤酸碱性而有所不同。土壤肥力要求包括有机质、全氮、有机磷、速效钾和阳离子交换量，其限量要求依据土壤的耕种方式（旱地、水田、菜地和牧地）而有所不同。食用菌栽培基质指标包括 Hg、As、Cd 和 Pb。

（二）绿色食品生产技术标准

绿色食品生产过程是绿色食品质量控制的关键环节，绿色食品生产技术标准是绿色食品标准体系的核心，包括绿色食品生产资料使用准则和绿色食品生产技术操作规程两部分。

绿色食品生产资料使用准则是对生产绿色食品过程中物质投入的一个原则性规定，包括生产绿色食品的农药、肥料、食品添加剂、饲料添加剂、兽药和水产养殖药的使用原则，并对允许、限制和禁止使用的生产资料以及生产资料的使用方法、使用剂量、使用次数和休药期等进行了明确的规定。

绿色食品生产技术操作规程用于指导绿色食品生产活动，规范绿色食品生产技术，包括农产品种植、畜禽饲养、水产品养殖和食品加工等。

绿色食品生产允许使用的肥料有农家肥料（秸秆、绿肥、厩肥、堆肥、沤肥、沼肥、饼肥）、有机肥料、微生物肥料、有机–无机复混肥料、无机肥料、土壤调节剂。不应使用的肥料种类包括：添加有稀土元素的肥料，成分不明确的、含有安全隐患成分的肥料，未经发酵腐熟的人畜粪尿，生活垃圾、污泥和含有害物质（如毒气、病原微生物、重金属等）的工业垃圾，转基因品种（产品）及其副产品为原料生产的肥料，以及国家法律法规规定不得使用的肥料。

绿色食品生产中有害生物的防治应遵循以下原则：（1）以保持和优化农业生态系统为基础，建立有利于各类天敌繁衍和不利于病虫草害滋生的环境条件，提高生物多样性，维持农业生态系统的平衡。（2）优先采用农业措施，如抗病虫品种、种子种苗检疫、培育壮苗、加强栽培管理、中耕除草、耕翻晒垡、清洁田园、轮作倒茬、间作套种等。（3）尽量利用物理和生物措施，如用灯光、色彩诱杀害虫，机械捕捉害虫，释放害虫天敌，机械或人工除草等。（4）必要时合理使用低风险农药。如没有足够有效的农业、物理和生物措施，在确保人员、产品和环境安全的前提下按照规定配合使用低风险的农药。

AA级绿色食品共选出51种（类）入选的农药和植物保护产品清单。130种农药列入A级绿色食品允许使用的农药清单。绿色食品农药残留要求如下：（1）绿色食品生产中允许使用的农药，其残留量应不低于GB 2763的要求；（2）在环境中长期残留的国家明令禁用农药，其再残留量应符合GB 2763的要求；（3）其他农药的残留量不得超过0.01mg/kg，并应符合GB 2763的要求。

植物源性饲料原料应是已通过认定的绿色食品及其副产品；或来源于绿色食品原料标准化生产基地的产品及其副产品；或按照绿色食品生产方式生产、并经绿色食品工作机构认定基地生产的产品及其副产品。动物源性饲料原料只使用乳及乳制品、鱼粉，其他动物源性饲料不应使用；鱼粉应来自经国家饲料管理部门认定的产地或加工厂。不应使用转基因品种（产品）为原料生产的饲料，动物粪便，禽畜屠宰场副产品，非蛋白氮，鱼粉不应饲喂给反刍动物。饲料添加剂的使用应根据养殖动物的营养需求，按照农业部公告第1224号的推荐量合理添加和使用，尽量减少对环境的污染。不应使用含有转基因成分的品种（产品）和来源于动物蹄角及毛发生产的氨基酸。不应使用药物饲料添加剂（包括抗生素、抗寄生虫药、激素等）及制药工业副产品。矿物质饲料添加剂中应有不少于60%的种类来源于天然矿物质饲料或有机微量元素产品。

使用兽药的原则：（1）优先使用生产 AA 级绿色食品所规定的兽药。（2）优先使用农业部公告第 235 号中无最高残留限量（MRLs）要求或农业部公告第 278 号中无休药期要求的兽药。休药期是指从畜禽停止用药到允许屠宰或其产品（乳、蛋）许可上市的间隔时间。（3）可使用国务院兽医行政管理部门批准的微生态制剂、中药制剂和生物制品。（4）可使用高效、低毒和对环境污染低的消毒剂。消毒剂的环境污染包括消毒药的刺激性、腐蚀性及其他对环境的污染等危害。（5）可使用绿色食品禁止使用兽药目录之外且国家许可的抗菌药、抗寄生虫药及其他兽药。同时规定：（1）不应使用禁止使用目录中的药物以及国家规定的其他禁止在畜禽养殖过程中使用的药物。（2）不应使用药物饲料添加剂。（3）不应使用酚类消毒剂，产蛋期不应使用酚类和醛类消毒剂。（4）不应为了促进畜禽生长而使用抗菌药物、抗寄生虫药、激素或其他生长促进剂。（5）不应使用基因工程方法生产的兽药。

绿色食品渔药的使用规定：生产 AA 级绿色食品水产品的渔药按 GB/T 19630 的规定执行。生产 A 级绿色食品水产品的渔药优先选用 GB/T 19630 规定的渔药。

绿色食品食品添加剂的使用规定：生产 AA 级绿色食品可使用天然食品添加剂；生产 A 级绿色食品可使用天然食品添加剂，在这类食品添加剂不能满足生产需要的情况下，可使用除规定不应使用目录之外的化学合成食品添加剂，使用的食品添加剂应符合 GB 2760 规定的品种及其适用食品名称、最大使用量和备注。同一功能的食品添加剂（相同色泽着色剂、甜味剂、防腐剂或抗氧化剂）混合使用时，各自用量占其最大使用量的比例之和不应超过 1。复配食品添加剂（单一品种食品添加剂的物理混合）在生产过程中不应发生化学反应，不应产生新的化合物。

（三）绿色食品产品标准

绿色食品产品标准是衡量最终产品质量的尺度，反映出绿色食品生产、管理及质量控制的水平。绿色食品产品标准是在国家标准的基础上，参照国外先进标准或国际标准制定的。在检测项目和指标上，严于国家标准。对严于国家标准的项目及其指标都有文献性的科学依据或理论指导，有些还进行了试验。

绿色食品产品标准的内容包括原料要求、感官要求、理化要求、微生物学要求。

1. 原料要求

绿色食品的主要原料来自绿色食品产地，即经过绿色食品环境监测，证明符合绿色食品环境质量标准，按照绿色食品生产操作规程生产出来的产品。对于某些进口原料，例如，果蔬脆片所用的棕榈油、冰淇淋所用的黄油和奶粉，无法进行原料产地环境检测的，经中国绿色食品发展中心指定的食品监测中心按照绿色食品标准进行检验，符合标准的产品才能作为绿色食品加工原料。

2. 感官要求

包括外形、色泽、气味、口感、质地等。感官是食品给予消费者的第一感觉，感官要求是绿色食品优质性的最直观体现。绿色食品产品标准中感官要求包括定性、半定量、定量指标，其要求严于同类非绿色食品。

3. 理化要求

包括应有成分指标，如蛋白质、脂肪、糖类、维生素等，这些指标不能低于国际标准；同时还包括不应有的成分指标，如汞、铬、砷、铅、镉等重金属和六六六、DDT 等国家禁用的农药残留，要求与国外先进标准或国际标准接轨。

4. 微生物学要求

绿色食品的微生物学特征必须保持，如活性酵母、乳酸菌等，这是产品质量的基础。而微生物污染指标必须加以相当或严于国家标准的限定，如菌落总数、大肠菌群、致病菌（金黄色葡萄球菌、乙性链球菌、志贺氏菌及沙门氏菌）、粪便大肠杆菌、霉菌等。

（四）绿色食品包装标签标准

绿色食品包装标签标准规定了绿色食品包装材料选用的范围、种类、包装上的标志内容等，要求产品包装从原料、产品制造、使用、回收和废弃的整个过程都应有利于食品安全和环境保护，包括包装材料的安全和牢固性、节省资源和能源、减少或避免废弃物产生、易回收循环利用、可降解等方面的具体要求和内容。

绿色食品的产品标签除要求符合 GB 7718 外，还要符合《中国绿色食品商标标志设计使用规范手册》的规定，该手册对绿色食品的标准图形、标准字形、图形和字体的规范组合、标准色、广告用语以及在产品包装标签上的规范应用均进行了具体规定。

（五）绿色食品贮藏、运输标准

绿色食品贮藏、运输标准规定了绿色食品贮运的条件、方法，以保证绿色食品在贮运过程中不遭受污染、不改变品质，并有利于环保、节能。

（六）绿色食品其他相关标准

这类标准包括绿色食品生产资料认定标准、绿色食品生产基地认定标准等。这些标准都是促进绿色食品质量控制管理的辅助标准。

三、绿色食品认证

（一）绿色食品申请人条件

《绿色食品标志管理办法》（农业部 2012 年第 6 号）规定，申请使用绿色食品标志的生产单位（以下简称申请人），应当具备下列条件：

（1）能够独立承担民事责任；

（2）具有绿色食品生产的环境条件和生产技术；

（3）具有完善的质量管理和质量保证体系；

（4）具有与生产规模相适应的生产技术人员和质量控制人员；

（5）具有稳定的生产基地；

（6）申请前三年内无质量安全事故和不良诚信记录。

（二）绿色食品申请产品条件

按国家商标类别划分的第5、29、30、31、32、33类中的大多数产品均可申报。《既是食品又是药品的物品名单》中的产品均可申报，如紫苏、白果、金银花等。暂不受理产品中可能含有、加工过程中可能产生或添加有害物质的产品的申报，如蕨菜、方便面、火腿肠、叶菜类酱菜。暂不受理作用机理不清的产品，如减肥茶等的申报。绿色食品拒绝转基因技术，由转基因原料生产（饲养）加工的任何产品均不受理申报。

国家商标分类中第5类主要产品：药品，医用和兽医用制剂，医用卫生制剂，医用或兽医用营养食物和物质，婴儿食品，人用和动物用膳食补充剂，膏药，绷敷材料，填塞牙孔用料，牙科用蜡，消毒剂，消灭有害动物制剂，杀真菌剂，除莠剂。

国家商标分类中第29类主要产品：肉，鱼，家禽和野味，肉汁，腌渍、冷冻、干制及煮熟的水果和蔬菜，果冻，果酱，蜜饯，蛋，奶和奶制品，食用油和油脂。

国家商标分类中第30类主要产品：咖啡，茶，可可和咖啡代用品，米，食用淀粉和西米，面粉和谷类制品，面包、糕点和甜食，食用冰，糖，蜂蜜，糖浆，鲜酵母，发酵粉，食盐，芥末，醋，沙司（调味品），冰（冻结的水）。

国家商标分类中第31类主要产品：未加工的农业、水产养殖业、园艺、林业产品，未加工的谷物和种子，新鲜水果和蔬菜，新鲜芳香草本植物，草本和花卉，种植用球茎、幼苗和种子，活动物，动物的饮食，麦芽。

国家商标分类中第32类主要产品：啤酒，矿泉水和汽水以及其他不含酒精的饮料，水果饮料及果汁，糖浆及其他制饮料用的制剂。

国家商标分类中第33类主要产品：含酒精的饮料（啤酒除外）。

（三）绿色食品认证程序

绿色食品认证包括认证申请、受理及文件审查、现场检查、产品抽样、环境监测、产品检测、认证审核、认证评审及结论、颁证等程序。

第四节　无公害农产品认证

一、无公害农产品概述

（一）无公害农产品的产生背景

无公害农产品是伴随着环境问题与食品安全问题而产生的。"公害"一词来源于世界环境保护运动兴起之时的公害事件。

1980—2000 年，我国农业生产普遍存在以农产品增产、高产为目标，注重农业投入的产量效应而忽视环境效应的倾向。农业集约化水平的提高，化肥、农药等农用化学品的大量投入，导致农业环境污染日趋严重，生态环境不断恶化，农产品安全性问题日益突出。

20 世纪 90 年代，对农产品污染的调查表明，我国农产品化学污染超标率已相当高。有关部门组织的调查监测结果表明，主要农产品（包括粮、果、菜、肉、蛋、奶等）均有农药、重金属和亚硝酸盐的污染超标现象，造成的经济损失估计超过 100 亿元。我国农产品质量安全存在着严重的隐患，时常发生的食品安全问题不但严重损害了消费者的合法权益，直接威胁消费者的生命安全，而且影响我国优势农产品的出口贸易，严重制约我国农产品的出口创汇以及加入 WTO 后的国际竞争能力，已到了非治理不可的地步。长期不合理使用农药、化肥和外源激素，也增加了农业生产成本，降低了农业生产效益。正是在这种背景下，农业部于 2001 年启动了"无公害食品行动计划"，目的是基本实现食用农产品无公害生产，保障消费安全，使质量安全指标达到发达国家或地区的中等水平。通过多年的努力，我国无公害农产品总量规模不断扩大，为保障我国农产品质量安全发挥了重要作用。据统计，截至 2017 年年底，全国有效期内无公害农产品达到 89 431 个，生产主体 43 171 家。

（二）无公害农产品的概念

无公害农产品是指产地环境、生产过程、产品质量符合国家有关标准和规范的要求，经认证合格获得认证证书，并允许使用无公害农产品标志的未经加工或初加工的食用农产品。

广义的无公害农产品包括有机农产品、自然食品、生态食品、绿色食品、无污染食品等。除有机农产品外，这类产品生产过程中允许限量、限品种、限时间地使用人工合成的安全的化学农药、兽药、肥料、饲料添加剂等。

（三）无公害农产品标志

2002 年 11 月 25 日之前，由于认证机构不同，山东、湖南、黑龙江、天津、广东、江苏、湖北等地先后分别制定了各自的无公害农产品标志。

2002 年 11 月 25 日，农业部、国家认证认可监督管理委员会联合制定了《无公害农产品标志管理办法》，规定了全国统一的无公害农产品认证标志，见图 9-9。无公害农产品标志图案主要由麦穗、对钩和无公害农产品字样组成，标志整体为绿色，其中麦穗与对钩为金色。绿色象征环保和安全，金色寓意成熟和丰收，麦穗代表农产品，对钩表示合格。

图 9-9　无公害农产品标志

无公害农产品标志直径规格分为五种，分别为 10mm、15mm、20mm、30mm、60mm。

二、无公害食品标准体系

无公害食品标准以全程质量控制为核心，主要包括产地环境质量标准、生产技术标准和产品标准。无公害食品标准主要参考绿色食品标准的框架制定。无公害食品行业标准是无公害农产品认证的主要依据。

（一）无公害食品产地环境质量标准

产地环境中的污染物通过空气、水体和土壤等环境要素直接或间接地影响产品的质量。因此，无公害食品产地环境质量标准对产地农业灌溉水质、渔业水质和土壤等的各项指标以及浓度限值作出规定：一是强调无公害食品必须产自良好的生态环境地域，以保证无公害食品最终产品的无污染、安全；二是促进对无公害食品产地环境的保护和改善。

无公害食品产地环境质量标准与绿色食品产地环境质量标准的主要区别是：无公害食品对同一类产品不同品种制定了不同的环境标准，而这些环境标准之间没有或只有很小的差异，其指标主要参考了绿色食品产地环境质量标准；绿色食品是对同一类产品制定一个通用的环境标准，可操作性更强。

2016 年，农产品产地环境条件标准调整为种植业产地环境条件、淡水养殖产地环境条件，以及海水养殖用水水质标准。

1.《无公害农产品　种植业产地环境条件》（NY/T 5010—2016）

标准规定了灌溉水质量要求。同时规定，可根据当地无公害农产品种植业产地环境的特点和灌溉水的来源特性选择相应的补充监测项目。

食用菌生产用水各项监测指标应符合 GB 5749 的要求，不得随意加入药剂、肥料或成分不明的物质。

土壤环境质量监测指标分基本指标和选测指标，其中基本指标为总汞、总砷、总镉、总铅、总铬 5 项，选测指标为总铜、总镍、邻苯二甲酸酯类总量 3 项。

各项监测指标应符合 GB 15618 的要求。对实行水旱轮作、菜粮套种或果粮套种等种植方式的农地，执行其中较低标准值的一项作物的标准值。

食用菌栽培基质需严格按照高温高压灭菌、常压灭菌、前后发酵、覆土消毒等生产工艺进行处理。需经灭菌处理的，灭菌后的基质应达到无菌状态；需经发酵处理的，应发酵全面、均匀。食用菌栽培生产用土应采用天然的、未受污染的泥炭土、草炭土、林地腐殖土或农田耕作层以下的壤土，其总汞、总砷、总镉、总铅指标应符合 GB 15618 的要求。

2.《无公害农产品　淡水养殖产地环境条件》（NY/T 5361—2016）、《无公害食品　海水养殖用水水质》（NY 5052—2001）

淡水养殖地应是生态环境良好，无或不直接受工业"三废"及农业、城镇生活、医疗废弃物污染的水（地）域。养殖地域内及风向、灌溉水源上游没有对产地环境构成威胁的污染源，包括工业"三废"、农业废弃物、医疗机构污水等。底质应无工业废弃物和生活垃圾，无大型植物碎屑和动物尸体；底质无异色、异臭，自然结构。淡水养殖用水水质应符合标准要求。

海水养殖水质指标包括大肠菌群、粪大肠菌群、氰化物、总铬、铜、锌、硒、六六六、滴滴涕、马拉硫磷等。

（二）无公害食品生产技术标准

无公害食品生产过程的控制是无公害食品质量控制的关键环节。无公害食品生产技术操作规程按作物种类、畜禽种类等和不同农业区域的生产特性分别制定，用于指导无公害食品生产活动，规范无公害食品生产，包括农产品种植、畜禽饲养、水产养殖和食品加工等生产技术规程、生产质量安全控制技术规范、渔药和兽药使用准则、畜禽防疫准则、畜禽饲料和饲料添加剂使用准则、畜禽饮用水水质、肥料安全要求和加工生产管理规范等。

无公害农产品的生产管理应当符合下列条件：

（1）生产过程符合无公害农产品生产技术的标准要求；

（2）有相应的专业技术和管理人员；

（3）有完善的质量控制措施，并有完整的生产和销售记录档案。

从事无公害农产品生产的单位或者个人，应当严格按规定使用农业投入品。禁止使用国家禁用、淘汰的农业投入品。

无公害农产品产地应当树立标示牌，标明范围、产品品种、责任人。

无公害食品生产技术标准与绿色食品生产技术标准的主要区别是：无公害食品生产技术标准主要是无公害食品生产技术规程标准，只有部分产品有生产资料使用准则，其生产技术规程标准在产品认证时仅供参考；绿色食品生产技术标准包括了绿色食品生产资料使用准则和绿色食品生产技术操作规程两部分，是绿色食品的核心标准。

（三）无公害食品产品标准

无公害食品产品标准是衡量无公害食品最终产品质量的尺度，由农业行业标准和地方标准组成。

无公害食品产品标准与绿色食品产品标准的卫生指标差异很大，绿色食品产品卫生指标明显严于无公害食品产品卫生指标。以黄瓜为例：无公害食品卫生指标 11 项，绿色食品卫生指标 18 项；无公害食品卫生要求敌敌畏含量 $\leqslant 0.2mg/kg$，绿色食品卫生要求敌敌畏含量 $\leqslant 0.1mg/kg$。另外，绿色食品中对蔬菜规定了感官和营养指标的具体要求，而无公害食品则没有相关规定。绿色食品有包装通用准则，无公害食品则没有。

三、无公害农产品认证

为统一全国无公害农产品标志、无公害农产品产地认定及产品认证程序，农业部于 2003 年 4 月推出了无公害农产品国家认证，现已将协调指导地方开展无公害农产品认证工作职责划转到中国绿色食品发展中心。目前，由农业农村部统一制定无公害农产品的标准规范、检测目录及参数，中国绿色食品发展中心负责无公害农产品的标志式样、证书格式、审核规范、检测机构的统一管理。

无公害农产品管理工作由政府推动，将无公害农产品认定审核、专家评审、颁发证书和证后监管等职责全部由省级农业农村行政部门承担。无公害农产品产地认定与产品认证工作合二为一，实行产品认定的工作模式。

第五节　食品生产许可管理

《中华人民共和国食品安全法》第三十五条规定：国家对食品生产经营实行许可制度。从事食品生产、食品销售、餐饮服务，应当依法取得许可。

为规范食品、食品添加剂生产许可活动，加强食品生产监督管理，保障食品安全，2015 年 8 月 31 日，国家食品药品监督管理总局公布了《食品生产许可管理办法》，2015 年 10 月 1 日起施行，2017 年 11 月 7 日修正。《食品生产许可管理办法》规定，在中华人民共和国境内，从事食品生产活动，应当依法取得食品生产许可。食品生产许可实行一企一证原则，即同一个食品生产者从事食品生产活动，应当取得一个食品生产许可证。

一、申请与受理

1. 申请

申请食品生产许可，应当先行取得营业执照等合法主体资格。企业法人、合伙企业、个人独资企业、个体工商户等，以营业执照载明的主体作为申请人。

申请食品生产许可，应当按照以下食品类别提出：粮食加工品，食用油、油脂及其制品，调味品，肉制品，乳制品，饮料，方便食品，饼干，罐头，冷冻饮品，速冻食品，薯类和膨化食品，糖果制品，茶叶及相关制品，酒类，蔬菜制品，水果制品，炒货食品及坚果制品，蛋制品，可可及焙烤咖啡产品，食糖，水产制品，淀粉及淀粉制品，糕点，豆制品，蜂产品，保健食品，特殊医学用途配方食品，婴幼儿配方食品，特殊膳食食品，其他食品等。

申请食品生产许可，应当符合下列条件：

（1）具有与生产的食品品种、数量相适应的食品原料处理和食品加工、包装、贮存等场所，保持该场所环境整洁，并与有毒、有害场所以及其他污染源保持规定的距离。

（2）具有与生产的食品品种、数量相适应的生产设备或者设施，有相应的消毒、更衣、盥洗、采光、照明、通风、防腐、防尘、防蝇、防鼠、防虫、洗涤以及处理废水、存放垃圾和废弃物的设备或者设施；保健食品生产工艺有原料提取、纯化等前处理工序的，需要具备与生产的品种、数量相适应的原料前处理设备或者设施。

（3）有专职或者兼职的食品安全管理人员和保证食品安全的规章制度。

（4）具有合理的设备布局和工艺流程，防止待加工食品与直接入口食品、原料与成品交叉污染，避免食品接触有毒物、不洁物。

（5）法律、法规规定的其他条件。

申请食品生产许可，应当提交食品生产许可申请书、食品生产设备布局图和食品生产工艺流程图等材料。

申请保健食品、特殊医学用途配方食品、婴幼儿配方食品的生产许可，还应当提交与所生产食品相适应的生产质量管理体系文件以及相关注册和备案文件。

从事食品添加剂生产活动，应当依法取得食品添加剂生产许可。申请食品添加剂生产许可，应当具备与所生产食品添加剂品种相适应的场所、生产设备或者设施、食品安全管理人员、专业技术人员和管理制度。

申请食品添加剂生产许可，应当提交食品添加剂生产许可申请书、食品添加剂生产设备布局图等材料。

申请人应当如实向食品药品监督管理部门提交有关材料和反映真实情况，对申请材料的真实性负责，并在申请书等材料上签名或者盖章。

2. 受理

县级以上地方市场监督管理部门对申请人提出的食品生产许可申请，应当根据下列情况分别作出处理：

（1）申请事项依法不需要取得食品生产许可的，应当即时告知申请人不受理。

（2）申请事项依法不属于市场监督管理部门职权范围的，应当即时作出不予受理的决定，并告知申请人向有关行政机关申请。

（3）申请材料存在可以当场更正的错误的，应当允许申请人当场更正，由申请人在更正处签名或者盖章，注明更正日期。

（4）申请材料不齐全或者不符合法定形式的，应当当场或者在规定工作日内一次告知申请人需要补正的全部内容。当场告知的，应当将申请材料退回申请人；在规定工作日内告知的，应当收取申请材料并出具收到申请材料的凭据。逾期不告知的，自收到申请材料之日起即为受理。

（5）申请材料齐全、符合法定形式，或者申请人按照要求提交全部补正材料的，应当受理食品生产许可申请。

县级以上地方市场监督管理部门对申请人提出的申请决定予以受理的，应当出具受理通知书；决定不予受理的，应当出具不予受理通知书，说明不予受理的理由，并告知申请人依法享有申请行政复议或者提起行政诉讼的权利。

二、审查与决定

县级以上地方市场监督管理部门应当对申请人提交的申请材料进行审查。需要对申请材料的实质内容进行核实的，应当进行现场核查。

在食品生产许可现场核查时,可以根据食品生产工艺流程等要求,核查试制食品检验合格报告。在食品添加剂生产许可现场核查时,可以根据食品添加剂品种特点,核查试制食品添加剂检验报告和复配食品添加剂配方等。

现场核查应当由符合要求的核查人员进行。核查人员不得少于 2 人。

申请保健食品、特殊医学用途配方食品、婴幼儿配方乳粉生产许可,在产品注册时经过现场核查的,可以不再进行现场核查。

核查人员应当自接受现场核查任务之日起规定工作日内,完成对生产场所的现场核查。

除可以当场作出行政许可决定的外,县级以上地方市场监督管理部门应当自受理申请之日起规定工作日内作出是否准予行政许可的决定。对符合条件的,作出准予生产许可的决定,并自作出决定之日起规定工作日内向申请人颁发食品生产许可证;对不符合条件的,应当及时作出不予许可的书面决定并说明理由,同时告知申请人依法享有申请行政复议或者提起行政诉讼的权利。

食品添加剂生产许可申请符合条件的,由申请人所在地县级以上地方市场监督管理部门依法颁发食品生产许可证,并标注食品添加剂。

食品生产许可证发证日期为许可决定作出的日期,有效期为 5 年。

三、食品许可证管理

1. 证书式样

食品生产许可证分为正本、副本。正本、副本具有同等法律效力。

食品生产许可证应当载明:生产者名称、社会信用代码、法定代表人(负责人)、住所、生产地址、食品类别、许可证编号、有效期、发证机关、发证日期和二维码。副本还应当载明食品明细。生产保健食品、特殊医学用途配方食品、婴幼儿配方食品的,还应当载明产品或者产品配方的注册号或者备案登记号;接受委托生产保健食品的,还应当载明委托企业名称及住所等相关信息。

2. 食品生产许可证编号

食品生产许可证编号由 SC("生产"的汉语拼音字母缩写)和 14 位阿拉伯数字组成。数字从左至右依次为:3 位食品类别编码、2 位省(自治区、直辖市)代码、2 位市(地)代码、2 位县(区)代码、4 位顺序码、1 位校验码。

食品生产者不得伪造、涂改、出租、出借、转让食品生产许可证。

四、变更、延续与注销

1. 变更

食品生产许可证有效期内,现有设备布局和工艺流程、主要生产设备设施、食品类别等事项发生变化,需要变更食品生产许可证载明的许可事项的,食品生产者应当在变化后 10 个工作日内提出变更申请。

食品生产者的生产场所发生迁址的，应当重新申请食品生产许可。

食品生产许可证副本载明的同一食品类别内的事项发生变化的，食品生产者应当在变化后 10 个工作日内报告。

申请变更食品生产许可的，应当提交下列申请材料：

（1）食品生产许可变更申请书；

（2）与变更食品生产许可事项有关的其他材料。

市场监督管理部门决定准予变更的，应当向申请人颁发新的食品生产许可证。食品生产许可证编号不变，发证日期为作出变更许可决定的日期，有效期与原证书一致。因迁址等原因而进行全面现场核查的，其换发的食品生产许可证有效期自发证之日起计算。

2. 延续

食品生产者需要延续依法取得的食品生产许可的有效期的，应当在该食品生产许可有效期届满规定工作日前提出申请。

食品生产者申请延续食品生产许可，应当提交下列材料：

（1）食品生产许可延续申请书；

（2）与延续食品生产许可事项有关的其他材料。

市场监督管理部门决定准予延续的，应当向申请人颁发新的食品生产许可证，许可证编号不变，有效期自作出延续许可决定之日起计算。

3. 注销

食品生产者终止食品生产，食品生产许可被撤回、撤销，应当在规定工作日内申请办理注销手续。食品生产者申请注销食品生产许可的，应当提交食品生产许可注销申请书。

五、监督检查

国家市场监督管理总局可以定期或者不定期组织对全国食品生产许可工作进行监督检查。县级以上地方市场监督管理部门应当依据法律法规规定的职责，对食品生产者的许可事项进行监督检查。

食品生产许可颁发、许可事项检查、日常监督检查、许可违法行为查处等情况记入食品生产者食品安全信用档案，并向社会公布；对有不良信用记录的食品生产者增加监督检查频次。建立食品生产许可档案管理制度，将办理食品生产许可的有关材料、发证情况及时归档。

六、法律责任

未取得食品生产许可从事食品生产活动的，由县级以上地方市场监督管理部门依照《中华人民共和国食品安全法》的规定给予处罚。

许可申请人隐瞒真实情况或者提供虚假材料申请食品生产许可的，给予警告，申请人在 1 年内不得再次申请食品生产许可。被许可人以欺骗、贿赂等不正当手段取得食品生产许可的，撤销许可，并处 1 万元以上 3 万元以下罚款，被许可人在 3 年内不得再次申请食品生产许可。

食品生产者伪造、涂改、倒卖、出租、出借、转让食品生产许可证的，责令改正，给予警告，并处 1 万元以下罚款；情节严重的，处 1 万元以上 3 万元以下罚款。

食品生产许可证副本载明的同一食品类别内的事项发生变化，食品生产者未按规定报告的，或者食品生产者终止食品生产，食品生产许可被撤回、撤销或者食品生产许可证被吊销，未按规定申请办理注销手续的，责令改正；拒不改正的，给予警告，并处罚款。

被吊销生产许可证的食品生产者及其法定代表人、直接负责的主管人员和其他直接责任人员自处罚决定作出之日起 5 年内不得申请食品生产经营许可，或者从事食品生产经营管理工作、担任食品生产经营企业食品安全管理人员。

第六节 食品经营许可管理

为规范食品经营许可活动，加强食品经营监督管理，保障食品安全，根据《中华人民共和国食品安全法》《中华人民共和国行政许可法》等法律法规，2015 年 8 月 31 日，国家食品药品监督管理总局公布了《食品经营许可管理办法》，自 2015 年 10 月 1 日起施行，2017 年 11 月 7 日修正。在中华人民共和国境内，从事食品销售和餐饮服务活动，应当依法取得食品经营许可。食品经营许可应当遵循依法、公开、公平、公正、便民、高效的原则。食品经营许可的申请、受理、审查、决定及其监督检查，适用《食品经营许可管理办法》。

一、食品经营主体业态和经营项目分类

1. 食品经营主体业态分类

食品经营主体业态分为食品销售经营者、餐饮服务经营者、单位食堂。食品经营者申请通过网络经营、建立中央厨房或者从事集体用餐配送的，应当在主体业态后以括号标注。

2. 食品经营项目分类

食品经营项目分为预包装食品销售（含冷藏冷冻食品、不含冷藏冷冻食品）、散装食品销售（含冷藏冷冻食品、不含冷藏冷冻食品）、特殊食品销售（保健食品、特殊医学用途配方食品、婴幼儿配方乳粉、其他婴幼儿配方食品）、其他类食品销售；热食类食品制售、冷食类食品制售、生食类食品制售、糕点类食品制售、自制饮品制售、其他类食品制售等。

列入其他类食品销售和其他类食品制售的具体品种应当报批后执行，并明确标注。具有热、冷、生、固态、液态等多种情形，难以明确归类的食品，可以按照食品安全风险等级最高的情形进行归类。

二、食品经营许可申请与受理

食品经营许可实行一地一证原则，即食品经营者在一个经营场所从事食品经营活动，应

当取得一个食品经营许可证。

1. 食品经营许可申请

申请食品经营许可，应当先行取得营业执照等合法主体资格。企业法人、合伙企业、个人独资企业、个体工商户等，以营业执照载明的主体作为申请人。机关、事业单位、社会团体、民办非企业单位、企业等申办单位食堂，以机关或者事业单位法人登记证、社会团体登记证或者营业执照等载明的主体作为申请人。

申请食品经营许可，应当符合下列条件：

（1）具有与经营的食品品种、数量相适应的食品原料处理和食品加工、销售、贮存等场所，保持该场所环境整洁，并与有毒、有害场所以及其他污染源保持规定的距离；

（2）具有与经营的食品品种、数量相适应的经营设备或者设施，有相应的消毒、更衣、盥洗、采光、照明、通风、防腐、防尘、防蝇、防鼠、防虫、洗涤以及处理废水、存放垃圾和废弃物的设备或者设施；

（3）有专职或者兼职的食品安全管理人员和保证食品安全的规章制度；

（4）具有合理的设备布局和工艺流程，防止待加工食品与直接入口食品、原料与成品交叉污染，避免食品接触有毒物、不洁物；

（5）法律、法规规定的其他条件。

申请食品经营许可，应当提交下列材料：

（1）食品经营许可申请书；

（2）营业执照或者其他主体资格证明文件复印件；

（3）与食品经营相适应的主要设备设施布局、操作流程等文件；

（4）食品安全自查、从业人员健康管理、进货查验记录、食品安全事故处置等保证食品安全的规章制度。利用自动售货设备从事食品销售的，申请人还应当提交自动售货设备的产品合格证明、具体放置地点，经营者名称、住所、联系方式、食品经营许可证的公示方法等材料。申请人委托他人办理食品经营许可申请的，代理人应当提交授权委托书以及代理人的身份证明文件。

2. 受理

县级以上地方食品药品监督管理部门对申请人提出的食品经营许可申请，应当根据下列情况分别作出处理：

（1）申请事项依法不需要取得食品经营许可的，应当即时告知申请人不受理。

（2）申请事项依法不属于食品药品监督管理部门职权范围的，应当即时作出不予受理的决定，并告知申请人向有关行政机关申请。

（3）申请材料存在可以当场更正的错误的，应当允许申请人当场更正，由申请人在更正处签名或者盖章，注明更正日期。

（4）申请材料不齐全或者不符合法定形式的，应当当场或者在5个工作日内一次告知申请人需要补正的全部内容。当场告知的，应当将申请材料退回申请人；在5个工作日内告知的，应当收取申请材料并出具收到申请材料的凭据。逾期不告知的，自收到申请材料之日起即为受理。

（5）申请材料齐全、符合法定形式，或者申请人按照要求提交全部补正材料的，应当受理食品经营许可申请。

县级以上地方食品药品监督管理部门对申请人提出的申请决定予以受理的，应当出具受理通知书；决定不予受理的，应当出具不予受理通知书，说明不予受理的理由，并告知申请人依法享有申请行政复议或者提起行政诉讼的权利。

三、审查与决定

县级以上地方食品药品监督管理部门应当对申请人提交的许可申请材料进行审查。需要对申请材料的实质内容进行核实的，应当进行现场核查。仅申请预包装食品销售（不含冷藏冷冻食品）的，以及食品经营许可变更不改变设施和布局的，可以不进行现场核查。

现场核查应当由符合要求的核查人员进行。核查人员不得少于 2 人。核查人员应当出示有效证件，填写食品经营许可现场核查表，制作现场核查记录，经申请人核对无误后，由核查人员和申请人在核查表和记录上签名或者盖章。申请人拒绝签名或者盖章的，核查人员应当注明情况。

食品药品监督管理部门可以委托下级食品药品监督管理部门，对受理的食品经营许可申请进行现场核查。

核查人员应当自接受现场核查任务之日起 10 个工作日内，完成对经营场所的现场核查。

除可以当场作出行政许可决定的外，县级以上地方食品药品监督管理部门应当自受理申请之日起 20 个工作日内作出是否准予行政许可的决定。因特殊原因需要延长期限的，经本行政机关负责人批准，可以延长 10 个工作日，并应当将延长期限的理由告知申请人。

县级以上地方食品药品监督管理部门应当根据申请材料审查和现场核查等情况，对符合条件的，作出准予经营许可的决定，并自作出决定之日起 10 个工作日内向申请人颁发食品经营许可证；对不符合条件的，应当及时作出不予许可的书面决定并说明理由，同时告知申请人依法享有申请行政复议或者提起行政诉讼的权利。

四、食品经营许可证管理

食品经营许可证分为正本、副本。正本、副本具有同等法律效力。

食品经营许可证应当载明：经营者名称、社会信用代码（个体经营者为身份证号码）、法定代表人（负责人）、住所、经营场所、主体业态、经营项目、许可证编号、有效期、日常监督管理机构、日常监督管理人员、投诉举报电话、发证机关、签发人、发证日期和二维码。在经营场所外设置仓库（包括自有和租赁）的，还应当在副本中载明仓库具体地址。

食品经营许可证编号由 JY（"经营"的汉语拼音字母缩写）和 14 位阿拉伯数字组成。数字从左至右依次为：1 位主体业态代码、2 位省（自治区、直辖市）代码、2 位市（地）

代码、2 位县（区）代码、6 位顺序码、1 位校验码。食品经营许可证发证日期为许可决定作出的日期，有效期为 5 年。

五、变更、延续、补办与注销

1. 变更、延续

食品经营许可证载明的许可事项发生变化的，食品经营者应当在变化后 10 个工作日内申请变更经营许可。经营场所发生变化的，应当重新申请食品经营许可。外设仓库地址发生变化的，食品经营者应当在变化后 10 个工作日内报告。

食品经营者需要延续依法取得的食品经营许可的有效期的，应当在该食品经营许可有效期届满规定工作日前提出申请。

2. 补办

食品经营许可证遗失、损坏的，应当申请补办。材料符合要求的，县级以上地方食品药品监督管理部门应当在受理后 20 个工作日内予以补发。因遗失、损坏补发的食品经营许可证，许可证编号不变，发证日期和有效期与原证书保持一致。

3. 注销

食品经营者终止食品经营，食品经营许可被撤回、撤销或者食品经营许可证被吊销的，应当在 30 个工作日内申请办理注销手续。食品经营许可被注销的，许可证编号不得再次使用。

六、监督检查

县级以上地方食品药品监督管理部门应当依据法律法规规定的职责，对食品经营者的许可事项进行监督检查。应当建立食品许可管理信息平台，便于公民、法人和其他社会组织查询。应当将食品经营许可颁发、许可事项检查、日常监督检查、许可违法行为查处等情况记入食品经营者食品安全信用档案，并依法向社会公布；对有不良信用记录的食品经营者应当增加监督检查频次。

县级以上地方食品药品监督管理部门日常监督管理人员负责所管辖食品经营者许可事项的监督检查，必要时，应当依法对相关食品仓储、物流企业进行检查。日常监督管理人员应当按照规定的频次对所管辖的食品经营者实施全覆盖检查。

县级以上地方食品药品监督管理部门及其工作人员履行食品经营许可管理职责，应当自觉接受食品经营者和社会监督。接到有关工作人员在食品经营许可管理过程中存在违法行为的举报，食品药品监督管理部门应当及时进行调查核实。情况属实的，应当立即纠正。

县级以上地方食品药品监督管理部门应当建立食品经营许可档案管理制度，将办理食品经营许可的有关材料、发证情况及时归档。国家食品药品监督管理总局可以定期或者不定期组织对全国食品经营许可工作进行监督检查；省、自治区、直辖市食品药品监督管理部门可以定期或者不定期组织对本行政区域内的食品经营许可工作进行监督检查。

七、法律责任

未取得食品经营许可从事食品经营活动的，由县级以上地方食品药品监督管理部门依照《中华人民共和国食品安全法》的规定给予处罚。

许可申请人隐瞒真实情况或者提供虚假材料申请食品经营许可的，由县级以上地方食品药品监督管理部门给予警告。申请人在1年内不得再次申请食品经营许可。被许可人以欺骗、贿赂等不正当手段取得食品经营许可的，由原发证的食品药品监督管理部门撤销许可，并处1万元以上3万元以下罚款。被许可人在3年内不得再次申请食品经营许可。

食品经营者伪造、涂改、倒卖、出租、出借、转让食品经营许可证的，由县级以上地方食品药品监督管理部门责令改正，给予警告，并处1万元以下罚款；情节严重的，处1万元以上3万元以下罚款。食品经营者未按规定在经营场所的显著位置悬挂或者摆放食品经营许可证的，由县级以上地方食品药品监督管理部门责令改正；拒不改正的，给予警告。食品经营许可证载明的许可事项发生变化，食品经营者未按规定申请变更经营许可的，由原发证的食品药品监督管理部门责令改正，给予警告；拒不改正的，处2000元以上1万元以下罚款。食品经营者外设仓库地址发生变化，未按规定报告的，或者食品经营者终止食品经营，食品经营许可被撤回、撤销或者食品经营许可证被吊销，未按规定申请办理注销手续的，由原发证的食品药品监督管理部门责令改正；拒不改正的，给予警告，并处2000元以下罚款。

被吊销经营许可证的食品经营者及其法定代表人、直接负责的主管人员和其他直接责任人员自处罚决定作出之日起5年内不得申请食品生产经营许可，或者从事食品生产经营管理工作、担任食品生产经营企业食品安全管理人员。食品药品监督管理部门对不符合条件的申请人准予许可，或者超越法定职权准予许可的，依照《中华人民共和国食品安全法》的规定给予处分。

附　录

附录1　中华人民共和国食品安全法

（2009 年 2 月 28 日第十一届全国人民代表大会常务委员会第七次会议通过　2015 年 4 月 24 日第十二届全国人民代表大会常务委员会第十四次会议修订　根据 2018 年 12 月 29 日第十三届全国人民代表大会常务委员会第七次会议《关于修改〈中华人民共和国产品质量法〉等五部法律的决定》修正）

第一章　总　则

第一条　为了保证食品安全，保障公众身体健康和生命安全，制定本法。

第二条　在中华人民共和国境内从事下列活动，应当遵守本法：

（一）食品生产和加工（以下称食品生产），食品销售和餐饮服务（以下称食品经营）；

（二）食品添加剂的生产经营；

（三）用于食品的包装材料、容器、洗涤剂、消毒剂和用于食品生产经营的工具、设备（以下称食品相关产品）的生产经营；

（四）食品生产经营者使用食品添加剂、食品相关产品；

（五）食品的贮存和运输；

（六）对食品、食品添加剂、食品相关产品的安全管理。

供食用的源于农业的初级产品（以下称食用农产品）的质量安全管理，遵守《中华人民共和国农产品质量安全法》的规定。但是，食用农产品的市场销售、有关质量安全标准的制定、有关安全信息的公布和本法对农业投入品作出规定的，应当遵守本法的规定。

第三条　食品安全工作实行预防为主、风险管理、全程控制、社会共治，建立科学、严格的监督管理制度。

第四条　食品生产经营者对其生产经营食品的安全负责。

食品生产经营者应当依照法律、法规和食品安全标准从事生产经营活动，保证食品安全，诚信自律，对社会和公众负责，接受社会监督，承担社会责任。

第五条　国务院设立食品安全委员会，其职责由国务院规定。

国务院食品安全监督管理部门依照本法和国务院规定的职责，对食品生产经营活动实施监督管理。

国务院卫生行政部门依照本法和国务院规定的职责，组织开展食品安全风险监测和风险评估，会同国务院食品安全监督管理部门制定并公布食品安全国家标准。

国务院其他有关部门依照本法和国务院规定的职责，承担有关食品安全工作。

第六条 县级以上地方人民政府对本行政区域的食品安全监督管理工作负责，统一领导、组织、协调本行政区域的食品安全监督管理工作以及食品安全突发事件应对工作，建立健全食品安全全程监督管理工作机制和信息共享机制。

县级以上地方人民政府依照本法和国务院的规定，确定本级食品安全监督管理、卫生行政部门和其他有关部门的职责。有关部门在各自职责范围内负责本行政区域的食品安全监督管理工作。

县级人民政府食品安全监督管理部门可以在乡镇或者特定区域设立派出机构。

第七条 县级以上地方人民政府实行食品安全监督管理责任制。上级人民政府负责对下一级人民政府的食品安全监督管理工作进行评议、考核。县级以上地方人民政府负责对本级食品安全监督管理部门和其他有关部门的食品安全监督管理工作进行评议、考核。

第八条 县级以上人民政府应当将食品安全工作纳入本级国民经济和社会发展规划，将食品安全工作经费列入本级政府财政预算，加强食品安全监督管理能力建设，为食品安全工作提供保障。

县级以上人民政府食品安全监督管理部门和其他有关部门应当加强沟通、密切配合，按照各自职责分工，依法行使职权，承担责任。

第九条 食品行业协会应当加强行业自律，按照章程建立健全行业规范和奖惩机制，提供食品安全信息、技术等服务，引导和督促食品生产经营者依法生产经营，推动行业诚信建设，宣传、普及食品安全知识。

消费者协会和其他消费者组织对违反本法规定，损害消费者合法权益的行为，依法进行社会监督。

第十条 各级人民政府应当加强食品安全的宣传教育，普及食品安全知识，鼓励社会组织、基层群众性自治组织、食品生产经营者开展食品安全法律、法规以及食品安全标准和知识的普及工作，倡导健康的饮食方式，增强消费者食品安全意识和自我保护能力。

新闻媒体应当开展食品安全法律、法规以及食品安全标准和知识的公益宣传，并对食品安全违法行为进行舆论监督。有关食品安全的宣传报道应当真实、公正。

第十一条 国家鼓励和支持开展与食品安全有关的基础研究、应用研究，鼓励和支持食品生产经营者为提高食品安全水平采用先进技术和先进管理规范。

国家对农药的使用实行严格的管理制度，加快淘汰剧毒、高毒、高残留农药，推动替代产品的研发和应用，鼓励使用高效低毒低残留农药。

第十二条 任何组织或者个人有权举报食品安全违法行为，依法向有关部门了解食品安全信息，对食品安全监督管理工作提出意见和建议。

第十三条 对在食品安全工作中做出突出贡献的单位和个人，按照国家有关规定给予表彰、奖励。

第二章　食品安全风险监测和评估

第十四条　国家建立食品安全风险监测制度，对食源性疾病、食品污染以及食品中的有害因素进行监测。

国务院卫生行政部门会同国务院食品安全监督管理等部门，制定、实施国家食品安全风险监测计划。

国务院食品安全监督管理部门和其他有关部门获知有关食品安全风险信息后，应当立即核实并向国务院卫生行政部门通报。对有关部门通报的食品安全风险信息以及医疗机构报告的食源性疾病等有关疾病信息，国务院卫生行政部门应当会同国务院有关部门分析研究，认为必要的，及时调整国家食品安全风险监测计划。

省、自治区、直辖市人民政府卫生行政部门会同同级食品安全监督管理等部门，根据国家食品安全风险监测计划，结合本行政区域的具体情况，制定、调整本行政区域的食品安全风险监测方案，报国务院卫生行政部门备案并实施。

第十五条　承担食品安全风险监测工作的技术机构应当根据食品安全风险监测计划和监测方案开展监测工作，保证监测数据真实、准确，并按照食品安全风险监测计划和监测方案的要求报送监测数据和分析结果。

食品安全风险监测工作人员有权进入相关食用农产品种植养殖、食品生产经营场所采集样品、收集相关数据。采集样品应当按照市场价格支付费用。

第十六条　食品安全风险监测结果表明可能存在食品安全隐患的，县级以上人民政府卫生行政部门应当及时将相关信息通报同级食品安全监督管理等部门，并报告本级人民政府和上级人民政府卫生行政部门。食品安全监督管理等部门应当组织开展进一步调查。

第十七条　国家建立食品安全风险评估制度，运用科学方法，根据食品安全风险监测信息、科学数据以及有关信息，对食品、食品添加剂、食品相关产品中生物性、化学性和物理性危害因素进行风险评估。

国务院卫生行政部门负责组织食品安全风险评估工作，成立由医学、农业、食品、营养、生物、环境等方面的专家组成的食品安全风险评估专家委员会进行食品安全风险评估。食品安全风险评估结果由国务院卫生行政部门公布。

对农药、肥料、兽药、饲料和饲料添加剂等的安全性评估，应当有食品安全风险评估专家委员会的专家参加。

食品安全风险评估不得向生产经营者收取费用，采集样品应当按照市场价格支付费用。

第十八条　有下列情形之一的，应当进行食品安全风险评估：

（一）通过食品安全风险监测或者接到举报发现食品、食品添加剂、食品相关产品可能存在安全隐患的；

（二）为制定或者修订食品安全国家标准提供科学依据需要进行风险评估的；

（三）为确定监督管理的重点领域、重点品种需要进行风险评估的；

（四）发现新的可能危害食品安全因素的；

（五）需要判断某一因素是否构成食品安全隐患的；

（六）国务院卫生行政部门认为需要进行风险评估的其他情形。

第十九条　国务院食品安全监督管理、农业行政等部门在监督管理工作中发现需要进行食品安全风险评估的，应当向国务院卫生行政部门提出食品安全风险评估的建议，并提供风险来源、相关检验数据和结论等信息、资料。属于本法第十八条规定情形的，国务院卫生行政部门应当及时进行食品安全风险评估，并向国务院有关部门通报评估结果。

第二十条　省级以上人民政府卫生行政、农业行政部门应当及时相互通报食品、食用农产品安全风险监测信息。

国务院卫生行政、农业行政部门应当及时相互通报食品、食用农产品安全风险评估结果等信息。

第二十一条　食品安全风险评估结果是制定、修订食品安全标准和实施食品安全监督管理的科学依据。

经食品安全风险评估，得出食品、食品添加剂、食品相关产品不安全结论的，国务院食品安全监督管理等部门应当依据各自职责立即向社会公告，告知消费者停止食用或者使用，并采取相应措施，确保该食品、食品添加剂、食品相关产品停止生产经营；需要制定、修订相关食品安全国家标准的，国务院卫生行政部门应当会同国务院食品安全监督管理部门立即制定、修订。

第二十二条　国务院食品安全监督管理部门应当会同国务院有关部门，根据食品安全风险评估结果、食品安全监督管理信息，对食品安全状况进行综合分析。对经综合分析表明可能具有较高程度安全风险的食品，国务院食品安全监督管理部门应当及时提出食品安全风险警示，并向社会公布。

第二十三条　县级以上人民政府食品安全监督管理部门和其他有关部门、食品安全风险评估专家委员会及其技术机构，应当按照科学、客观、及时、公开的原则，组织食品生产经营者、食品检验机构、认证机构、食品行业协会、消费者协会以及新闻媒体等，就食品安全风险评估信息和食品安全监督管理信息进行交流沟通。

第三章　食品安全标准

第二十四条　制定食品安全标准，应当以保障公众身体健康为宗旨，做到科学合理、安全可靠。

第二十五条　食品安全标准是强制执行的标准。除食品安全标准外，不得制定其他食品强制性标准。

第二十六条　食品安全标准应当包括下列内容：

（一）食品、食品添加剂、食品相关产品中的致病性微生物，农药残留、兽药残留、生物毒素、重金属等污染物质以及其他危害人体健康物质的限量规定；

（二）食品添加剂的品种、使用范围、用量；

（三）专供婴幼儿和其他特定人群的主辅食品的营养成分要求；

（四）对与卫生、营养等食品安全要求有关的标签、标志、说明书的要求；

（五）食品生产经营过程的卫生要求；

（六）与食品安全有关的质量要求；

（七）与食品安全有关的食品检验方法与规程；

（八）其他需要制定为食品安全标准的内容。

第二十七条 食品安全国家标准由国务院卫生行政部门会同国务院食品安全监督管理部门制定、公布，国务院标准化行政部门提供国家标准编号。

食品中农药残留、兽药残留的限量规定及其检验方法与规程由国务院卫生行政部门、国务院农业行政部门会同国务院食品安全监督管理部门制定。

屠宰畜、禽的检验规程由国务院农业行政部门会同国务院卫生行政部门制定。

第二十八条 制定食品安全国家标准，应当依据食品安全风险评估结果并充分考虑食用农产品安全风险评估结果，参照相关的国际标准和国际食品安全风险评估结果，并将食品安全国家标准草案向社会公布，广泛听取食品生产经营者、消费者、有关部门等方面的意见。

食品安全国家标准应当经国务院卫生行政部门组织的食品安全国家标准审评委员会审查通过。食品安全国家标准审评委员会由医学、农业、食品、营养、生物、环境等方面的专家以及国务院有关部门、食品行业协会、消费者协会的代表组成，对食品安全国家标准草案的科学性和实用性等进行审查。

第二十九条 对地方特色食品，没有食品安全国家标准的，省、自治区、直辖市人民政府卫生行政部门可以制定并公布食品安全地方标准，报国务院卫生行政部门备案。食品安全国家标准制定后，该地方标准即行废止。

第三十条 国家鼓励食品生产企业制定严于食品安全国家标准或者地方标准的企业标准，在本企业适用，并报省、自治区、直辖市人民政府卫生行政部门备案。

第三十一条 省级以上人民政府卫生行政部门应当在其网站上公布制定和备案的食品安全国家标准、地方标准和企业标准，供公众免费查阅、下载。

对食品安全标准执行过程中的问题，县级以上人民政府卫生行政部门应当会同有关部门及时给予指导、解答。

第三十二条 省级以上人民政府卫生行政部门应当会同同级食品安全监督管理、农业行政等部门，分别对食品安全国家标准和地方标准的执行情况进行跟踪评价，并根据评价结果及时修订食品安全标准。

省级以上人民政府食品安全监督管理、农业行政等部门应当对食品安全标准执行中存在的问题进行收集、汇总，并及时向同级卫生行政部门通报。

食品生产经营者、食品行业协会发现食品安全标准在执行中存在问题的，应当立即向卫生行政部门报告。

第四章　食品生产经营

第一节　一般规定

第三十三条　食品生产经营应当符合食品安全标准，并符合下列要求：

（一）具有与生产经营的食品品种、数量相适应的食品原料处理和食品加工、包装、贮存等场所，保持该场所环境整洁，并与有毒、有害场所以及其他污染源保持规定的距离；

（二）具有与生产经营的食品品种、数量相适应的生产经营设备或者设施，有相应的消毒、更衣、盥洗、采光、照明、通风、防腐、防尘、防蝇、防鼠、防虫、洗涤以及处理废水、存放垃圾和废弃物的设备或者设施；

（三）有专职或者兼职的食品安全专业技术人员、食品安全管理人员和保证食品安全的规章制度；

（四）具有合理的设备布局和工艺流程，防止待加工食品与直接入口食品、原料与成品交叉污染，避免食品接触有毒物、不洁物；

（五）餐具、饮具和盛放直接入口食品的容器，使用前应当洗净、消毒，炊具、用具用后应当洗净，保持清洁；

（六）贮存、运输和装卸食品的容器、工具和设备应当安全、无害，保持清洁，防止食品污染，并符合保证食品安全所需的温度、湿度等特殊要求，不得将食品与有毒、有害物品一同贮存、运输；

（七）直接入口的食品应当使用无毒、清洁的包装材料、餐具、饮具和容器；

（八）食品生产经营人员应当保持个人卫生，生产经营食品时，应当将手洗净，穿戴清洁的工作衣、帽等；销售无包装的直接入口食品时，应当使用无毒、清洁的容器、售货工具和设备；

（九）用水应当符合国家规定的生活饮用水卫生标准；

（十）使用的洗涤剂、消毒剂应当对人体安全、无害；

（十一）法律、法规规定的其他要求。

非食品生产经营者从事食品贮存、运输和装卸的，应当符合前款第六项的规定。

第三十四条　禁止生产经营下列食品、食品添加剂、食品相关产品：

（一）用非食品原料生产的食品或者添加食品添加剂以外的化学物质和其他可能危害人体健康物质的食品，或者用回收食品作为原料生产的食品；

（二）致病性微生物，农药残留、兽药残留、生物毒素、重金属等污染物质以及其他危害人体健康的物质含量超过食品安全标准限量的食品、食品添加剂、食品相关产品；

（三）用超过保质期的食品原料、食品添加剂生产的食品、食品添加剂；

（四）超范围、超限量使用食品添加剂的食品；

（五）营养成分不符合食品安全标准的专供婴幼儿和其他特定人群的主辅食品；

（六）腐败变质、油脂酸败、霉变生虫、污秽不洁、混有异物、掺假掺杂或者感官性状异常的食品、食品添加剂；

（七）病死、毒死或者死因不明的禽、畜、兽、水产动物肉类及其制品；

（八）未按规定进行检疫或者检疫不合格的肉类，或者未经检验或者检验不合格的肉类制品；

（九）被包装材料、容器、运输工具等污染的食品、食品添加剂；

（十）标注虚假生产日期、保质期或者超过保质期的食品、食品添加剂；

（十一）无标签的预包装食品、食品添加剂；

（十二）国家为防病等特殊需要明令禁止生产经营的食品；

（十三）其他不符合法律、法规或者食品安全标准的食品、食品添加剂、食品相关产品。

第三十五条 国家对食品生产经营实行许可制度。从事食品生产、食品销售、餐饮服务，应当依法取得许可。但是，销售食用农产品，不需要取得许可。

县级以上地方人民政府食品安全监督管理部门应当依照《中华人民共和国行政许可法》的规定，审核申请人提交的本法第三十三条第一款第一项至第四项规定要求的相关资料，必要时对申请人的生产经营场所进行现场核查；对符合规定条件的，准予许可；对不符合规定条件的，不予许可并书面说明理由。

第三十六条 食品生产加工小作坊和食品摊贩等从事食品生产经营活动，应当符合本法规定的与其生产经营规模、条件相适应的食品安全要求，保证所生产经营的食品卫生、无毒、无害，食品安全监督管理部门应当对其加强监督管理。

县级以上地方人民政府应当对食品生产加工小作坊、食品摊贩等进行综合治理，加强服务和统一规划，改善其生产经营环境，鼓励和支持其改进生产经营条件，进入集中交易市场、店铺等固定场所经营，或者在指定的临时经营区域、时段经营。

食品生产加工小作坊和食品摊贩等的具体管理办法由省、自治区、直辖市制定。

第三十七条 利用新的食品原料生产食品，或者生产食品添加剂新品种、食品相关产品新品种，应当向国务院卫生行政部门提交相关产品的安全性评估材料。国务院卫生行政部门应当自收到申请之日起六十日内组织审查；对符合食品安全要求的，准予许可并公布；对不符合食品安全要求的，不予许可并书面说明理由。

第三十八条 生产经营的食品中不得添加药品，但是可以添加按照传统既是食品又是中药材的物质。按照传统既是食品又是中药材的物质目录由国务院卫生行政部门会同国务院食品安全监督管理部门制定、公布。

第三十九条 国家对食品添加剂生产实行许可制度。从事食品添加剂生产，应当具有与所生产食品添加剂品种相适应的场所、生产设备或者设施、专业技术人员和管理制度，并依照本法第三十五条第二款规定的程序，取得食品添加剂生产许可。

生产食品添加剂应当符合法律、法规和食品安全国家标准。

第四十条 食品添加剂应当在技术上确有必要且经过风险评估证明安全可靠，方可列入允许使用的范围；有关食品安全国家标准应当根据技术必要性和食品安全风险评估结果及时修订。

食品生产经营者应当按照食品安全国家标准使用食品添加剂。

第四十一条 生产食品相关产品应当符合法律、法规和食品安全国家标准。对直接接触食品的包装材料等具有较高风险的食品相关产品，按照国家有关工业产品生产许可证管理的规定实施生产许可。食品安全监督管理部门应当加强对食品相关产品生产活动的监督管理。

第四十二条 国家建立食品安全全程追溯制度。

食品生产经营者应当依照本法的规定，建立食品安全追溯体系，保证食品可追溯。国家鼓励食品生产经营者采用信息化手段采集、留存生产经营信息，建立食品安全追溯体系。

国务院食品安全监督管理部门会同国务院农业行政等有关部门建立食品安全全程追溯协作机制。

第四十三条 地方各级人民政府应当采取措施鼓励食品规模化生产和连锁经营、配送。

国家鼓励食品生产经营企业参加食品安全责任保险。

第二节 生产经营过程控制

第四十四条 食品生产经营企业应当建立健全食品安全管理制度，对职工进行食品安全知识培训，加强食品检验工作，依法从事生产经营活动。

食品生产经营企业的主要负责人应当落实企业食品安全管理制度，对本企业的食品安全工作全面负责。

食品生产经营企业应当配备食品安全管理人员，加强对其培训和考核。经考核不具备食品安全管理能力的，不得上岗。食品安全监督管理部门应当对企业食品安全管理人员随机进行监督抽查考核并公布考核情况。监督抽查考核不得收取费用。

第四十五条 食品生产经营者应当建立并执行从业人员健康管理制度。患有国务院卫生行政部门规定的有碍食品安全疾病的人员，不得从事接触直接入口食品的工作。

从事接触直接入口食品工作的食品生产经营人员应当每年进行健康检查，取得健康证明后方可上岗工作。

第四十六条 食品生产企业应当就下列事项制定并实施控制要求，保证所生产的食品符合食品安全标准：

（一）原料采购、原料验收、投料等原料控制；

（二）生产工序、设备、贮存、包装等生产关键环节控制；

（三）原料检验、半成品检验、成品出厂检验等检验控制；

（四）运输和交付控制。

第四十七条 食品生产经营者应当建立食品安全自查制度，定期对食品安全状况进行检查评价。生产经营条件发生变化，不再符合食品安全要求的，食品生产经营者应当立即采取整改措施；有发生食品安全事故潜在风险的，应当立即停止食品生产经营活动，并向所在地县级人民政府食品安全监督管理部门报告。

第四十八条 国家鼓励食品生产经营企业符合良好生产规范要求，实施危害分析与关键控制点体系，提高食品安全管理水平。

对通过良好生产规范、危害分析与关键控制点体系认证的食品生产经营企业，认证机构应当依法实施跟踪调查；对不再符合认证要求的企业，应当依法撤销认证，及时向县级以上人民政府食品安全监督管理部门通报，并向社会公布。认证机构实施跟踪调查不得收取费用。

第四十九条 食用农产品生产者应当按照食品安全标准和国家有关规定使用农药、肥料、兽药、饲料和饲料添加剂等农业投入品，严格执行农业投入品使用安全间隔期或者休药期的规定，不得使用国家明令禁止的农业投入品。禁止将剧毒、高毒农药用于蔬菜、瓜果、茶叶和中草药材等国家规定的农作物。

食用农产品的生产企业和农民专业合作经济组织应当建立农业投入品使用记录制度。

县级以上人民政府农业行政部门应当加强对农业投入品使用的监督管理和指导，建立健全农业投入品安全使用制度。

第五十条 食品生产者采购食品原料、食品添加剂、食品相关产品，应当查验供货者的许可证和产品合格证明；对无法提供合格证明的食品原料，应当按照食品安全标准进行检验；不得采购或者使用不符合食品安全标准的食品原料、食品添加剂、食品相关产品。

食品生产企业应当建立食品原料、食品添加剂、食品相关产品进货查验记录制度，如实记录食品原料、食品添加剂、食品相关产品的名称、规格、数量、生产日期或者生产批号、保质期、进货日期以及供货者名称、地址、联系方式等内容，并保存相关凭证。记录和凭证保存期限不得少于产品保质期满后六个月；没有明确保质期的，保存期限不得少于二年。

第五十一条 食品生产企业应当建立食品出厂检验记录制度，查验出厂食品的检验合格证和安全状况，如实记录食品的名称、规格、数量、生产日期或者生产批号、保质期、检验合格证号、销售日期以及购货者名称、地址、联系方式等内容，并保存相关凭证。记录和凭证保存期限应当符合本法第五十条第二款的规定。

第五十二条 食品、食品添加剂、食品相关产品的生产者，应当按照食品安全标准对所生产的食品、食品添加剂、食品相关产品进行检验，检验合格后方可出厂或者销售。

第五十三条 食品经营者采购食品，应当查验供货者的许可证和食品出厂检验合格证或者其他合格证明（以下称合格证明文件）。

食品经营企业应当建立食品进货查验记录制度，如实记录食品的名称、规格、数量、生产日期或者生产批号、保质期、进货日期以及供货者名称、地址、联系方式等内容，并保存相关凭证。记录和凭证保存期限应当符合本法第五十条第二款的规定。

实行统一配送经营方式的食品经营企业，可以由企业总部统一查验供货者的许可证和食品合格证明文件，进行食品进货查验记录。

从事食品批发业务的经营企业应当建立食品销售记录制度，如实记录批发食品的名称、规格、数量、生产日期或者生产批号、保质期、销售日期以及购货者名称、地址、联系方式等内容，并保存相关凭证。记录和凭证保存期限应当符合本法第五十条第二款的规定。

第五十四条　食品经营者应当按照保证食品安全的要求贮存食品，定期检查库存食品，及时清理变质或者超过保质期的食品。

食品经营者贮存散装食品，应当在贮存位置标明食品的名称、生产日期或者生产批号、保质期、生产者名称及联系方式等内容。

第五十五条　餐饮服务提供者应当制定并实施原料控制要求，不得采购不符合食品安全标准的食品原料。倡导餐饮服务提供者公开加工过程，公示食品原料及其来源等信息。

餐饮服务提供者在加工过程中应当检查待加工的食品及原料，发现有本法第三十四条第六项规定情形的，不得加工或者使用。

第五十六条　餐饮服务提供者应当定期维护食品加工、贮存、陈列等设施、设备；定期清洗、校验保温设施及冷藏、冷冻设施。

餐饮服务提供者应当按照要求对餐具、饮具进行清洗消毒，不得使用未经清洗消毒的餐具、饮具；餐饮服务提供者委托清洗消毒餐具、饮具的，应当委托符合本法规定条件的餐具、饮具集中消毒服务单位。

第五十七条　学校、托幼机构、养老机构、建筑工地等集中用餐单位的食堂应当严格遵守法律、法规和食品安全标准；从供餐单位订餐的，应当从取得食品生产经营许可的企业订购，并按照要求对订购的食品进行查验。供餐单位应当严格遵守法律、法规和食品安全标准，当餐加工，确保食品安全。

学校、托幼机构、养老机构、建筑工地等集中用餐单位的主管部门应当加强对集中用餐单位的食品安全教育和日常管理，降低食品安全风险，及时消除食品安全隐患。

第五十八条　餐具、饮具集中消毒服务单位应当具备相应的作业场所、清洗消毒设备或者设施，用水和使用的洗涤剂、消毒剂应当符合相关食品安全国家标准和其他国家标准、卫生规范。

餐具、饮具集中消毒服务单位应当对消毒餐具、饮具进行逐批检验，检验合格后方可出厂，并应当随附消毒合格证明。消毒后的餐具、饮具应当在独立包装上标注单位名称、地址、联系方式、消毒日期以及使用期限等内容。

第五十九条　食品添加剂生产者应当建立食品添加剂出厂检验记录制度，查验出厂产品的检验合格证和安全状况，如实记录食品添加剂的名称、规格、数量、生产日期或者生产批号、保质期、检验合格证号、销售日期以及购货者名称、地址、联系方式等相关内容，并保存相关凭证。记录和凭证保存期限应当符合本法第五十条第二款的规定。

第六十条　食品添加剂经营者采购食品添加剂，应当依法查验供货者的许可证和产品合格证明文件，如实记录食品添加剂的名称、规格、数量、生产日期或者生产批号、保质期、进货日期以及供货者名称、地址、联系方式等内容，并保存相关凭证。记录和凭证保存期限应当符合本法第五十条第二款的规定。

第六十一条 集中交易市场的开办者、柜台出租者和展销会举办者，应当依法审查入场食品经营者的许可证，明确其食品安全管理责任，定期对其经营环境和条件进行检查，发现其有违反本法规定行为的，应当及时制止并立即报告所在地县级人民政府食品安全监督管理部门。

第六十二条 网络食品交易第三方平台提供者应当对入网食品经营者进行实名登记，明确其食品安全管理责任；依法应当取得许可证的，还应当审查其许可证。

网络食品交易第三方平台提供者发现入网食品经营者有违反本法规定行为的，应当及时制止并立即报告所在地县级人民政府食品安全监督管理部门；发现严重违法行为的，应当立即停止提供网络交易平台服务。

第六十三条 国家建立食品召回制度。食品生产者发现其生产的食品不符合食品安全标准或者有证据证明可能危害人体健康的，应当立即停止生产，召回已经上市销售的食品，通知相关生产经营者和消费者，并记录召回和通知情况。

食品经营者发现其经营的食品有前款规定情形的，应当立即停止经营，通知相关生产经营者和消费者，并记录停止经营和通知情况。食品生产者认为应当召回的，应当立即召回。由于食品经营者的原因造成其经营的食品有前款规定情形的，食品经营者应当召回。

食品生产经营者应当对召回的食品采取无害化处理、销毁等措施，防止其再次流入市场。但是，对因标签、标志或者说明书不符合食品安全标准而被召回的食品，食品生产者在采取补救措施且能保证食品安全的情况下可以继续销售；销售时应当向消费者明示补救措施。

食品生产经营者应当将食品召回和处理情况向所在地县级人民政府食品安全监督管理部门报告；需要对召回的食品进行无害化处理、销毁的，应当提前报告时间、地点。食品安全监督管理部门认为必要的，可以实施现场监督。

食品生产经营者未依照本条规定召回或者停止经营的，县级以上人民政府食品安全监督管理部门可以责令其召回或者停止经营。

第六十四条 食用农产品批发市场应当配备检验设备和检验人员或者委托符合本法规定的食品检验机构，对进入该批发市场销售的食用农产品进行抽样检验；发现不符合食品安全标准的，应当要求销售者立即停止销售，并向食品安全监督管理部门报告。

第六十五条 食用农产品销售者应当建立食用农产品进货查验记录制度，如实记录食用农产品的名称、数量、进货日期以及供货者名称、地址、联系方式等内容，并保存相关凭证。记录和凭证保存期限不得少于六个月。

第六十六条 进入市场销售的食用农产品在包装、保鲜、贮存、运输中使用保鲜剂、防腐剂等食品添加剂和包装材料等食品相关产品，应当符合食品安全国家标准。

第三节 标签、说明书和广告

第六十七条 预包装食品的包装上应当有标签。标签应当标明下列事项：

（一）名称、规格、净含量、生产日期；

（二）成分或者配料表；

（三）生产者的名称、地址、联系方式；

（四）保质期；

（五）产品标准代号；

（六）贮存条件；

（七）所使用的食品添加剂在国家标准中的通用名称；

（八）生产许可证编号；

（九）法律、法规或者食品安全标准规定应当标明的其他事项。

专供婴幼儿和其他特定人群的主辅食品，其标签还应当标明主要营养成分及其含量。

食品安全国家标准对标签标注事项另有规定的，从其规定。

第六十八条　食品经营者销售散装食品，应当在散装食品的容器、外包装上标明食品的名称、生产日期或者生产批号、保质期以及生产经营者名称、地址、联系方式等内容。

第六十九条　生产经营转基因食品应当按照规定显著标示。

第七十条　食品添加剂应当有标签、说明书和包装。标签、说明书应当载明本法第六十七条第一款第一项至第六项、第八项、第九项规定的事项，以及食品添加剂的使用范围、用量、使用方法，并在标签上载明"食品添加剂"字样。

第七十一条　食品和食品添加剂的标签、说明书，不得含有虚假内容，不得涉及疾病预防、治疗功能。生产经营者对其提供的标签、说明书的内容负责。

食品和食品添加剂的标签、说明书应当清楚、明显，生产日期、保质期等事项应当显著标注，容易辨识。

食品和食品添加剂与其标签、说明书的内容不符的，不得上市销售。

第七十二条　食品经营者应当按照食品标签标示的警示标志、警示说明或者注意事项的要求销售食品。

第七十三条　食品广告的内容应当真实合法，不得含有虚假内容，不得涉及疾病预防、治疗功能。食品生产经营者对食品广告内容的真实性、合法性负责。

县级以上人民政府食品安全监督管理部门和其他有关部门以及食品检验机构、食品行业协会不得以广告或者其他形式向消费者推荐食品。消费者组织不得以收取费用或者其他牟取利益的方式向消费者推荐食品。

第四节　特殊食品

第七十四条　国家对保健食品、特殊医学用途配方食品和婴幼儿配方食品等特殊食品实行严格监督管理。

第七十五条　保健食品声称保健功能，应当具有科学依据，不得对人体产生急性、亚急性或者慢性危害。

保健食品原料目录和允许保健食品声称的保健功能目录，由国务院食品安全监督管理部门会同国务院卫生行政部门、国家中医药管理部门制定、调整并公布。

保健食品原料目录应当包括原料名称、用量及其对应的功效；列入保健食品原料目录的原料只能用于保健食品生产，不得用于其他食品生产。

第七十六条　使用保健食品原料目录以外原料的保健食品和首次进口的保健食品应当经国务院食品安全监督管理部门注册。但是，首次进口的保健食品中属于补充维生素、矿物质等营养物质的，应当报国务院食品安全监督管理部门备案。其他保健食品应当报省、自治区、直辖市人民政府食品安全监督管理部门备案。

进口的保健食品应当是出口国（地区）主管部门准许上市销售的产品。

第七十七条　依法应当注册的保健食品，注册时应当提交保健食品的研发报告、产品配方、生产工艺、安全性和保健功能评价、标签、说明书等材料及样品，并提供相关证明文件。国务院食品安全监督管理部门经组织技术审评，对符合安全和功能声称要求的，准予注册；对不符合要求的，不予注册并书面说明理由。对使用保健食品原料目录以外原料的保健食品作出准予注册决定的，应当及时将该原料纳入保健食品原料目录。

依法应当备案的保健食品，备案时应当提交产品配方、生产工艺、标签、说明书以及表明产品安全性和保健功能的材料。

第七十八条　保健食品的标签、说明书不得涉及疾病预防、治疗功能，内容应当真实，与注册或者备案的内容相一致，载明适宜人群、不适宜人群、功效成分或者标志性成分及其含量等，并声明“本品不能代替药物”。保健食品的功能和成分应当与标签、说明书相一致。

第七十九条　保健食品广告除应当符合本法第七十三条第一款的规定外，还应当声明“本品不能代替药物”；其内容应当经生产企业所在地省、自治区、直辖市人民政府食品安全监督管理部门审查批准，取得保健食品广告批准文件。省、自治区、直辖市人民政府食品安全监督管理部门应当公布并及时更新已经批准的保健食品广告目录以及批准的广告内容。

第八十条　特殊医学用途配方食品应当经国务院食品安全监督管理部门注册。注册时，应当提交产品配方、生产工艺、标签、说明书以及表明产品安全性、营养充足性和特殊医学用途临床效果的材料。

特殊医学用途配方食品广告适用《中华人民共和国广告法》和其他法律、行政法规关于药品广告管理的规定。

第八十一条　婴幼儿配方食品生产企业应当实施从原料进厂到成品出厂的全过程质量控制，对出厂的婴幼儿配方食品实施逐批检验，保证食品安全。

生产婴幼儿配方食品使用的生鲜乳、辅料等食品原料、食品添加剂等，应当符合法律、行政法规的规定和食品安全国家标准，保证婴幼儿生长发育所需的营养成分。

婴幼儿配方食品生产企业应当将食品原料、食品添加剂、产品配方及标签等事项向省、自治区、直辖市人民政府食品安全监督管理部门备案。

婴幼儿配方乳粉的产品配方应当经国务院食品安全监督管理部门注册。注册时，应当提交配方研发报告和其他表明配方科学性、安全性的材料。

不得以分装方式生产婴幼儿配方乳粉，同一企业不得用同一配方生产不同品牌的婴幼儿配方乳粉。

第八十二条 保健食品、特殊医学用途配方食品、婴幼儿配方乳粉的注册人或者备案人应当对其提交材料的真实性负责。

省级以上人民政府食品安全监督管理部门应当及时公布注册或者备案的保健食品、特殊医学用途配方食品、婴幼儿配方乳粉目录，并对注册或者备案中获知的企业商业秘密予以保密。

保健食品、特殊医学用途配方食品、婴幼儿配方乳粉生产企业应当按照注册或者备案的产品配方、生产工艺等技术要求组织生产。

第八十三条 生产保健食品，特殊医学用途配方食品、婴幼儿配方食品和其他专供特定人群的主辅食品的企业，应当按照良好生产规范的要求建立与所生产食品相适应的生产质量管理体系，定期对该体系的运行情况进行自查，保证其有效运行，并向所在地县级人民政府食品安全监督管理部门提交自查报告。

第五章 食品检验

第八十四条 食品检验机构按照国家有关认证认可的规定取得资质认定后，方可从事食品检验活动。但是，法律另有规定的除外。

食品检验机构的资质认定条件和检验规范，由国务院食品安全监督管理部门规定。

符合本法规定的食品检验机构出具的检验报告具有同等效力。

县级以上人民政府应当整合食品检验资源，实现资源共享。

第八十五条 食品检验由食品检验机构指定的检验人独立进行。

检验人应当依照有关法律、法规的规定，并按照食品安全标准和检验规范对食品进行检验，尊重科学，恪守职业道德，保证出具的检验数据和结论客观、公正，不得出具虚假检验报告。

第八十六条 食品检验实行食品检验机构与检验人负责制。食品检验报告应当加盖食品检验机构公章，并有检验人的签名或者盖章。食品检验机构和检验人对出具的食品检验报告负责。

第八十七条 县级以上人民政府食品安全监督管理部门应当对食品进行定期或者不定期的抽样检验，并依据有关规定公布检验结果，不得免检。进行抽样检验，应当购买抽取的样品，委托符合本法规定的食品检验机构进行检验，并支付相关费用；不得向食品生产经营者收取检验费和其他费用。

第八十八条 对依照本法规定实施的检验结论有异议的，食品生产经营者可以自收到检验结论之日起七个工作日内向实施抽样检验的食品安全监督管理部门或者其上一级食品安全监督管理部门提出复检申请，由受理复检申请的食品安全监督管理部门在公布的复检机构名录中随机确定复检机构进行复检。复检机构出具的复检结论为最终检验结论。复检机构与初检机构不得为同一机构。复检机构名录由国务院认证认可监督管理、食品安全监督管理、卫生行政、农业行政等部门共同公布。

采用国家规定的快速检测方法对食用农产品进行抽查检测，被抽查人对检测结果有异议的，可以自收到检测结果时起四小时内申请复检。复检不得采用快速检测方法。

第八十九条 食品生产企业可以自行对所生产的食品进行检验，也可以委托符合本法规定的食品检验机构进行检验。

食品行业协会和消费者协会等组织、消费者需要委托食品检验机构对食品进行检验的，应当委托符合本法规定的食品检验机构进行。

第九十条 食品添加剂的检验，适用本法有关食品检验的规定。

第六章　食品进出口

第九十一条 国家出入境检验检疫部门对进出口食品安全实施监督管理。

第九十二条 进口的食品、食品添加剂、食品相关产品应当符合我国食品安全国家标准。

进口的食品、食品添加剂应当经出入境检验检疫机构依照进出口商品检验相关法律、行政法规的规定检验合格。

进口的食品、食品添加剂应当按照国家出入境检验检疫部门的要求随附合格证明材料。

第九十三条 进口尚无食品安全国家标准的食品，由境外出口商、境外生产企业或者其委托的进口商向国务院卫生行政部门提交所执行的相关国家（地区）标准或者国际标准。国务院卫生行政部门对相关标准进行审查，认为符合食品安全要求的，决定暂予适用，并及时制定相应的食品安全国家标准。进口利用新的食品原料生产的食品或者进口食品添加剂新品种、食品相关产品新品种，依照本法第三十七条的规定办理。

出入境检验检疫机构按照国务院卫生行政部门的要求，对前款规定的食品、食品添加剂、食品相关产品进行检验。检验结果应当公开。

第九十四条 境外出口商、境外生产企业应当保证向我国出口的食品、食品添加剂、食品相关产品符合本法以及我国其他有关法律、行政法规的规定和食品安全国家标准的要求，并对标签、说明书的内容负责。

进口商应当建立境外出口商、境外生产企业审核制度，重点审核前款规定的内容；审核不合格的，不得进口。

发现进口食品不符合我国食品安全国家标准或者有证据证明可能危害人体健康的，进口商应当立即停止进口，并依照本法第六十三条的规定召回。

第九十五条 境外发生的食品安全事件可能对我国境内造成影响，或者在进口食品、食品添加剂、食品相关产品中发现严重食品安全问题的，国家出入境检验检疫部门应当及时采取风险预警或者控制措施，并向国务院食品安全监督管理、卫生行政、农业行政部门通报。

接到通报的部门应当及时采取相应措施。

县级以上人民政府食品安全监督管理部门对国内市场上销售的进口食品、食品添加剂实施监督管理。发现存在严重食品安全问题的，国务院食品安全监督管理部门应当及时向国家出入境检验检疫部门通报。国家出入境检验检疫部门应当及时采取相应措施。

第九十六条　向我国境内出口食品的境外出口商或者代理商、进口食品的进口商应当向国家出入境检验检疫部门备案。向我国境内出口食品的境外食品生产企业应当经国家出入境检验检疫部门注册。已经注册的境外食品生产企业提供虚假材料，或者因其自身的原因致使进口食品发生重大食品安全事故的，国家出入境检验检疫部门应当撤销注册并公告。

国家出入境检验检疫部门应当定期公布已经备案的境外出口商、代理商、进口商和已经注册的境外食品生产企业名单。

第九十七条　进口的预包装食品、食品添加剂应当有中文标签；依法应当有说明书的，还应当有中文说明书。标签、说明书应当符合本法以及我国其他有关法律、行政法规的规定和食品安全国家标准的要求，并载明食品的原产地以及境内代理商的名称、地址、联系方式。预包装食品没有中文标签、中文说明书或者标签、说明书不符合本条规定的，不得进口。

第九十八条　进口商应当建立食品、食品添加剂进口和销售记录制度，如实记录食品、食品添加剂的名称、规格、数量、生产日期、生产或者进口批号、保质期、境外出口商和购货者名称、地址及联系方式、交货日期等内容，并保存相关凭证。记录和凭证保存期限应当符合本法第五十条第二款的规定。

第九十九条　出口食品生产企业应当保证其出口食品符合进口国（地区）的标准或者合同要求。

出口食品生产企业和出口食品原料种植、养殖场应当向国家出入境检验检疫部门备案。

第一百条　国家出入境检验检疫部门应当收集、汇总下列进出口食品安全信息，并及时通报相关部门、机构和企业：

（一）出入境检验检疫机构对进出口食品实施检验检疫发现的食品安全信息；

（二）食品行业协会和消费者协会等组织、消费者反映的进口食品安全信息；

（三）国际组织、境外政府机构发布的风险预警信息及其他食品安全信息，以及境外食品行业协会等组织、消费者反映的食品安全信息；

（四）其他食品安全信息。

国家出入境检验检疫部门应当对进出口食品的进口商、出口商和出口食品生产企业实施信用管理，建立信用记录，并依法向社会公布。对有不良记录的进口商、出口商和出口食品生产企业，应当加强对其进出口食品的检验检疫。

第一百零一条　国家出入境检验检疫部门可以对向我国境内出口食品的国家（地区）的食品安全管理体系和食品安全状况进行评估和审查，并根据评估和审查结果，确定相应检验检疫要求。

第七章　食品安全事故处置

第一百零二条　国务院组织制定国家食品安全事故应急预案。

县级以上地方人民政府应当根据有关法律、法规的规定和上级人民政府的食品安全事故应急预案以及本行政区域的实际情况，制定本行政区域的食品安全事故应急预案，并报上一级人民政府备案。

食品安全事故应急预案应当对食品安全事故分级、事故处置组织指挥体系与职责、预防预警机制、处置程序、应急保障措施等作出规定。

食品生产经营企业应当制定食品安全事故处置方案，定期检查本企业各项食品安全防范措施的落实情况，及时消除事故隐患。

第一百零三条　发生食品安全事故的单位应当立即采取措施，防止事故扩大。事故单位和接收病人进行治疗的单位应当及时向事故发生地县级人民政府食品安全监督管理、卫生行政部门报告。

县级以上人民政府农业行政等部门在日常监督管理中发现食品安全事故或者接到事故举报，应当立即向同级食品安全监督管理部门通报。

发生食品安全事故，接到报告的县级人民政府食品安全监督管理部门应当按照应急预案的规定向本级人民政府和上级人民政府食品安全监督管理部门报告。县级人民政府和上级人民政府食品安全监督管理部门应当按照应急预案的规定上报。

任何单位和个人不得对食品安全事故隐瞒、谎报、缓报，不得隐匿、伪造、毁灭有关证据。

第一百零四条　医疗机构发现其接收的病人属于食源性疾病病人或者疑似病人的，应当按照规定及时将相关信息向所在地县级人民政府卫生行政部门报告。县级人民政府卫生行政部门认为与食品安全有关的，应当及时通报同级食品安全监督管理部门。

县级以上人民政府卫生行政部门在调查处理传染病或者其他突发公共卫生事件中发现与食品安全相关的信息，应当及时通报同级食品安全监督管理部门。

第一百零五条　县级以上人民政府食品安全监督管理部门接到食品安全事故的报告后，应当立即会同同级卫生行政、农业行政等部门进行调查处理，并采取下列措施，防止或者减轻社会危害：

（一）开展应急救援工作，组织救治因食品安全事故导致人身伤害的人员；

（二）封存可能导致食品安全事故的食品及其原料，并立即进行检验；对确认属于被污染的食品及其原料，责令食品生产经营者依照本法第六十三条的规定召回或者停止经营；

（三）封存被污染的食品相关产品，并责令进行清洗消毒；

（四）做好信息发布工作，依法对食品安全事故及其处理情况进行发布，并对可能产生的危害加以解释、说明。

发生食品安全事故需要启动应急预案的，县级以上人民政府应当立即成立事故处置指挥机构，启动应急预案，依照前款和应急预案的规定进行处置。

发生食品安全事故，县级以上疾病预防控制机构应当对事故现场进行卫生处理，并对与事故有关的因素开展流行病学调查，有关部门应当予以协助。县级以上疾病预防控制机构应当向同级食品安全监督管理、卫生行政部门提交流行病学调查报告。

第一百零六条 发生食品安全事故，设区的市级以上人民政府食品安全监督管理部门应当立即会同有关部门进行事故责任调查，督促有关部门履行职责，向本级人民政府和上一级人民政府食品安全监督管理部门提出事故责任调查处理报告。

涉及两个以上省、自治区、直辖市的重大食品安全事故由国务院食品安全监督管理部门依照前款规定组织事故责任调查。

第一百零七条 调查食品安全事故，应当坚持实事求是、尊重科学的原则，及时、准确查清事故性质和原因，认定事故责任，提出整改措施。

调查食品安全事故，除了查明事故单位的责任，还应当查明有关监督管理部门、食品检验机构、认证机构及其工作人员的责任。

第一百零八条 食品安全事故调查部门有权向有关单位和个人了解与事故有关的情况，并要求提供相关资料和样品。有关单位和个人应当予以配合，按照要求提供相关资料和样品，不得拒绝。

任何单位和个人不得阻挠、干涉食品安全事故的调查处理。

第八章　监督管理

第一百零九条 县级以上人民政府食品安全监督管理部门根据食品安全风险监测、风险评估结果和食品安全状况等，确定监督管理的重点、方式和频次，实施风险分级管理。

县级以上地方人民政府组织本级食品安全监督管理、农业行政等部门制定本行政区域的食品安全年度监督管理计划，向社会公布并组织实施。

食品安全年度监督管理计划应当将下列事项作为监督管理的重点：

（一）专供婴幼儿和其他特定人群的主辅食品；

（二）保健食品生产过程中的添加行为和按照注册或者备案的技术要求组织生产的情况，保健食品标签、说明书以及宣传材料中有关功能宣传的情况；

（三）发生食品安全事故风险较高的食品生产经营者；

（四）食品安全风险监测结果表明可能存在食品安全隐患的事项。

第一百一十条 县级以上人民政府食品安全监督管理部门履行食品安全监督管理职责，有权采取下列措施，对生产经营者遵守本法的情况进行监督检查：

（一）进入生产经营场所实施现场检查；

（二）对生产经营的食品、食品添加剂、食品相关产品进行抽样检验；

（三）查阅、复制有关合同、票据、账簿以及其他有关资料；

（四）查封、扣押有证据证明不符合食品安全标准或者有证据证明存在安全隐患以及用于违法生产经营的食品、食品添加剂、食品相关产品；

（五）查封违法从事生产经营活动的场所。

第一百一十一条 对食品安全风险评估结果证明食品存在安全隐患，需要制定、修订食品安全标准的，在制定、修订食品安全标准前，国务院卫生行政部门应当及时会同国务院有关部门规定食品中有害物质的临时限量值和临时检验方法，作为生产经营和监督管理的依据。

第一百一十二条 县级以上人民政府食品安全监督管理部门在食品安全监督管理工作中可以采用国家规定的快速检测方法对食品进行抽查检测。

对抽查检测结果表明可能不符合食品安全标准的食品，应当依照本法第八十七条的规定进行检验。抽查检测结果确定有关食品不符合食品安全标准的，可以作为行政处罚的依据。

第一百一十三条 县级以上人民政府食品安全监督管理部门应当建立食品生产经营者食品安全信用档案，记录许可颁发、日常监督检查结果、违法行为查处等情况，依法向社会公布并实时更新；对有不良信用记录的食品生产经营者增加监督检查频次，对违法行为情节严重的食品生产经营者，可以通报投资主管部门、证券监督管理机构和有关的金融机构。

第一百一十四条 食品生产经营过程中存在食品安全隐患，未及时采取措施消除的，县级以上人民政府食品安全监督管理部门可以对食品生产经营者的法定代表人或者主要负责人进行责任约谈。食品生产经营者应当立即采取措施，进行整改，消除隐患。责任约谈情况和整改情况应当纳入食品生产经营者食品安全信用档案。

第一百一十五条 县级以上人民政府食品安全监督管理等部门应当公布本部门的电子邮件地址或者电话，接受咨询、投诉、举报。接到咨询、投诉、举报，对属于本部门职责的，应当受理并在法定期限内及时答复、核实、处理；对不属于本部门职责的，应当移交有权处理的部门并书面通知咨询、投诉、举报人。有权处理的部门应当在法定期限内及时处理，不得推诿。对查证属实的举报，给予举报人奖励。

有关部门应当对举报人的信息予以保密，保护举报人的合法权益。举报人举报所在企业的，该企业不得以解除、变更劳动合同或者其他方式对举报人进行打击报复。

第一百一十六条 县级以上人民政府食品安全监督管理等部门应当加强对执法人员食品安全法律、法规、标准和专业知识与执法能力等的培训，并组织考核。不具备相应知识和能力的，不得从事食品安全执法工作。

食品生产经营者、食品行业协会、消费者协会等发现食品安全执法人员在执法过程中有违反法律、法规规定的行为以及不规范执法行为的，可以向本级或者上级人民政府食品安全监督管理等部门或者监察机关投诉、举报。接到投诉、举报的部门或者机关应当进行核实，并将经核实的情况向食品安全执法人员所在部门通报；涉嫌违法违纪的，按照本法和有关规定处理。

第一百一十七条 县级以上人民政府食品安全监督管理等部门未及时发现食品安全系统性风险，未及时消除监督管理区域内的食品安全隐患的，本级人民政府可以对其主要负责人进行责任约谈。

地方人民政府未履行食品安全职责，未及时消除区域性重大食品安全隐患的，上级人民政府可以对其主要负责人进行责任约谈。

被约谈的食品安全监督管理等部门、地方人民政府应当立即采取措施，对食品安全监督管理工作进行整改。

责任约谈情况和整改情况应当纳入地方人民政府和有关部门食品安全监督管理工作评议、考核记录。

第一百一十八条　国家建立统一的食品安全信息平台，实行食品安全信息统一公布制度。国家食品安全总体情况、食品安全风险警示信息、重大食品安全事故及其调查处理信息和国务院确定需要统一公布的其他信息由国务院食品安全监督管理部门统一公布。食品安全风险警示信息和重大食品安全事故及其调查处理信息的影响限于特定区域的，也可以由有关省、自治区、直辖市人民政府食品安全监督管理部门公布。未经授权不得发布上述信息。

县级以上人民政府食品安全监督管理、农业行政部门依据各自职责公布食品安全日常监督管理信息。

公布食品安全信息，应当做到准确、及时，并进行必要的解释说明，避免误导消费者和社会舆论。

第一百一十九条　县级以上地方人民政府食品安全监督管理、卫生行政、农业行政部门获知本法规定需要统一公布的信息，应当向上级主管部门报告，由上级主管部门立即报告国务院食品安全监督管理部门；必要时，可以直接向国务院食品安全监督管理部门报告。

县级以上人民政府食品安全监督管理、卫生行政、农业行政部门应当相互通报获知的食品安全信息。

第一百二十条　任何单位和个人不得编造、散布虚假食品安全信息。

县级以上人民政府食品安全监督管理部门发现可能误导消费者和社会舆论的食品安全信息，应当立即组织有关部门、专业机构、相关食品生产经营者等进行核实、分析，并及时公布结果。

第一百二十一条　县级以上人民政府食品安全监督管理等部门发现涉嫌食品安全犯罪的，应当按照有关规定及时将案件移送公安机关。对移送的案件，公安机关应当及时审查；认为有犯罪事实需要追究刑事责任的，应当立案侦查。

公安机关在食品安全犯罪案件侦查过程中认为没有犯罪事实，或者犯罪事实显著轻微，不需要追究刑事责任，但依法应当追究行政责任的，应当及时将案件移送食品安全监督管理等部门和监察机关，有关部门应当依法处理。

公安机关商请食品安全监督管理、生态环境等部门提供检验结论、认定意见以及对涉案物品进行无害化处理等协助的，有关部门应当及时提供，予以协助。

第九章　法律责任

第一百二十二条　违反本法规定，未取得食品生产经营许可从事食品生产经营活动，或者未取得食品添加剂生产许可从事食品添加剂生产活动的，由县级以上人民政府食品安全监督管理部门没收违法所得和违法生产经营的食品、食品添加剂以及用于违法生产经营的工具、设备、原料等物品；违法生产经营的食品、食品添加剂货值金额不足一万元的，并处五万元以上十万元以下罚款；货值金额一万元以上的，并处货值金额十倍以上二十倍以下罚款。

明知从事前款规定的违法行为，仍为其提供生产经营场所或者其他条件的，由县级以上人民政府食品安全监督管理部门责令停止违法行为，没收违法所得，并处五万元以上十万元以下罚款；使消费者的合法权益受到损害的，应当与食品、食品添加剂生产经营者承担连带责任。

第一百二十三条 违反本法规定，有下列情形之一，尚不构成犯罪的，由县级以上人民政府食品安全监督管理部门没收违法所得和违法生产经营的食品，并可以没收用于违法生产经营的工具、设备、原料等物品；违法生产经营的食品货值金额不足一万元的，并处十万元以上十五万元以下罚款；货值金额一万元以上的，并处货值金额十五倍以上三十倍以下罚款；情节严重的，吊销许可证，并可以由公安机关对其直接负责的主管人员和其他直接责任人员处五日以上十五日以下拘留：

（一）用非食品原料生产食品、在食品中添加食品添加剂以外的化学物质和其他可能危害人体健康的物质，或者用回收食品作为原料生产食品，或者经营上述食品；

（二）生产经营营养成分不符合食品安全标准的专供婴幼儿和其他特定人群的主辅食品；

（三）经营病死、毒死或者死因不明的禽、畜、兽、水产动物肉类，或者生产经营其制品；

（四）经营未按规定进行检疫或者检疫不合格的肉类，或者生产经营未经检验或者检验不合格的肉类制品；

（五）生产经营国家为防病等特殊需要明令禁止生产经营的食品；

（六）生产经营添加药品的食品。

明知从事前款规定的违法行为，仍为其提供生产经营场所或者其他条件的，由县级以上人民政府食品安全监督管理部门责令停止违法行为，没收违法所得，并处十万元以上二十万元以下罚款；使消费者的合法权益受到损害的，应当与食品生产经营者承担连带责任。

违法使用剧毒、高毒农药的，除依照有关法律、法规规定给予处罚外，可以由公安机关依照第一款规定给予拘留。

第一百二十四条 违反本法规定，有下列情形之一，尚不构成犯罪的，由县级以上人民政府食品安全监督管理部门没收违法所得和违法生产经营的食品、食品添加剂，并可以没收用于违法生产经营的工具、设备、原料等物品；违法生产经营的食品、食品添加剂货值金额不足一万元的，并处五万元以上十万元以下罚款；货值金额一万元以上的，并处货值金额十倍以上二十倍以下罚款；情节严重的，吊销许可证：

（一）生产经营致病性微生物，农药残留、兽药残留、生物毒素、重金属等污染物质以及其他危害人体健康的物质含量超过食品安全标准限量的食品、食品添加剂；

（二）用超过保质期的食品原料、食品添加剂生产食品、食品添加剂，或者经营上述食品、食品添加剂；

（三）生产经营超范围、超限量使用食品添加剂的食品；

（四）生产经营腐败变质、油脂酸败、霉变生虫、污秽不洁、混有异物、掺假掺杂或者感官性状异常的食品、食品添加剂；

（五）生产经营标注虚假生产日期、保质期或者超过保质期的食品、食品添加剂；

（六）生产经营未按规定注册的保健食品、特殊医学用途配方食品、婴幼儿配方乳粉，或者未按注册的产品配方、生产工艺等技术要求组织生产；

（七）以分装方式生产婴幼儿配方乳粉，或者同一企业以同一配方生产不同品牌的婴幼儿配方乳粉；

（八）利用新的食品原料生产食品，或者生产食品添加剂新品种，未通过安全性评估；

（九）食品生产经营者在食品安全监督管理部门责令其召回或者停止经营后，仍拒不召回或者停止经营。

除前款和本法第一百二十三条、第一百二十五条规定的情形外，生产经营不符合法律、法规或者食品安全标准的食品、食品添加剂的，依照前款规定给予处罚。

生产食品相关产品新品种，未通过安全性评估，或者生产不符合食品安全标准的食品相关产品的，由县级以上人民政府食品安全监督管理部门依照第一款规定给予处罚。

第一百二十五条　违反本法规定，有下列情形之一的，由县级以上人民政府食品安全监督管理部门没收违法所得和违法生产经营的食品、食品添加剂，并可以没收用于违法生产经营的工具、设备、原料等物品；违法生产经营的食品、食品添加剂货值金额不足一万元的，并处五千元以上五万元以下罚款；货值金额一万元以上的，并处货值金额五倍以上十倍以下罚款；情节严重的，责令停产停业，直至吊销许可证：

（一）生产经营被包装材料、容器、运输工具等污染的食品、食品添加剂；

（二）生产经营无标签的预包装食品、食品添加剂或者标签、说明书不符合本法规定的食品、食品添加剂；

（三）生产经营转基因食品未按规定进行标示；

（四）食品生产经营者采购或者使用不符合食品安全标准的食品原料、食品添加剂、食品相关产品。

生产经营的食品、食品添加剂的标签、说明书存在瑕疵但不影响食品安全且不会对消费者造成误导的，由县级以上人民政府食品安全监督管理部门责令改正；拒不改正的，处二千元以下罚款。

第一百二十六条　违反本法规定，有下列情形之一的，由县级以上人民政府食品安全监督管理部门责令改正，给予警告；拒不改正的，处五千元以上五万元以下罚款；情节严重的，责令停产停业，直至吊销许可证：

（一）食品、食品添加剂生产者未按规定对采购的食品原料和生产的食品、食品添加剂进行检验；

（二）食品生产经营企业未按规定建立食品安全管理制度，或者未按规定配备或者培训、考核食品安全管理人员；

（三）食品、食品添加剂生产经营者进货时未查验许可证和相关证明文件，或者未按规定建立并遵守进货查验记录、出厂检验记录和销售记录制度；

（四）食品生产经营企业未制定食品安全事故处置方案；

（五）餐具、饮具和盛放直接入口食品的容器，使用前未经洗净、消毒或者清洗消毒不合格，或者餐饮服务设施、设备未按规定定期维护、清洗、校验；

（六）食品生产经营者安排未取得健康证明或者患有国务院卫生行政部门规定的有碍食品安全疾病的人员从事接触直接入口食品的工作；

（七）食品经营者未按规定要求销售食品；

（八）保健食品生产企业未按规定向食品安全监督管理部门备案，或者未按备案的产品配方、生产工艺等技术要求组织生产；

（九）婴幼儿配方食品生产企业未将食品原料、食品添加剂、产品配方、标签等向食品安全监督管理部门备案；

（十）特殊食品生产企业未按规定建立生产质量管理体系并有效运行，或者未定期提交自查报告；

（十一）食品生产经营者未定期对食品安全状况进行检查评价，或者生产经营条件发生变化，未按规定处理；

（十二）学校、托幼机构、养老机构、建筑工地等集中用餐单位未按规定履行食品安全管理责任；

（十三）食品生产企业、餐饮服务提供者未按规定制定、实施生产经营过程控制要求。

餐具、饮具集中消毒服务单位违反本法规定用水，使用洗涤剂、消毒剂，或者出厂的餐具、饮具未按规定检验合格并随附消毒合格证明，或者未按规定在独立包装上标注相关内容的，由县级以上人民政府卫生行政部门依照前款规定给予处罚。

食品相关产品生产者未按规定对生产的食品相关产品进行检验的，由县级以上人民政府食品安全监督管理部门依照第一款规定给予处罚。

食用农产品销售者违反本法第六十五条规定的，由县级以上人民政府食品安全监督管理部门依照第一款规定给予处罚。

第一百二十七条 对食品生产加工小作坊、食品摊贩等的违法行为的处罚，依照省、自治区、直辖市制定的具体管理办法执行。

第一百二十八条 违反本法规定，事故单位在发生食品安全事故后未进行处置、报告的，由有关主管部门按照各自职责分工责令改正，给予警告；隐匿、伪造、毁灭有关证据的，责令停产停业，没收违法所得，并处十万元以上五十万元以下罚款；造成严重后果的，吊销许可证。

第一百二十九条 违反本法规定，有下列情形之一的，由出入境检验检疫机构依照本法第一百二十四条的规定给予处罚：

（一）提供虚假材料，进口不符合我国食品安全国家标准的食品、食品添加剂、食品相关产品；

（二）进口尚无食品安全国家标准的食品，未提交所执行的标准并经国务院卫生行政部门审查，或者进口利用新的食品原料生产的食品或者进口食品添加剂新品种、食品相关产品新品种，未通过安全性评估；

（三）未遵守本法的规定出口食品；

（四）进口商在有关主管部门责令其依照本法规定召回进口的食品后，仍拒不召回。

违反本法规定，进口商未建立并遵守食品、食品添加剂进口和销售记录制度、境外出口商或者生产企业审核制度的，由出入境检验检疫机构依照本法第一百二十六条的规定给予处罚。

第一百三十条 违反本法规定，集中交易市场的开办者、柜台出租者、展销会的举办者允许未依法取得许可的食品经营者进入市场销售食品，或者未履行检查、报告等义务的，由县级以上人民政府食品安全监督管理部门责令改正，没收违法所得，并处五万元以上二十万元以下罚款；造成严重后果的，责令停业，直至由原发证部门吊销许可证；使消费者的合法权益受到损害的，应当与食品经营者承担连带责任。

食用农产品批发市场违反本法第六十四条规定的，依照前款规定承担责任。

第一百三十一条 违反本法规定，网络食品交易第三方平台提供者未对入网食品经营者进行实名登记、审查许可证，或者未履行报告、停止提供网络交易平台服务等义务的，由县级以上人民政府食品安全监督管理部门责令改正，没收违法所得，并处五万元以上二十万元以下罚款；造成严重后果的，责令停业，直至由原发证部门吊销许可证；使消费者的合法权益受到损害的，应当与食品经营者承担连带责任。

消费者通过网络食品交易第三方平台购买食品，其合法权益受到损害的，可以向入网食品经营者或者食品生产者要求赔偿。网络食品交易第三方平台提供者不能提供入网食品经营者的真实名称、地址和有效联系方式的，由网络食品交易第三方平台提供者赔偿。网络食品交易第三方平台提供者赔偿后，有权向入网食品经营者或者食品生产者追偿。网络食品交易第三方平台提供者作出更有利于消费者承诺的，应当履行其承诺。

第一百三十二条 违反本法规定，未按要求进行食品贮存、运输和装卸的，由县级以上人民政府食品安全监督管理等部门按照各自职责分工责令改正，给予警告；拒不改正的，责令停产停业，并处一万元以上五万元以下罚款；情节严重的，吊销许可证。

第一百三十三条 违反本法规定，拒绝、阻挠、干涉有关部门、机构及其工作人员依法开展食品安全监督检查、事故调查处理、风险监测和风险评估的，由有关主管部门按照各自职责分工责令停产停业，并处二千元以上五万元以下罚款；情节严重的，吊销许可证；构成违反治安管理行为的，由公安机关依法给予治安管理处罚。

违反本法规定，对举报人以解除、变更劳动合同或者其他方式打击报复的，应当依照有关法律的规定承担责任。

第一百三十四条　食品生产经营者在一年内累计三次因违反本法规定受到责令停产停业、吊销许可证以外处罚的，由食品安全监督管理部门责令停产停业，直至吊销许可证。

第一百三十五条　被吊销许可证的食品生产经营者及其法定代表人、直接负责的主管人员和其他直接责任人员自处罚决定作出之日起五年内不得申请食品生产经营许可，或者从事食品生产经营管理工作、担任食品生产经营企业食品安全管理人员。

因食品安全犯罪被判处有期徒刑以上刑罚的，终身不得从事食品生产经营管理工作，也不得担任食品生产经营企业食品安全管理人员。

食品生产经营者聘用人员违反前两款规定的，由县级以上人民政府食品安全监督管理部门吊销许可证。

第一百三十六条　食品经营者履行了本法规定的进货查验等义务，有充分证据证明其不知道所采购的食品不符合食品安全标准，并能如实说明其进货来源的，可以免予处罚，但应当依法没收其不符合食品安全标准的食品；造成人身、财产或者其他损害的，依法承担赔偿责任。

第一百三十七条　违反本法规定，承担食品安全风险监测、风险评估工作的技术机构、技术人员提供虚假监测、评估信息的，依法对技术机构直接负责的主管人员和技术人员给予撤职、开除处分；有执业资格的，由授予其资格的主管部门吊销执业证书。

第一百三十八条　违反本法规定，食品检验机构、食品检验人员出具虚假检验报告的，由授予其资质的主管部门或者机构撤销该食品检验机构的检验资质，没收所收取的检验费用，并处检验费用五倍以上十倍以下罚款，检验费用不足一万元的，并处五万元以上十万元以下罚款；依法对食品检验机构直接负责的主管人员和食品检验人员给予撤职或者开除处分；导致发生重大食品安全事故的，对直接负责的主管人员和食品检验人员给予开除处分。

违反本法规定，受到开除处分的食品检验机构人员，自处分决定作出之日起十年内不得从事食品检验工作；因食品安全违法行为受到刑事处罚或者因出具虚假检验报告导致发生重大食品安全事故受到开除处分的食品检验机构人员，终身不得从事食品检验工作。食品检验机构聘用不得从事食品检验工作的人员的，由授予其资质的主管部门或者机构撤销该食品检验机构的检验资质。

食品检验机构出具虚假检验报告，使消费者的合法权益受到损害的，应当与食品生产经营者承担连带责任。

第一百三十九条　违反本法规定，认证机构出具虚假认证结论，由认证认可监督管理部门没收所收取的认证费用，并处认证费用五倍以上十倍以下罚款，认证费用不足一万元的，并处五万元以上十万元以下罚款；情节严重的，责令停业，直至撤销认证机构批准文件，并向社会公布；对直接负责的主管人员和负有直接责任的认证人员，撤销其执业资格。

认证机构出具虚假认证结论，使消费者的合法权益受到损害的，应当与食品生产经营者承担连带责任。

第一百四十条　违反本法规定，在广告中对食品作虚假宣传，欺骗消费者，或者发布未取得批准文件、广告内容与批准文件不一致的保健食品广告的，依照《中华人民共和国广告法》的规定给予处罚。

广告经营者、发布者设计、制作、发布虚假食品广告，使消费者的合法权益受到损害的，应当与食品生产经营者承担连带责任。

社会团体或者其他组织、个人在虚假广告或者其他虚假宣传中向消费者推荐食品，使消费者的合法权益受到损害的，应当与食品生产经营者承担连带责任。

违反本法规定，食品安全监督管理等部门、食品检验机构、食品行业协会以广告或者其他形式向消费者推荐食品，消费者组织以收取费用或者其他牟取利益的方式向消费者推荐食品的，由有关主管部门没收违法所得，依法对直接负责的主管人员和其他直接责任人员给予记大过、降级或者撤职处分；情节严重的，给予开除处分。

对食品作虚假宣传且情节严重的，由省级以上人民政府食品安全监督管理部门决定暂停销售该食品，并向社会公布；仍然销售该食品的，由县级以上人民政府食品安全监督管理部门没收违法所得和违法销售的食品，并处二万元以上五万元以下罚款。

第一百四十一条　违反本法规定，编造、散布虚假食品安全信息，构成违反治安管理行为的，由公安机关依法给予治安管理处罚。

媒体编造、散布虚假食品安全信息的，由有关主管部门依法给予处罚，并对直接负责的主管人员和其他直接责任人员给予处分；使公民、法人或者其他组织的合法权益受到损害的，依法承担消除影响、恢复名誉、赔偿损失、赔礼道歉等民事责任。

第一百四十二条　违反本法规定，县级以上地方人民政府有下列行为之一的，对直接负责的主管人员和其他直接责任人员给予记大过处分；情节较重的，给予降级或者撤职处分；情节严重的，给予开除处分；造成严重后果的，其主要负责人还应当引咎辞职：

（一）对发生在本行政区域内的食品安全事故，未及时组织协调有关部门开展有效处置，造成不良影响或者损失；

（二）对本行政区域内涉及多环节的区域性食品安全问题，未及时组织整治，造成不良影响或者损失；

（三）隐瞒、谎报、缓报食品安全事故；

（四）本行政区域内发生特别重大食品安全事故，或者连续发生重大食品安全事故。

第一百四十三条　违反本法规定，县级以上地方人民政府有下列行为之一的，对直接负责的主管人员和其他直接责任人员给予警告、记过或者记大过处分；造成严重后果的，给予降级或者撤职处分：

（一）未确定有关部门的食品安全监督管理职责，未建立健全食品安全全程监督管理工作机制和信息共享机制，未落实食品安全监督管理责任制；

（二）未制定本行政区域的食品安全事故应急预案，或者发生食品安全事故后未按规定立即成立事故处置指挥机构、启动应急预案。

第一百四十四条 违反本法规定，县级以上人民政府食品安全监督管理、卫生行政、农业行政等部门有下列行为之一的，对直接负责的主管人员和其他直接责任人员给予记大过处分；情节较重的，给予降级或者撤职处分；情节严重的，给予开除处分；造成严重后果的，其主要负责人还应当引咎辞职：

（一）隐瞒、谎报、缓报食品安全事故；

（二）未按规定查处食品安全事故，或者接到食品安全事故报告未及时处理，造成事故扩大或者蔓延；

（三）经食品安全风险评估得出食品、食品添加剂、食品相关产品不安全结论后，未及时采取相应措施，造成食品安全事故或者不良社会影响；

（四）对不符合条件的申请人准予许可，或者超越法定职权准予许可；

（五）不履行食品安全监督管理职责，导致发生食品安全事故。

第一百四十五条 违反本法规定，县级以上人民政府食品安全监督管理、卫生行政、农业行政等部门有下列行为之一，造成不良后果的，对直接负责的主管人员和其他直接责任人员给予警告、记过或者记大过处分；情节较重的，给予降级或者撤职处分；情节严重的，给予开除处分：

（一）在获知有关食品安全信息后，未按规定向上级主管部门和本级人民政府报告，或者未按规定相互通报；

（二）未按规定公布食品安全信息；

（三）不履行法定职责，对查处食品安全违法行为不配合，或者滥用职权、玩忽职守、徇私舞弊。

第一百四十六条 食品安全监督管理等部门在履行食品安全监督管理职责过程中，违法实施检查、强制等执法措施，给生产经营者造成损失的，应当依法予以赔偿，对直接负责的主管人员和其他直接责任人员依法给予处分。

第一百四十七条 违反本法规定，造成人身、财产或者其他损害的，依法承担赔偿责任。生产经营者财产不足以同时承担民事赔偿责任和缴纳罚款、罚金时，先承担民事赔偿责任。

第一百四十八条 消费者因不符合食品安全标准的食品受到损害的，可以向经营者要求赔偿损失，也可以向生产者要求赔偿损失。接到消费者赔偿要求的生产经营者，应当实行首负责任制，先行赔付，不得推诿；属于生产者责任的，经营者赔偿后有权向生产者追偿；属于经营者责任的，生产者赔偿后有权向经营者追偿。

生产不符合食品安全标准的食品或者经营明知是不符合食品安全标准的食品，消费者除要求赔偿损失外，还可以向生产者或者经营者要求支付价款十倍或者损失三倍的赔偿金；增加赔偿的金额不足一千元的，为一千元。但是，食品的标签、说明书存在不影响食品安全且不会对消费者造成误导的瑕疵的除外。

第一百四十九条 违反本法规定，构成犯罪的，依法追究刑事责任。

第十章 附 则

第一百五十条 本法下列用语的含义：

食品，指各种供人食用或者饮用的成品和原料以及按照传统既是食品又是中药材的物品，但是不包括以治疗为目的的物品。

食品安全，指食品无毒、无害，符合应当有的营养要求，对人体健康不造成任何急性、亚急性或者慢性危害。

预包装食品，指预先定量包装或者制作在包装材料、容器中的食品。

食品添加剂，指为改善食品品质和色、香、味以及为防腐、保鲜和加工工艺的需要而加入食品中的人工合成或者天然物质，包括营养强化剂。

用于食品的包装材料和容器，指包装、盛放食品或者食品添加剂用的纸、竹、木、金属、搪瓷、陶瓷、塑料、橡胶、天然纤维、化学纤维、玻璃等制品和直接接触食品或者食品添加剂的涂料。

用于食品生产经营的工具、设备，指在食品或者食品添加剂生产、销售、使用过程中直接接触食品或者食品添加剂的机械、管道、传送带、容器、用具、餐具等。

用于食品的洗涤剂、消毒剂，指直接用于洗涤或者消毒食品、餐具、饮具以及直接接触食品的工具、设备或者食品包装材料和容器的物质。

食品保质期，指食品在标明的贮存条件下保持品质的期限。

食源性疾病，指食品中致病因素进入人体引起的感染性、中毒性等疾病，包括食物中毒。

食品安全事故，指食源性疾病、食品污染等源于食品，对人体健康有危害或者可能有危害的事故。

第一百五十一条 转基因食品和食盐的食品安全管理，本法未作规定的，适用其他法律、行政法规的规定。

第一百五十二条 铁路、民航运营中食品安全的管理办法由国务院食品安全监督管理部门会同国务院有关部门依照本法制定。

保健食品的具体管理办法由国务院食品安全监督管理部门依照本法制定。

食品相关产品生产活动的具体管理办法由国务院食品安全监督管理部门依照本法制定。

国境口岸食品的监督管理由出入境检验检疫机构依照本法以及有关法律、行政法规的规定实施。

军队专用食品和自供食品的食品安全管理办法由中央军事委员会依照本法制定。

第一百五十三条 国务院根据实际需要，可以对食品安全监督管理体制作出调整。

第一百五十四条 本法自 2015 年 10 月 1 日起施行。

附录2 中华人民共和国产品质量法

（1993 年 2 月 22 日第七届全国人民代表大会常务委员会第三十次会议通过 根据 2000 年 7 月 8 日第九届全国人民代表大会常务委员会第十六次会议《关于修改〈中华人民共和国产品质量法〉的决定》第一次修正 根据 2009 年 8 月 27 日第十一届全国人民代表大会常务委员会第十次会议《关于修改部分法律的决定》第二次修正 根据 2018 年 12 月 29 日第十三届全国人民代表大会常务委员会第七次会议《关于修改〈中华人民共和国产品质量法〉等五部法律的决定》第三次修正）

第一章 总 则

第一条 为了加强对产品质量的监督管理，提高产品质量水平，明确产品质量责任，保护消费者的合法权益，维护社会经济秩序，制定本法。

第二条 在中华人民共和国境内从事产品生产、销售活动，必须遵守本法。

本法所称产品是指经过加工、制作，用于销售的产品。

建设工程不适用本法规定；但是，建设工程使用的建筑材料、建筑构配件和设备，属于前款规定的产品范围的，适用本法规定。

第三条 生产者、销售者应当建立健全内部产品质量管理制度，严格实施岗位质量规范、质量责任以及相应的考核办法。

第四条 生产者、销售者依照本法规定承担产品质量责任。

第五条 禁止伪造或者冒用认证标志等质量标志；禁止伪造产品的产地，伪造或者冒用他人的厂名、厂址；禁止在生产、销售的产品中掺杂、掺假，以假充真，以次充好。

第六条 国家鼓励推行科学的质量管理方法，采用先进的科学技术，鼓励企业产品质量达到并且超过行业标准、国家标准和国际标准。

对产品质量管理先进和产品质量达到国际先进水平、成绩显著的单位和个人，给予奖励。

第七条 各级人民政府应当把提高产品质量纳入国民经济和社会发展规划，加强对产品质量工作的统筹规划和组织领导，引导、督促生产者、销售者加强产品质量管理，提高产品质量，组织各有关部门依法采取措施，制止产品生产、销售中违反本法规定的行为，保障本法的施行。

第八条 国务院市场监督管理部门主管全国产品质量监督工作。国务院有关部门在各自的职责范围内负责产品质量监督工作。

县级以上地方市场监督管理部门主管本行政区域内的产品质量监督工作。县级以上地方人民政府有关部门在各自的职责范围内负责产品质量监督工作。

法律对产品质量的监督部门另有规定的，依照有关法律的规定执行。

第九条　各级人民政府工作人员和其他国家机关工作人员不得滥用职权、玩忽职守或者徇私舞弊，包庇、放纵本地区、本系统发生的产品生产、销售中违反本法规定的行为，或者阻挠、干预依法对产品生产、销售中违反本法规定的行为进行查处。

各级地方人民政府和其他国家机关有包庇、放纵产品生产、销售中违反本法规定的行为的，依法追究其主要负责人的法律责任。

第十条　任何单位和个人有权对违反本法规定的行为，向市场监督管理部门或者其他有关部门检举。

市场监督管理部门和有关部门应当为检举人保密，并按照省、自治区、直辖市人民政府的规定给予奖励。

第十一条　任何单位和个人不得排斥非本地区或者非本系统企业生产的质量合格产品进入本地区、本系统。

第二章　产品质量的监督

第十二条　产品质量应当检验合格，不得以不合格产品冒充合格产品。

第十三条　可能危及人体健康和人身、财产安全的工业产品，必须符合保障人体健康和人身、财产安全的国家标准、行业标准；未制定国家标准、行业标准的，必须符合保障人体健康和人身、财产安全的要求。

禁止生产、销售不符合保障人体健康和人身、财产安全的标准和要求的工业产品。具体管理办法由国务院规定。

第十四条　国家根据国际通用的质量管理标准，推行企业质量体系认证制度。企业根据自愿原则可以向国务院市场监督管理部门认可的或者国务院市场监督管理部门授权的部门认可的认证机构申请企业质量体系认证。经认证合格的，由认证机构颁发企业质量体系认证证书。

国家参照国际先进的产品标准和技术要求，推行产品质量认证制度。企业根据自愿原则可以向国务院市场监督管理部门认可的或者国务院市场监督管理部门授权的部门认可的认证机构申请产品质量认证。经认证合格的，由认证机构颁发产品质量认证证书，准许企业在产品或者其包装上使用产品质量认证标志。

第十五条　国家对产品质量实行以抽查为主要方式的监督检查制度，对可能危及人体健康和人身、财产安全的产品，影响国计民生的重要工业产品以及消费者、有关组织反映有质量问题的产品进行抽查。抽查的样品应当在市场上或者企业成品仓库内的待销产品中随机抽取。监督抽查工作由国务院市场监督管理部门规划和组织。县级以上地方市场监督管理部门在本行政区域内也可以组织监督抽查。法律对产品质量的监督检查另有规定的，依照有关法律的规定执行。

国家监督抽查的产品，地方不得另行重复抽查；上级监督抽查的产品，下级不得另行重复抽查。

根据监督抽查的需要，可以对产品进行检验。检验抽取样品的数量不得超过检验的合理需要，并不得向被检查人收取检验费用。监督抽查所需检验费用按照国务院规定列支。

生产者、销售者对抽查检验的结果有异议的，可以自收到检验结果之日起十五日内向实施监督抽查的市场监督管理部门或者其上级市场监督管理部门申请复检，由受理复检的市场监督管理部门作出复检结论。

第十六条 对依法进行的产品质量监督检查，生产者、销售者不得拒绝。

第十七条 依照本法规定进行监督抽查的产品质量不合格的，由实施监督抽查的市场监督管理部门责令其生产者、销售者限期改正。逾期不改正的，由省级以上人民政府市场监督管理部门予以公告；公告后经复查仍不合格的，责令停业，限期整顿；整顿期满后经复查产品质量仍不合格的，吊销营业执照。

监督抽查的产品有严重质量问题的，依照本法第五章的有关规定处罚。

第十八条 县级以上市场监督管理部门根据已经取得的违法嫌疑证据或者举报，对涉嫌违反本法规定的行为进行查处时，可以行使下列职权：

（一）对当事人涉嫌从事违反本法的生产、销售活动的场所实施现场检查；

（二）向当事人的法定代表人、主要负责人和其他有关人员调查、了解与涉嫌从事违反本法的生产、销售活动有关的情况；

（三）查阅、复制当事人有关的合同、发票、帐簿以及其他有关资料；

（四）对有根据认为不符合保障人体健康和人身、财产安全的国家标准、行业标准的产品或者有其他严重质量问题的产品，以及直接用于生产、销售该项产品的原辅材料、包装物、生产工具，予以查封或者扣押。

第十九条 产品质量检验机构必须具备相应的检测条件和能力，经省级以上人民政府市场监督管理部门或者其授权的部门考核合格后，方可承担产品质量检验工作。法律、行政法规对产品质量检验机构另有规定的，依照有关法律、行政法规的规定执行。

第二十条 从事产品质量检验、认证的社会中介机构必须依法设立，不得与行政机关和其他国家机关存在隶属关系或者其他利益关系。

第二十一条 产品质量检验机构、认证机构必须依法按照有关标准，客观、公正地出具检验结果或者认证证明。

产品质量认证机构应当依照国家规定对准许使用认证标志的产品进行认证后的跟踪检查；对不符合认证标准而使用认证标志的，要求其改正；情节严重的，取消其使用认证标志的资格。

第二十二条 消费者有权就产品质量问题，向产品的生产者、销售者查询；向市场监督管理部门及有关部门申诉，接受申诉的部门应当负责处理。

第二十三条 保护消费者权益的社会组织可以就消费者反映的产品质量问题建议有关部门负责处理，支持消费者对因产品质量造成的损害向人民法院起诉。

第二十四条 国务院和省、自治区、直辖市人民政府的市场监督管理部门应当定期发布其监督抽查的产品的质量状况公告。

第二十五条　市场监督管理部门或者其他国家机关以及产品质量检验机构不得向社会推荐生产者的产品；不得以对产品进行监制、监销等方式参与产品经营活动。

第三章　生产者、销售者的产品质量责任和义务

第一节　生产者的产品质量责任和义务

第二十六条　生产者应当对其生产的产品质量负责。

产品质量应当符合下列要求：

（一）不存在危及人身、财产安全的不合理的危险，有保障人体健康和人身、财产安全的国家标准、行业标准的，应当符合该标准；

（二）具备产品应当具备的使用性能，但是，对产品存在使用性能的瑕疵作出说明的除外；

（三）符合在产品或者其包装上注明采用的产品标准，符合以产品说明、实物样品等方式表明的质量状况。

第二十七条　产品或者其包装上的标识必须真实，并符合下列要求：

（一）有产品质量检验合格证明；

（二）有中文标明的产品名称、生产厂厂名和厂址；

（三）根据产品的特点和使用要求，需要标明产品规格、等级、所含主要成份的名称和含量的，用中文相应予以标明；需要事先让消费者知晓的，应当在外包装上标明，或者预先向消费者提供有关资料；

（四）限期使用的产品，应当在显著位置清晰地标明生产日期和安全使用期或者失效日期；

（五）使用不当，容易造成产品本身损坏或者可能危及人身、财产安全的产品，应当有警示标志或者中文警示说明。

裸装的食品和其他根据产品的特点难以附加标识的裸装产品，可以不附加产品标识。

第二十八条　易碎、易燃、易爆、有毒、有腐蚀性、有放射性等危险物品以及储运中不能倒置和其他有特殊要求的产品，其包装质量必须符合相应要求，依照国家有关规定作出警示标志或者中文警示说明，标明储运注意事项。

第二十九条　生产者不得生产国家明令淘汰的产品。

第三十条　生产者不得伪造产地，不得伪造或者冒用他人的厂名、厂址。

第三十一条　生产者不得伪造或者冒用认证标志等质量标志。

第三十二条　生产者生产产品，不得掺杂、掺假，不得以假充真、以次充好，不得以不合格产品冒充合格产品。

第二节 销售者的产品质量责任和义务

第三十三条 销售者应当建立并执行进货检查验收制度，验明产品合格证明和其他标识。

第三十四条 销售者应当采取措施，保持销售产品的质量。

第三十五条 销售者不得销售国家明令淘汰并停止销售的产品和失效、变质的产品。

第三十六条 销售者销售的产品的标识应当符合本法第二十七条的规定。

第三十七条 销售者不得伪造产地，不得伪造或者冒用他人的厂名、厂址。

第三十八条 销售者不得伪造或者冒用认证标志等质量标志。

第三十九条 销售者销售产品，不得掺杂、掺假，不得以假充真、以次充好，不得以不合格产品冒充合格产品。

第四章 损害赔偿

第四十条 售出的产品有下列情形之一的，销售者应当负责修理、更换、退货；给购买产品的消费者造成损失的，销售者应当赔偿损失：

（一）不具备产品应当具备的使用性能而事先未作说明的；

（二）不符合在产品或者其包装上注明采用的产品标准的；

（三）不符合以产品说明、实物样品等方式表明的质量状况的。

销售者依照前款规定负责修理、更换、退货、赔偿损失后，属于生产者的责任或者属于向销售者提供产品的其他销售者（以下简称供货者）的责任的，销售者有权向生产者、供货者追偿。

销售者未按照第一款规定给予修理、更换、退货或者赔偿损失的，由市场监督管理部门责令改正。

生产者之间，销售者之间，生产者与销售者之间订立的买卖合同、承揽合同有不同约定的，合同当事人按照合同约定执行。

第四十一条 因产品存在缺陷造成人身、缺陷产品以外的其他财产（以下简称他人财产）损害的，生产者应当承担赔偿责任。

生产者能够证明有下列情形之一的，不承担赔偿责任：

（一）未将产品投入流通的；

（二）产品投入流通时，引起损害的缺陷尚不存在的；

（三）将产品投入流通时的科学技术水平尚不能发现缺陷的存在的。

第四十二条 由于销售者的过错使产品存在缺陷，造成人身、他人财产损害的，销售者应当承担赔偿责任。

销售者不能指明缺陷产品的生产者也不能指明缺陷产品的供货者的，销售者应当承担赔偿责任。

第四十三条　因产品存在缺陷造成人身、他人财产损害的，受害人可以向产品的生产者要求赔偿，也可以向产品的销售者要求赔偿。属于产品的生产者的责任，产品的销售者赔偿的，产品的销售者有权向产品的生产者追偿。属于产品的销售者的责任，产品的生产者赔偿的，产品的生产者有权向产品的销售者追偿。

第四十四条　因产品存在缺陷造成受害人人身伤害的，侵害人应当赔偿医疗费、治疗期间的护理费、因误工减少的收入等费用；造成残疾的，还应当支付残疾者生活自助具费、生活补助费、残疾赔偿金以及由其扶养的人所必需的生活费等费用；造成受害人死亡的，并应当支付丧葬费、死亡赔偿金以及由死者生前扶养的人所必需的生活费等费用。

因产品存在缺陷造成受害人财产损失的，侵害人应当恢复原状或者折价赔偿。受害人因此遭受其他重大损失的，侵害人应当赔偿损失。

第四十五条　因产品存在缺陷造成损害要求赔偿的诉讼时效期间为二年，自当事人知道或者应当知道其权益受到损害时起计算。

因产品存在缺陷造成损害要求赔偿的请求权，在造成损害的缺陷产品交付最初消费者满十年丧失；但是，尚未超过明示的安全使用期的除外。

第四十六条　本法所称缺陷，是指产品存在危及人身、他人财产安全的不合理的危险；产品有保障人体健康和人身、财产安全的国家标准、行业标准的，是指不符合该标准。

第四十七条　因产品质量发生民事纠纷时，当事人可以通过协商或者调解解决。当事人不愿通过协商、调解解决或者协商、调解不成的，可以根据当事人各方的协议向仲裁机构申请仲裁；当事人各方没有达成仲裁协议或者仲裁协议无效的，可以直接向人民法院起诉。

第四十八条　仲裁机构或者人民法院可以委托本法第十九条规定的产品质量检验机构，对有关产品质量进行检验。

第五章　罚　则

第四十九条　生产、销售不符合保障人体健康和人身、财产安全的国家标准、行业标准的产品的，责令停止生产、销售，没收违法生产、销售的产品，并处违法生产、销售产品（包括已售出和未售出的产品，下同）货值金额等值以上三倍以下的罚款；有违法所得的，并处没收违法所得；情节严重的，吊销营业执照；构成犯罪的，依法追究刑事责任。

第五十条　在产品中掺杂、掺假，以假充真，以次充好，或者以不合格产品冒充合格产品的，责令停止生产、销售，没收违法生产、销售的产品，并处违法生产、销售产品货值金额百分之五十以上三倍以下的罚款；有违法所得的，并处没收违法所得；情节严重的，吊销营业执照；构成犯罪的，依法追究刑事责任。

第五十一条　生产国家明令淘汰的产品的，销售国家明令淘汰并停止销售的产品的，责令停止生产、销售，没收违法生产、销售的产品，并处违法生产、销售产品货值金额等值以下的罚款；有违法所得的，并处没收违法所得；情节严重的，吊销营业执照。

第五十二条　销售失效、变质的产品的，责令停止销售，没收违法销售的产品，并处违法销售产品货值金额二倍以下的罚款；有违法所得的，并处没收违法所得；情节严重的，吊销营业执照；构成犯罪的，依法追究刑事责任。

第五十三条 伪造产品产地的，伪造或者冒用他人厂名、厂址的，伪造或者冒用认证标志等质量标志的，责令改正，没收违法生产、销售的产品，并处违法生产、销售产品货值金额等值以下的罚款；有违法所得的，并处没收违法所得；情节严重的，吊销营业执照。

第五十四条 产品标识不符合本法第二十七条规定的，责令改正；有包装的产品标识不符合本法第二十七条第（四）项、第（五）项规定，情节严重的，责令停止生产、销售，并处违法生产、销售产品货值金额百分之三十以下的罚款；有违法所得的，并处没收违法所得。

第五十五条 销售者销售本法第四十九条至第五十三条规定禁止销售的产品，有充分证据证明其不知道该产品为禁止销售的产品并如实说明其进货来源的，可以从轻或者减轻处罚。

第五十六条 拒绝接受依法进行的产品质量监督检查的，给予警告，责令改正；拒不改正的，责令停业整顿；情节特别严重的，吊销营业执照。

第五十七条 产品质量检验机构、认证机构伪造检验结果或者出具虚假证明的，责令改正，对单位处五万元以上十万元以下的罚款，对直接负责的主管人员和其他直接责任人员处一万元以上五万元以下的罚款；有违法所得的，并处没收违法所得；情节严重的，取消其检验资格、认证资格；构成犯罪的，依法追究刑事责任。

产品质量检验机构、认证机构出具的检验结果或者证明不实，造成损失的，应当承担相应的赔偿责任；造成重大损失的，撤销其检验资格、认证资格。

产品质量认证机构违反本法第二十一条第二款的规定，对不符合认证标准而使用认证标志的产品，未依法要求其改正或者取消其使用认证标志资格的，对因产品不符合认证标准给消费者造成的损失，与产品的生产者、销售者承担连带责任；情节严重的，撤销其认证资格。

第五十八条 社会团体、社会中介机构对产品质量作出承诺、保证，而该产品又不符合其承诺、保证的质量要求，给消费者造成损失的，与产品的生产者、销售者承担连带责任。

第五十九条 在广告中对产品质量作虚假宣传，欺骗和误导消费者的，依照《中华人民共和国广告法》的规定追究法律责任。

第六十条 对生产者专门用于生产本法第四十九条、第五十一条所列的产品或者以假充真的产品的原辅材料、包装物、生产工具，应当予以没收。

第六十一条 知道或者应当知道属于本法规定禁止生产、销售的产品而为其提供运输、保管、仓储等便利条件的，或者为以假充真的产品提供制假生产技术的，没收全部运输、保管、仓储或者提供制假生产技术的收入，并处违法收入百分之五十以上三倍以下的罚款；构成犯罪的，依法追究刑事责任。

第六十二条 服务业的经营者将本法第四十九条至第五十二条规定禁止销售的产品用于

经营性服务的，责令停止使用；对知道或者应当知道所使用的产品属于本法规定禁止销售的产品的，按照违法使用的产品（包括已使用和尚未使用的产品）的货值金额，依照本法对销售者的处罚规定处罚。

第六十三条　隐匿、转移、变卖、损毁被市场监督管理部门查封、扣押的物品的，处被隐匿、转移、变卖、损毁物品货值金额等值以上三倍以下的罚款；有违法所得的，并处没收违法所得。

第六十四条　违反本法规定，应当承担民事赔偿责任和缴纳罚款、罚金，其财产不足以同时支付时，先承担民事赔偿责任。

第六十五条　各级人民政府工作人员和其他国家机关工作人员有下列情形之一的，依法给予行政处分；构成犯罪的，依法追究刑事责任：

（一）包庇、放纵产品生产、销售中违反本法规定行为的；

（二）向从事违反本法规定的生产、销售活动的当事人通风报信，帮助其逃避查处的；

（三）阻挠、干预市场监督管理部门依法对产品生产、销售中违反本法规定的行为进行查处，造成严重后果的。

第六十六条　市场监督管理部门在产品质量监督抽查中超过规定的数量索取样品或者向被检查人收取检验费用的，由上级市场监督管理部门或者监察机关责令退还；情节严重的，对直接负责的主管人员和其他直接责任人员依法给予行政处分。

第六十七条　市场监督管理部门或者其他国家机关违反本法第二十五条的规定，向社会推荐生产者的产品或者以监制、监销等方式参与产品经营活动的，由其上级机关或者监察机关责令改正，消除影响，有违法收入的予以没收；情节严重的，对直接负责的主管人员和其他直接责任人员依法给予行政处分。

产品质量检验机构有前款所列违法行为的，由市场监督管理部门责令改正，消除影响，有违法收入的予以没收，可以并处违法收入一倍以下的罚款；情节严重的，撤销其质量检验资格。

第六十八条　市场监督管理部门的工作人员滥用职权、玩忽职守、徇私舞弊，构成犯罪的，依法追究刑事责任；尚不构成犯罪的，依法给予行政处分。

第六十九条　以暴力、威胁方法阻碍市场监督管理部门的工作人员依法执行职务的，依法追究刑事责任；拒绝、阻碍未使用暴力、威胁方法的，由公安机关依照治安管理处罚法的规定处罚。

第七十条　本法第四十九条至第五十七条、第六十条至第六十三条规定的行政处罚由市场监督管理部门决定。法律、行政法规对行使行政处罚权的机关另有规定的，依照有关法律、行政法规的规定执行。

第七十一条　对依照本法规定没收的产品，依照国家有关规定进行销毁或者采取其他方式处理。

第七十二条　本法第四十九条至第五十四条、第六十二条、第六十三条所规定的货值金额以违法生产、销售产品的标价计算；没有标价的，按照同类产品的市场价格计算。

第六章　附　则

第七十三条　军工产品质量监督管理办法，由国务院、中央军事委员会另行制定。

因核设施、核产品造成损害的赔偿责任，法律、行政法规另有规定的，依照其规定。

第七十四条　本法自 1993 年 9 月 1 日起施行。

参 考 文 献

[1] 艾志录. 食品标准与法规 [M]. 北京：科学出版社，2018.

[2] 陈绍军. 食品进出口贸易与质量控制 [M]. 北京：科学出版社，2002.

[3] 陈志成. 食品法规与管理 [M]. 北京：化学工业出版社，2005.

[4] 国家食品药品监督管理总局. 食品生产许可管理办法及审查通则政策解读 [M]. 北京：法律出版社，2016.

[5] 国家质量监督检验检疫总局产品质量监督司. 食品质量安全市场准入制度实用问答 [M]. 北京：中国标准出版社，2002.

[6] 国家质量监督检验检疫总局食品生产监管司. 食品用包装容器工具等制品市场准入制度实用问答 [M]. 北京：中国标准出版社，2006.

[7] 《国内外食品标签法规标准实用指南》编辑委员会. 国内外食品标签法规标准实用指南 [M]. 北京：中国标准出版社，2003.

[8] 胡秋辉，王承明. 食品标准与法规：第2版 [M]. 北京：中国质检出版社，2013.

[9] 李春田. 标准化概论：第4版 [M]. 北京：中国人民大学出版社，2005.

[10] 联合国粮食及农业组织，世界贸易组织. 贸易与食品标准 [M]. 罗马：粮农组织出版管理处，2018.

[11] 刘少伟，鲁茂林. 食品标准与法律法规 [M]. 北京：中国纺织出版社，2013.

[12] 马丽卿，王云善，付丽. 食品安全法规与标准 [M]. 北京：化学工业出版社，2009.

[13] 欧阳喜辉. 食品质量安全认证指南 [M]. 北京：中国轻工业出版社，2003.

[14] 彭珊珊，朱定和. 食品标准与法规 [M]. 北京：中国轻工业出版社，2011.

[15] 世界卫生组织，联合国粮食及农业组织. 食品法典委员会程序手册：第25版 [M]. 罗马：粮农组织/世卫组织联合食品标准计划秘书处，2017.

[16] 宋怿. 食品风险分析理论与实践 [M]. 北京：中国标准出版社，2005.

[17] 王大雨. 食品安全风险分析指南 [M]. 北京：中国标准出版社，2004.

[18] 王世平. 食品标准与法规 [M]. 北京：科学出版社，2017.

[19] 吴澎，赵丽芹. 食品法律法规与标准 [M]. 北京：化学工业出版社，2010.

[20] 张建新，陈宗道. 食品标准与法规 [M]. 北京：中国轻工业出版社，2005.

[21] 张建新. 食品标准与技术法规 [M]. 北京：中国农业出版社，2013.

[22] 张建新. 食品质量安全技术标准法规应用指南 [M]. 北京：科学技术文献出版社，2002.

[23] 张水华，余以刚. 食品标准与法规 [M]. 北京：中国轻工业出版社，2010.

[24] 张宗城. 乳品检验员 [M]. 北京：中国农业出版社，2004.

［25］赵丹宇，郑云雁，李晓瑜．国际食品法典应用指南［M］．北京：中国标准出版社，2002.

［26］赵丹宇，等．危险性分析原则及其在食品标准中的应用［M］．北京：中国标准出版社，2001.

［27］中国国家认证认可监督管理委员会．食品安全控制与卫生注册评审［M］．北京：知识产权出版社，2002.

［28］钟耀广．食品安全学［M］．北京：化学工业出版社，2005.

［29］周才琼．食品标准与法规［M］．北京：中国农业大学出版社，2017.